Peter Furlan

# DAS GELBE RECHENBUCH 1

für Ingenieure, Naturwissenschaftler und Mathematiker

Lineare Algebra

Differentialrechnung

Rechenverfahren der Höheren Mathematik
in Einzelschritten erklärt

Mit vielen ausführlich gerechneten Beispielen

Obwohl sich Autor und Verlag um eine möglichst korrekte Darstellung bemüht haben, kann dennoch keinerlei Garantie übernommen werden.
Eine Haftung von Autor und Verlag und deren Beauftragten für Personen-, Sach-, Vermögens- oder andere Schäden ist daher ausgeschlossen.

Verlag Martina Furlan

Erbstollen 12

44225 Dortmund

Tel. (0231) 9 75 22 95

Fax (0231) 9 75 22 96

www.das-gelbe-rechenbuch.de

Herstellung: Droste-Druck, Wuppertal

Tel. (0202) 64 64 15

www.droste-druck.de

Das Jahr des Drucks ist die letzte Zahl:
2012

ISB N 3 931645 00 2

# Inhaltsverzeichnis

**1 Lineare Algebra**    3
- **1.1 Polynome und rationale Funktionen** . . . . . . . . . . . . . . . . . 3
  - Polynomdivision . . . . . . . . . . . . . . . . . . . . . . . . . . 4
  - Hornerschema . . . . . . . . . . . . . . . . . . . . . . . . . . . 5
  - Partialbruchzerlegung . . . . . . . . . . . . . . . . . . . . . . . 6
  - Faktorisierung . . . . . . . . . . . . . . . . . . . . . . . . . . . 8
  - Partialbruchzerlegung - Ansätze . . . . . . . . . . . . . . . . . 9
  - Partialbruchzerlegung - Bestimmung der Koeffizienten . . . . . . . . 10
  - Weitere Beispiele . . . . . . . . . . . . . . . . . . . . . . . . . 17
- **1.2 Vektorrechnung im $\mathbb{R}^n$** . . . . . . . . . . . . . . . . . . . . . . 23
  - Addition und Skalarmultiplikation . . . . . . . . . . . . . . . . . 25
  - Anwendung der Vektorrechnung in der Geometrie . . . . . . . . . . . 25
  - Kreuzprodukt, Vektorprodukt . . . . . . . . . . . . . . . . . . . 27
  - Spatprodukt . . . . . . . . . . . . . . . . . . . . . . . . . . . . 29
  - Der komplexe Vektorraum $\mathbb{C}^n$ . . . . . . . . . . . . . . . . . . . 30
  - Weitere Beispiele . . . . . . . . . . . . . . . . . . . . . . . . . 31
- **1.3 Geraden und Ebenen** . . . . . . . . . . . . . . . . . . . . . . . . 33
  - Geradenformen im $\mathbb{R}^2$ . . . . . . . . . . . . . . . . . . . . . . 33
  - Geradenformen im $\mathbb{R}^3$ . . . . . . . . . . . . . . . . . . . . . . 34
  - Ebenenformen im $\mathbb{R}^3$ . . . . . . . . . . . . . . . . . . . . . . 34
  - Umwandlung von Geradenformen im $\mathbb{R}^2$ . . . . . . . . . . . . . . 35
  - Umwandlung von Geradenformen im $\mathbb{R}^3$ . . . . . . . . . . . . . . 36
  - Umwandlung von Ebenenformen . . . . . . . . . . . . . . . . . . 37
  - Schnitt von Geraden und Ebenen . . . . . . . . . . . . . . . . . 38
  - Abstand und Lotpunkt . . . . . . . . . . . . . . . . . . . . . . . 42
  - Beweismethoden . . . . . . . . . . . . . . . . . . . . . . . . . . 44
  - Weitere Beispiele . . . . . . . . . . . . . . . . . . . . . . . . . 46

## 1.4 Matrizen und Determinanten ... 49
Rechenregeln für Matrizen ... 51
Matrizenaddition und -multiplikation ... 51
Inverse Matrix ... 54
Rechenregeln für Determinanten ... 56
Berechnung von Determinanten ... 57
Laplace'scher Entwicklungssatz ... 58
Weitere Beispiele ... 59

## 1.5 Lineare Gleichungssysteme ... 63
Interpretation von LGS ... 64
Cramersche Regel ... 66
Gauß'sches Eliminationsverfahren ... 68
Varianten: Rechentechniken ... 71
Varianten: Notation ... 74
Weitere Beispiele ... 76

## 1.6 Vektorräume ... 79
Vektorraum, Unterraum ... 79
lineare (Un)Abhängigkeit ... 81
Spann, lineare Hülle ... 82
Basis und Dimension ... 82
Rang ... 83
Weitere Beispiele ... 85

## 1.7 Lineare Abbildungen ... 87
Koordinatendarstellungen von Vektoren ... 88
Aufstellen der Matrix einer linearer Abbildung ... 90
Basiswechsel ... 91
Weitere Beispiele ... 93

## 1.8 Skalarprodukt ... 95
Gram-Schmidtsches Orthogonalisierungsverfahren ... 98
Komplexe Vektorräume ... 99
Weitere Beispiele ... 99

## 1.9 Eigenwerte und Eigenvektoren ... 101
Berechnung von Eigenwerten und Eigenvektoren ... 103
Bestimmung von Hauptvektoren ... 106
Besonderheiten bei reellen Matrizen ... 107
Besonderheiten bei symmetrischen und hermiteschen Matrizen ... 108
Eigenschaften des Spektrums ... 109
Weitere Beispiele ... 110

## 2 Differentialrechnung — 113

- 2.1 **Aussagenlogik** .......... 113
  - Weitere Beispiele .......... 116
- 2.2 **Mengen** .......... 117
  - Teilmengen von $\mathbb{R}$ .......... 119
  - Weitere Beispiele .......... 120
- 2.3 **Funktionen** .......... 121
  - injektiv, surjektiv, bijektiv .......... 122
  - Berechnung der Inversen .......... 123
  - Monotonie .......... 126
  - Weitere Beispiele .......... 126
- 2.4 **Vollständige Induktion** .......... 129
  - Varianten .......... 129
  - Rechenschema .......... 130
  - Weitere Beispiele .......... 133
- 2.5 **Komplexe Zahlen** .......... 135
  - Umrechnung der Darstellungen .......... 136
  - Grundrechenarten .......... 138
  - Konjugation, Real- und Imaginärteil .......... 139
  - Potenzen und Wurzeln .......... 139
  - Quadratwurzeln .......... 141
  - Kreise und Geraden .......... 142
  - Topologie von $\mathbb{C}$, Konvergenz .......... 143
  - Weitere Beispiele .......... 144
- 2.6 **Ungleichungen und Betrag** .......... 147
  - Rechenregeln für Beträge .......... 147
  - Rechenregeln für Ungleichungen .......... 148
  - Typische Rechenverfahren .......... 148
  - Quadratische Ungleichung .......... 150
  - Weitere Beispiele .......... 152
- 2.7 **Folgen** .......... 155
  - Rechnen mit Grenzwerten .......... 156
  - Uneigentliche Grenzwerte .......... 158
  - Hilfsmittel .......... 159
  - Weitere Beispiele .......... 162

| | | |
|---|---|---|
| **2.8** | **Reihen** | 167 |
| | Rechenregeln und bekannte Reihen | 167 |
| | Konvergenzkriterien | 168 |
| | Weitere Beispiele | 175 |
| **2.9** | **Stetigkeit und Limes von Funktionen** | 179 |
| | Grenzwerte | 180 |
| | Stetigkeit | 184 |
| | Weitere Beispiele | 186 |
| **2.10** | **Differenzierbarkeit** | 189 |
| | Beispiele differenzierbarer und nicht differenzierbarer Funktionen | 191 |
| | Rechenregeln | 191 |
| | Monotonie, Konvexität und Extrema | 193 |
| | Differenzierbarkeit abschnittweise definierter Funktionen | 194 |
| | Weitere Beispiele | 195 |
| **2.11** | **Funktionenfolgen und -reihen** | 199 |
| | Weitere Beispiele | 203 |
| **2.12** | **Potenzreihen** | 207 |
| | Konvergenz von Potenzreihen | 207 |
| | Rechnen mit Potenzreihen | 209 |
| | Konstruktion von Potenzreihen | 209 |
| | Weitere Beispiele | 212 |
| **2.13** | **Taylorentwicklung** | 215 |
| | Zusammenhang mit Potenzreihen | 217 |
| | Allgemeines Verfahren | 217 |
| | Umentwickeln von Polynomen | 220 |
| | Taylorpolynome zusammengesetzter Funktionen | 220 |
| **Formeln und Literatur** | | 225 |
| | Die wichtigsten Ableitungen | 226 |
| | Reihenentwicklungen | 226 |
| | Integraltafeln | 227 |
| | Trigonometrische und Arcusfunktionen | 229 |
| | Exponentialfunktion und Logarithmus, hyperbolische und Areafunktionen | 231 |
| | Quadriken im $\mathbb{R}^2$ und $\mathbb{R}^3$ | 232 |
| | Literaturauswahl | 233 |
| **Symbol- und Sachverzeichnis** | | 234 |

# Vorwort und Gebrauchsanweisung

### Was dieses Buch will

Dies ist eine Sammlung von Rechenverfahren der Höheren Mathematik.

Dieses Buch kann Vorlesungen ergänzen und eignet sich zur Wiederholung und zur Vorbereitung auf Prüfungen und Klausuren. Es ist aber auch als Nachschlagewerk zu den einzelnen Rechenverfahren zu verwenden.

Dabei wird auf einen in Mathematikbüchern üblichen stufenweisen Aufbau der Theorie verzichtet. Theoretische Anteile sind nur da aufgenommen, wo es konkrete Rechenverfahren dazu gibt, und es werden Techniken und Methoden aus späteren Kapiteln vorweg benutzt.

### Aufbau des Buches

Dieses Buch erscheint in drei Teilen, wobei jeder Teil ungefähr den Stoff eines Semesters in einem dreisemestrigen Kurs der höheren Mathematik abdeckt. Dieser erste Teil enthält eine kurze Formelsammlung und ein Literaturverzeichnis.

Ein Verweis wie [BHW3] bedeutet einen Verweis auf den dritten Band des unter [BHW] im Literaturverzeichnis aufgeführten Werks von Burg, Haf und Wille.

Das Buch besteht aus neun Kapiteln, die in einzelne Abschnitte geteilt sind. Jeder dieser Abschnitte ist in drei Teile geteilt:

**1. Definitionen** Dieser Teil dient im wesentlichen dazu, Definitionen und verschiedene Schreibweisen und Bezeichnungen aufzuzählen.

**2. Berechnung** Der Schwerpunkt liegt hier auf den Rechenverfahren. Das bedeutet, daß die Voraussetzungen oft nicht so allgemein wie möglich gehalten sind. Zum Beispiel wird oft auf die Erwähnung von Differenzierbarkeitsvoraussetzungen verzichtet; das Kapitel "Integration" behandelt nur elementar integrierbare Funktionen.

**3. Beispiele** Dieser Teil enthält auch schwierigere und längere Beispiele mit zum Teil selten gebrauchten Rechentechniken.

Ich habe Wert darauf gelegt, möglichst alternative Rechenverfahren mit aufzunehmen, und einander gegenüberzustellen. Welches Verfahren benutzt wird, ist nicht zuletzt auch von persönlichen Vorlieben und nicht nur von objektiven Kriterien abhängig. Ich empfehle daher, ein und dieselbe Aufgabe jeweils mit allen angegebenen Verfahren zu rechnen, um ein Gefühl dafür zu entwickeln, wo die Vor- und Nachteile der einzelnen Verfahren liegen.

*Dies ist so eine Randbemerkung* Als Hilfe beim Suchen werden neue Begriffe, Stichworte und Verfahren auf dem Rand – der auch für eigene Notizen breit genug sein soll – wiederholt.

### Zwei Vorschläge zur Verbesserung dieses Buchs

① Wenn Ihnen Stellen auffallen, die falsch oder unverständlich oder unübersichtlich sind, teilen Sie das dem Verlag mit.

② Wenn Sie lieber ein Buch haben möchten, das besser auf dem Tisch liegt (aber dafür nicht mehr so gut im Regal steht), entfernen Sie vorsichtig den Rücken (am besten mit einer möglichst großen Papierschneidemaschine) und lassen Sie in einem Kopierladen eine Spiralbindung anbringen.

### Ernste Warnungen

① Die Arbeit mit diesem Buch kann weder den Besuch einer Vorlesung noch die eigene Nacharbeit ersetzen.

② Die Nacharbeit der Beispiele und Rechenverfahren in diesem Buch ersetzt nicht die selbstständige Bearbeitung von Übungsaufgaben.

### Und außerdem...

Mein besonderer Dank gilt allen Testlesern und allen, die durch Vorschläge und Hinweise zu Verbesserungen beigetragen haben, und ganz besonders Herrn E. Mattes, ohne dessen Arbeit an immer schnelleren TeX-Implementationen dieses Buch wohl erst sehr viel später fertig geworden wäre.

Weiterhin danke ich allen Käufern dieses Buches, die dadurch zur Verbesserung der ökonomischen Situation des Autors beitragen.

Peter Furlan

# Kapitel 1

# Lineare Algebra

## 1.1 Polynome und rationale Funktionen

### 1. Definitionen

Ein Polynom (in $x$) (oder ganzrationale Funktion) ist ein Ausdruck der Form     Polynom

$$P(x) = a_n x^n + a_{n-1} x^{n-1} \cdots + a_2 x^2 + a_1 x + a_0.$$

Die Zahlen $a_j$ ($a_j \in \mathbb{R}$ oder $\mathbb{C}$) heißen Koeffizienten. $a_n$ heißt Leitkoeffizient, $a_0$    Koeffizienten
absolutes Glied. Ist $a_n \neq 0$, so heißt $n$ Grad des Polynoms. Im Fall $a_n = 1$ heißt    Leitkoeffizient
$P$ normiert.    absolutes Glied

Ist $x_0$ eine (reelle oder komplexe) Zahl mit $P(x_0) = 0$, so heißt $x_0$ Nullstelle von    Grad eines Polynoms
$P$.

**Fundamentalsatz der Algebra:**    normiert
Ist $P$ wie oben, so läßt sich $P$ so schreiben:    Nullstelle

$$P(x) = a_n(x - x_1)(x - x_2) \cdots (x - x_n). \quad \text{(faktorisierte Form)}$$

Die Ausdrücke $(x - x_j)$ heißen Linearfaktoren. Die $x_j$, die nicht unbedingt alle ver-    Linearfaktoren
schieden sein müssen, sind die (eventuell komplexen) Nullstellen von $P$, d.h. jedes
Polynom des Grades $n$ hat in $\mathbb{C}$ $n$ Nullstellen bzw. zerfällt in $n$ Linearfaktoren.

Ist $P$ ein reelles Polynom, d.h. sind alle $a_j$ reell, so gilt:

- Ist $n$ ungerade, so gibt es mindestens eine reelle Nullstelle.

- Ist $z = a + ib$ komplexe Nullstelle von $P$, dann ist auch $\bar{z} = a - ib$ Nullstelle.

- $P$ läßt sich als Produkt reeller Linear- und quadratischer Faktoren schreiben:
  $$P(x) = a_n(x - x_1) \cdots (x - x_j)(x^2 + a_1 x + b_1) \cdots (x^2 + a_l x + b_l)$$

$R$ heißt gebrochen rationale Funktion, wenn $R$ die Form $R(x) = P(x)/Q(x)$, $P$    gebrochen
und $Q$ Polynome, hat. Ist Grad $P <$ Grad $Q$, nennt man $R$ echt gebrochen, sonst    rational
unecht gebrochen.

## 2. Berechnung

### 1. Polynomdivision

Ziel der Polynomdivision ist es, eine Umformung

$$\frac{S(x)}{Q(x)} = R(x) + \frac{P(x)}{Q(x)}$$

vorzunehmen, wobei $R$ ein Polynom und Grad $P <$ Grad $Q$ ist. Die gebrochen rationale Funktion wird also in einen ganzrationalen Anteil $R$ und einen echt gebrochen rationalen Anteil $P/Q$ zerlegt. Sinn macht das Verfahren natürlich nur für Grad $S \geq$ Grad $Q$.

Die Schritte werden am Beispiel erläutert:

$$f(x) = \frac{x^7 - x^5 + 9x^4 - 5x^3 - 2x^2 - 5x + 7}{x^5 - x^4 - x + 1}$$

Das Vorgehen ist wie bei der schriftlichen Division:

```
                    ①                              ②   ⑤
 ( x⁷      - x⁵ + 9x⁴ - 5x³ - 2x² - 5x + 7 ) : (x⁵ - x⁴ - x + 1) = x² + x
③ x⁷ - x⁶              - x³ + x²
   ────────────────────────────────
   ④ x⁶ - x⁵ + 9x⁴ - 4x³ - 3x² - 5x + 7
   ⑥ x⁶ - x⁵              - x² + x
      ────────────────────────────────
         ⑦ 9x⁴ - 4x³ - 2x² - 6x + 7
```

① Der Zähler $S$ wird so hingeschrieben, daß für jede Potenz Platz ist.

② Der Quotient der Glieder mit den höchsten Potenzen ist $x^7 : x^5 = x^2$.

③ Jetzt wird $x^5 - x^4 - x + 1$ mit $x^2$ multipliziert.

④ Erste und zweite Zeile werden voneinander abgezogen.

⑤ wie in② ist $x^6 : x^5 = x$.

⑥ wie in③ ist $x$ mal $x^5 - x^4 - x + 1$ ist $x^6 - x^5 - x^2 + x$.

⑦ Als Rest bleibt $9x^4 - 4x^3 - 2x^2 - 6x + 7$.

Es ist also

$$\frac{x^7 - x^5 + 9x^4 - 5x^3 - 2x^2 - 5x + 7}{x^5 - x^4 - x + 1} = x^2 + x + \frac{9x^4 - 4x^3 - 2x^2 - 6x + 7}{x^5 - x^4 - x + 1}.$$

## 1.1. POLYNOME UND RATIONALE FUNKTIONEN

### 2. Das Hornerschema

Das <u>Hornerschema</u> dient zur Polynomauswertung. Der Rechengang wird am Beispiel $P(x) = x^5 - 7x^3 + 9x^2 + x + 3$ erklärt; es soll $P(2)$ berechnet werden.

Hornerschema

Das Vorgehen beruht auf der Darstellung $P(x) = ((((1 \cdot x + 0)x - 7)x + 9)x + 1)x + 3$.

Als erstes werden die Koeffizienten von $P$ in ein Schema eingetragen:

|  | 1 | 0 | -7 | 9 | 1 | 3 |
|---|---|---|---|---|---|---|
| $x = 2$ | - |  |  |  |  |  |
|  |  |  |  |  |  | = |

Dieses Schema wird von links nach rechts ausgefüllt, indem zwei Schritte so oft abwechselnd ausgeführt werden, bis an der unterstrichenen Position unten rechts der Funktionswert an der Stelle $x = 2$ steht.

> ① Die Zahlen in der ersten und zweiten Zeile werden addiert und das Ergebnis in die dritte Zeile geschrieben.
>
> ② Die zuletzt berechnete Zahl in der dritten Zeile wird mit (in diesem Falle) $x = 2$ multipliziert und in die nächste freie Position der zweiten Zeile geschrieben.

Die ersten Schritte sehen dann so aus:

① 
|  | 1 | 0 | -7 | 9 | 1 | 3 |
|---|---|---|---|---|---|---|
| $x = 2$ | - |  |  |  |  |  |
|  | 1 |  |  |  |  | = |

② 
|  | 1 | 0 | -7 | 9 | 1 | 3 |
|---|---|---|---|---|---|---|
| $x = 2$ | - | 2 |  |  |  |  |
|  | 1 |  |  |  |  | = |

③ 
|  | 1 | 0 | -7 | 9 | 1 | 3 |
|---|---|---|---|---|---|---|
| $x = 2$ | - | 2 |  |  |  |  |
|  | 1 | 2 |  |  |  | = |

④ 
|  | 1 | 0 | -7 | 9 | 1 | 3 |
|---|---|---|---|---|---|---|
| $x = 2$ | - | 2 | 4 |  |  |  |
|  | 1 | 2 |  |  |  | = |

So sieht das fertige Schema aus:

|  | 1 | 0 | -7 | 9 | 1 | 3 |
|---|---|---|---|---|---|---|
| $x = 2$ | - | 2 | 4 | -6 | 6 | 14 |
|  | 1 | 2 | -3 | 3 | 7 | <u>17</u> |

Es ist also $P(2) = 17$.

Polynomdivision mit Hornerschema

> Wird mit dem Hornerschema das Polynom $P$ an der Stelle $x_0$ ausgewertet, so stehen in der letzten Zeile (von links nach rechts) die Koeffizienten desjenigen Polynoms $P_1$, für das $P(x) = P_1(x) \cdot (x - x_0) + r$ mit $r = P(x_0)$ gilt. Der Wert $r$ steht ganz rechts.
> Ist insbesondere $x_0$ Nullstelle von $P$, so ist $P_1(x) = P(x)/(x - x_0)$.

Im Beispiel oben ist also
$P(x) = x^5 - 7x^3 + 9x^2 + x + 3 = (x^4 + 2x^3 - 3x^2 + 3x + 7) \cdot (x - 2) + 17.$

## 3. Partialbruchzerlegung

Mit Hilfe der Partialbruchzerlegung (PBZ) wird eine gebrochen rationale Funktion $S(x)/Q(x)$ in eine Summe einfacherer Teile zerlegt. Zunächst wird mit Hilfe der Polynomdivision der ganzrationale Teil abgespalten und dann der echt gebrochen rationale in einzelne Partialbrüche zerlegt. Je nach Anwendung wird zwischen reeller und komplexer Zerlegung unterschieden.

① Polynomdivision $\dfrac{S(x)}{Q(x)} = R(x) + \dfrac{P(x)}{Q(x)}$. (Punkt 1), S. 4

② Bestimmung der Nullstellen des Nenners. (Punkt 4), S. 6

③ Faktorisierung des Nenners. (Punkt 5), S. 8

④ Ansatz für die Partialbruchzerlegung. (Punkt 6/7), S. 9

⑤ Bestimmung der Koeffizienten. (Punkt 8), S. 10

Die einzelnen Schritte werden im folgenden erklärt.

## 4. Bestimmung von Nullstellen eines Polynoms $Q$

- Ist $Q$ vom Grad 2, so nimmt man die p-q-Formel:

$$x^2 + px + q = 0 \quad \Leftrightarrow \quad x_{1,2} = -\frac{p}{2} \pm \sqrt{\left(\frac{p}{2}\right)^2 - q}$$

- Ist $Q$ nicht normiert, nimmt man diese Variante:

$$ax^2 + bx + c = 0 \quad \Leftrightarrow \quad x_{1,2} = \frac{-b \pm \sqrt{b^2 - 4ac}}{2a}$$

- Die Summe der Koeffizienten ist Null $\Leftrightarrow$ 1 ist Nullstelle.

- Summe der Koeffizienten bei geraden Exponenten = Summe der Koeffizienten bei ungeraden Exponenten $\Leftrightarrow$ -1 ist Nullstelle.

- Die ganzzahligen Nullstellen sind Teiler des absoluten Glieds. Ist also z.B. $Q(x) = x^5 + \cdots + 6$, so kommen als ganzzahlige Nullstellen $\pm 1$, $\pm 2$, $\pm 3$ und $\pm 6$ in Frage.

## 1.1. POLYNOME UND RATIONALE FUNKTIONEN

> Ist eine Nullstelle $x_0$ von $Q$ bestimmt, bildet man $Q_1(x) = Q(x)/(x-x_0)$ und bestimmt die weiteren Nullstellen als Nullstellen von $Q_1$.

Um das Polynom $Q_1(x) = Q(x)/(x-x_0)$ zu bestimmen gibt es zwei Möglichkeiten:

- entweder mit Polynomdivision
- oder mit dem Hornerschema.

Der Rechengang wird am Beispiel $Q(x) = x^6 + 4x^5 + 3x^4 - 10x^3 - 26x^2 - 24x - 8$ erklärt.

Die Summe aller Koeffizienten ist $1 + 4 + 3 - 10 - 26 - 24 - 8 = -60$, daher ist eins keine Nullstelle von $Q$. Die Summe der Koeffizienten bei den Gliedern mit ungeradem Exponenten ist $4 - 10 - 24 = -30$, die bei den geraden ergeben $1 + 3 - 26 - 8 = -30$. Daher ist -1 Nullstelle von $Q$. Um weiterzurechnen ist es günstig, jetzt $Q$ durch $(x - (-1)) = (x+1)$ zu dividieren. Das geschieht dadurch, daß mit dem Hornerschema $Q(-1)$ berechnet wird.

|        | 1 | 4  | 3  | -10 | -26 | -24 | -8 |
|--------|---|----|----|-----|-----|-----|----|
| $x=-1$ | - | -1 | -3 | 0   | 10  | 16  | 8  |
|        | 1 | 3  | 0  | -10 | -16 | -8  | 0  |

Der Vorteil liegt nun darin, daß man aus der dritten Zeile des Schemas die Koeffizienten von $Q_1$ ablesen kann:

$$Q_1(x) = Q(x)/(x+1) = x^5 + 3x^4 - 10x^2 - 16x - 8.$$

Gleichzeitig hat man eine Kontrolle, daß -1 wirklich Nullstelle ist.      Kontrolle

Man erkennt $(1 + 0 - 16 = 3 - 10 - 8)$, daß -1 noch einmal Nullstelle ist. Das Hornerschema sieht so aus:

|        | 1 | 3  | 0  | -10 | -16 | -8 |
|--------|---|----|----|-----|-----|----|
| $x=-1$ | - | -1 | -2 | 2   | 8   | 8  |
|        | 1 | 2  | -2 | -8  | -8  | 0  |

Damit ist $Q_2(x) = Q_1(x)/(x+1) = x^4 + 2x^3 - 2x^2 - 8x - 8$. Als ganzzahlige Nullstellen von $Q$ und damit auch von $Q_2$ kommen nur $\pm 1, \pm 2, \pm 4$ und $\pm 8$ in Frage. Da -1 nicht noch einmal Nullstelle ist, wird als nächstes $x=2$ getestet:

|       | 1 | 2 | -2 | -8 | -8 |
|-------|---|---|----|----|----|
| $x=2$ | - | 2 | 8  | 12 | 8  |
|       | 1 | 4 | 6  | 4  | 0  |

Jetzt wissen wir zwei Dinge: erstens ist zwei Nullstelle von $Q$ und zweitens ist $Q_3 = Q_2/(x-2) = x^3 + 4x^2 + 6x + 4$. Nochmal ist zwei sicher nicht Nullstelle, da alle Koeffizienten positiv sind und daher auch $Q_3(2)$ nicht Null sein kann. Nächster Kandidat ist -2.

|        | 1 | 4  | 6  | 4  |
|--------|---|----|----|----|
| $x=-2$ | - | -2 | -4 | -4 |
|        | 1 | 2  | 2  | 0  |

Schon wieder Glück gehabt! (Woran das bloß liegt?) Der letzte übriggebliebene Faktor $x^2 + 2x + 2$ läßt sich als $(x+1)^2 + 1$ schreiben und hat keine reellen Nullstellen mehr, sondern die komplexen $-1 \pm i$, wie man mit der p-q-Formel nachrechnet.

Insgesamt haben wir folgende (komplexe) Nullstellen von $Q$ gefunden:

$$x_1 = x_2 = -1, \quad x_3 = 2, \quad x_4 = -2, \quad x_5 = -1+i, \quad x_6 = -1-i$$

### 5. Faktorisierung

**allgemeine (komplexe) Faktorisierung**

> Ist $a_n$ der Leitkoeffizient von $Q$ und sind $x_1$ $m_1$-fache, $x_2$ $m_2$-fache, ..., $x_k$ $m_k$-fache (reelle oder komplexe) Nullstelle, so ist
> $$Q(x) = a_n(x-x_1)^{m_1}(x-x_2)^{m_2}\cdots(x-x_k)^{m_k}.$$

Reelle Polynome n-ten Grades haben zwar insgesamt $n$ Nullstellen in $\mathbb{C}$, aber die nichtreellen Nullstellen treten in Paaren auf, die sich zu quadratischen Faktoren zusammenfassen lassen:

**reelle Faktorisierung**

> Ist $Q$ reelles Polynom und $z = u + iv$ komplexe (nichtreelle) Nullstelle (dann ist auch $\bar{z} = u - iv$ Nullstelle), so ist $(x-z)(x-\bar{z}) = x^2 - 2ux + (u^2+v^2)$ reell unzerlegbarer quadratischer Faktor.
> Ist $a_n$ der Leitkoeffizient und sind $x_1$ $m_1$-fache, $x_2$ $m_2$-fache, ..., $x_k$ $m_k$-fache reelle Nullstellen, $x^2 + a_1 x + b1$ $n_1$-facher,...,$x^2 + a_l x + b_l$ $n_l$-facher reell unzerlegbarer quadratischer Faktor, so ist
> $$Q(x) = a_n(x-x_1)^{m_1}\cdots(x-x_k)^{m_k}(x^2 + a_1 x + b_1)^{n_1}\cdots(x^2 + a_l x + b_l)^{n_l}.$$

Im Beispiel heißt das dann:

$$Q(x) = (x+1)^2(x-2)(x+2)(x^2+2x+2) \quad \text{reelle Faktorisierung}$$

$$Q(x) = (x+1)^2(x-2)(x+2)(x-(-1+i))(x-(-1-i)) \quad \text{komplexe Faktorisierung}$$

## 6. Komplexer Ansatz für die Partialbruchzerlegung

Hat der Nenner $Q$ die Zerlegung

$$Q(x) = a_n(x - x_1)^{m_1}(x - x_2)^{m_2} \cdots (x - x_k)^{m_k},$$

so macht man den Ansatz

$$\frac{P(x)}{Q(x)} = \frac{A_{11}}{x - x_1} + \cdots + \frac{A_{1m_1}}{(x - x_1)^{m_1}} + \cdots + \frac{A_{k1}}{x - x_k} + \cdots + \frac{A_{km_k}}{(x - x_k)^{m_k}}$$

- Eine einfache Nullstelle $x_0$ gibt einen Summanden mit dem Nenner $x - x_0$,
- eine k-fache Nullstelle $x_0$ gibt die $k$ Summanden mit den Nennern $x - x_0$, ..., $(x - x_0)^k$,

*allgemeiner (komplexer) Ansatz*

## 7. Reeller Ansatz für die Partialbruchzerlegung

Der Nenner $Q$ habe die Zerlegung

$$Q(x) = a_n(x - x_1)^{m_1} \cdots (x - x_k)^{m_k}(x^2 + a_1 x + b_1)^{n_1} \cdots (x^2 + a_l x + b_l)^{n_l}.$$

Dann macht man für die PBZ folgenden Ansatz:

$$\begin{aligned}
\frac{P(x)}{Q(x)} =\ & \frac{A_{11}}{x - x_1} + \frac{A_{12}}{(x - x_1)^2} + \cdots + \frac{A_{1m_1}}{(x - x_1)^{m_1}} \\
& + \frac{A_{21}}{x - x_2} + \cdots + \frac{A_{2m_2}}{(x - x_2)^{m_2}} + \cdots \\
& + \frac{B_{11} x + C_{11}}{x^2 + a_1 x + b_1} + \cdots + \frac{B_{1n_1} x + C_{1n_1}}{(x^2 + a_1 x + b_1)^{n_1}} + \cdots \\
& + \frac{B_{l1} x + C_{l1}}{x^2 + a_l x + b_l} + \cdots + \frac{B_{ln_l} x + C_{ln_l}}{(x^2 + a_l x + b_l)^{n_l}}.
\end{aligned}$$

- Eine einfache Nullstelle $x_0$ gibt einen Summanden mit dem Nenner $x - x_0$,
- eine k-fache Nullstelle $x_0$ gibt die $k$ Summanden mit den Nennern $x - x_0$, ..., $(x - x_0)^k$,
- ein quadratischer Term $x^2 + ax + b$ gibt einen Summanden mit dem Nenner $x^2 + ax + b$,
- ein k-facher quadratischer Term $(x^2 + ax + b)^k$ gibt die $k$ Summanden mit den Nennern $x^2 + ax + b, \ldots, (x^2 + ax + b)^k$.

*reeller Ansatz*

**Kontrolle:** Hat $Q$ den Grad $n$, so müssen es insgesamt $n$ Unbekannte sein.

*Kontrolle*

**Beispiel**  Beispiel ist der echt gebrochen rationale Anteil der Beispielfunktion der Polynomdivision:

$$\frac{P(x)}{Q(x)} = \frac{9x^4 - 4x^3 - 2x^2 - 6x + 7}{x^5 - x^4 - x + 1} = \frac{9x^4 - 4x^3 - 2x^2 - 6x + 7}{(x-1)^2(x+1)(x^2+1)}$$

Damit sind der reelle bzw. komplexe Ansatz

$$\frac{9x^4 - 4x^3 - 2x^2 - 6x + 7}{(x-1)^2(x+1)(x^2+1)} = \frac{A}{x-1} + \frac{B}{(x-1)^2} + \frac{C}{x+1} + \frac{Dx+E}{x^2+1}$$
$$= \frac{A}{x-1} + \frac{B}{(x-1)^2} + \frac{C}{x+1} + \frac{D'}{x-i} + \frac{E'}{x+i}$$

### 8. Bestimmung der Koeffizienten

Die eigentliche Arbeit bei der Partialbruchzerlegung besteht in der Bestimmung der Unbekannten. Wird die rechte Seite auf den Hauptnenner gebracht, so ergibt sich durch Koeffizientenvergleich ein Gleichungssystem, das immer eindeutig lösbar ist. Glücklicherweise gibt es eine Reihe von Rechenverfahren, die die Rechnung stark verkürzen.

**Überblick über die Methoden**

| | Methode | Anwendungsbereich | Bemerkungen |
|---|---|---|---|
| 1 | Koeffizientenvergleich | immer möglich, oft nach | rechnerisch sehr |
| 2 | Werte einsetzen | den anderen Methoden | aufwendig |
| 3 | Einsetzmethode | einfache Nullstellen, | einfache |
| 4 | Zuhaltemethode | höchste Exponenten bei mehrfachen NS | Methode |
| 5 | Ableitemethode | restliche Koeffizienten | Alternative zu |
| 6 | Subtraktionsmethode | bei mehrfachen NS | Koeffizientenvergleich |
| 7 | komplexer statt reeller Ansatz | reelle unzerlegbare quadratische Faktoren | Einsetz- und Zuhaltemethode möglich kompliziert durch komplexe Zahlen |

**Empfehlung**  Empfehlung: solange wie möglich mit der Einsetz-/Zuhaltemethode arbeiten.

**Alle Methoden werden am Beispiel oben auf dieser Seite erläutert.**

## 1.1. POLYNOME UND RATIONALE FUNKTIONEN

### 8.0 Gleichung (∗)

Erster Schritt ist in allen Verfahren die Gleichung (∗): Der Ansatz für die PBZ wird mit dem Nenner $Q$ durchmultipliziert. $Q$ ist dabei in der faktorisierten Form und die Nenner der einzelnen Summanden kürzen sich heraus.

Gleichung (∗)

$$9x^4 - 4x^3 - 2x^2 - 6x + 7$$
$$= A(x-1)(x+1)(x^2+1) + B(x+1)(x^2+1) \quad (*)$$
$$+ C(x-1)^2(x^2+1) + (Dx+E)(x-1)^2(x+1)$$

### 8.1 Koeffizientenvergleich

Koeffizientenvergleich

Koeffizientenvergleich ist eine Methode, die oft erst zum Schluß der Rechnung angewandt wird, wenn ein Teil der Koeffizienten schon mit anderen Methoden bestimmt worden ist. Dann vereinfacht sich die folgende Rechnung natürlich, da man nicht alle Potenzen von $x$ vergleichen muß, sondern nur so viele wie noch Koeffizienten fehlen.

① Gleichung (∗) wird aufgestellt.

② Die rechte Seite wird ausmultipliziert und nach Potenzen von $x$ zusammengefasst.

③ Auf linker und rechter Seite werden die Koeffizienten von $x^k$ verglichen. Das ergibt ein Gleichungssystem mit $n$ Gleichungen und $n$ Unbekannten.

④ Das Gleichungssystem wird mit einer geeigneten Methode gelöst

Beispiel:

① $9x^4 - 4x^3 - 2x^2 - 6x + 7$
$= A(x-1)(x+1)(x^2+1) + B(x+1)(x^2+1) \quad (*)$
$+ C(x-1)^2(x^2+1) + Dx(x-1)^2(x+1) + E(x-1)^2(x+1)$
$= A(x^4-1) + B(x^3+x^2+x+1) + C(x^4-2x^3+2x^2-2x+1)$
$+ D(x^4-x^3-x^2+x) + E(x^3-x^2-x+1)$

② $= x^4(A+C+D) + x^3(B-2C-D+E) + x^2(B+2C-D-E)$
$+ x(B-2C+D-E) + (-A+B+C+E)$

③ Im dritten Schritt ergibt sich folgendes Gleichungssystem für $A, B, C, D, E$:

$$\begin{array}{c} x^4 \\ x^3 \\ x^2 \\ x \\ const. \end{array} \left( \begin{array}{ccccc|c} 1 & 0 & 1 & 1 & 0 & 9 \\ 0 & 1 & -2 & -1 & 1 & -4 \\ 0 & 1 & 2 & -1 & -1 & -2 \\ 0 & 1 & -2 & 1 & -1 & -6 \\ -1 & 1 & 1 & 0 & 1 & 7 \end{array} \right)$$

Witz ④ Die Lösung dieses Gleichungssystems ist nach kurzer Rechnung

$$A = 2, \quad B = 1, \quad C = 3, \quad D = 4, \quad E = 5.$$

Die gesuchte Partialbruchzerlegung des echt gebrochen rationalen Teils ist damit (für diese und die folgenden Methoden)

$$\frac{9x^4 - 4x^3 - 2x^2 - 6x + 7}{x^5 - x^4 - x + 1} = \frac{2}{x-1} + \frac{1}{(x-1)^2} + \frac{3}{x+1} + \frac{4x+5}{x^2+1}.$$

## 8.2 Werte einsetzen

Werte einsetzen

Diese Methode beschreibt eine andere Art und Weise, an ein Gleichungssystem zu kommen. In der Gleichung (∗) werden fünf beliebige Zahlen für $x$ eingesetzt. Für den Anwendungsbereich gilt dasselbe wie beim oben beschriebenen Koeffizientenvergleich.

① Gleichung (∗) wird aufgestellt.

② Für $x$ werden soviel verschiedene Zahlen wie es Unbekannte gibt eingesetzt. Dabei werden rechte und linke Seite ausgerechnet.

③ Jedesmal entsteht eine Gleichung für die Koeffizienten

④ Das Gleichungssystem wird mit einer geeigneten Methode gelöst

Im Beispiel darf man sich fünf Zahlen wählen. Setzt man etwa nacheinander für $x$ die Werte 0,1,2 ein, so ergeben sich aus (∗) die Gleichungen:

② $x = 0 \quad 7 = A(-1)(1)(1) + B(1)(1) + C(1)(1) + D(0) + E(1)(1)$
③ $\quad\quad\quad \Leftrightarrow \quad -A + B + C + E = 7$
② $x = 1 \quad 4 = A(0) + B(2)(2) + C(0) + D(0) + E(0)$
③ $\quad\quad\quad \Leftrightarrow \quad 4B = 4$
② $x = 2 \quad 99 = A(1)(3)(5) + B(3)(5) + C(1)(5) + D(2)(1)(3) + E(1)(3)$
③ $\quad\quad\quad \Leftrightarrow \quad 15A + 15B + 5C + 6D + 3E = 99 \quad\quad \text{usw.}$

Nachteil  Nachteil:Diese Methode führt leicht zu unhandlich großen Zahlen.

## 8.3 Einsetzmethode

Einsetzmethode

Man sieht, daß beim Werte einsetzen erfreulich leicht zu lösende Gleichungen entstehen, wenn die Nullstellen des Nenners $Q$ eingesetzt werden. Wenn $Q$ nicht nur aus quadratischen Faktoren besteht, kann man einen Teil der Koeffizienten (in günstigen Fällen sogar alle) mit der <u>Einsetzmethode</u> bestimmen: in (∗) die Nullstellen von $Q$ eingesetzt. Dabei fallen dann auf der rechten Seite alle Terme bis auf einen weg.

Mit der Einsetzmethode erhält man alle Koeffizienten von Summanden, die von einfachen Nullstellen von $Q$ herkommen und von mehrfachen Nullstellen jeweils die mit dem höchsten Exponenten.

Es ist auch möglich, in reelle quadratische Faktoren die <u>komplexen</u> Nullstellen einzusetzen. Das ergibt dann <u>beide</u> Koeffizienten, die zu diesem Faktor gehören. Der Nachteil ist, daß man sich mit komplexen Zahlen leichter verrechnet.

① Gleichung (∗) wird aufgestellt.

② Für $x$ werden die Nullstellen von $Q$ eingesetzt. Dabei werden rechte und linke Seite ausgerechnet.

③ Jedesmal entsteht eine Gleichung mit nur einer bzw. zwei Unbekannten (bei komplexen Werten).

④ Falls noch Koeffizienten übrig sind, rechnet man danach mit Koeffizientenvergleich/ Werte einsetzen / Ableitemethode /Subtraktionsmethode weiter.

Im Beispiel sieht das so aus:

② Wird $x = 1$ eingesetzt, erhält man wie oben $B = 1$.

② Beim Einsetzen von $x = -1$ wird nur der Term mit $C$ beachtet:

③ $$9 \cdot 1 - 4 \cdot (-1) - 2 \cdot 1 - 6 \cdot (-1) + 7 = C \cdot 4 \cdot 2$$

$$\Rightarrow 24 = C \cdot 8 \Rightarrow C = 3.$$

② Jetzt wird die komplexe Nullstelle $i$ eingesetzt. Dann bleiben nur die Terme mit $D$ und $E$ übrig:

③ $$9 + 4i + 2 - 6i + 7 = (Di + E)(i-1)^2(i+1) \Leftrightarrow 18 - 2i = (Di + E)(2 - 2i)$$

$$\Leftrightarrow 18 - 2i = (2E + 2D) + (2D - 2E)i.$$

Da $D$ und $E$ reell sind, erhält man sie als Lösungen des Gleichungssystems

$$2E + 2D = 18, \quad 2D - 2E = -2, \quad \Rightarrow D = 4, \; E = 5.$$

④ $A$ läßt sich mit dieser Methode nicht bestimmen. Dazu würde man jetzt am besten eine Koeffizientenvergleich der $x^4$-Terme in $(*)$ machen:

$$9 = A + C + D \Rightarrow 9 = A + 3 + 4 \Rightarrow A = 2.$$

### 8.4 Zuhaltemethode

Zuhalte-
methode

Eine Rechenvariante der Einsetzmethode ist die Zuhaltemethode. Um in dem Ansatz

$$\frac{9x^4 - 4x^3 - 2x^2 - 6x + 7}{(x-1)^2(x+1)(x^2+1)} = \frac{A}{x-1} + \frac{B}{(x-1)^2} + \frac{C}{x+1} + \frac{Dx+E}{x^2+1}$$

z.B. $C$ zu erhalten, multipliziert man beide Seiten mit $(x+1)$ und setzt dann $x = -1$ ein. Das bewirkt, daß auf der linken Seite im Nenner der Term $(x+1)$ fehlt und auf der rechten Seite nach dem Einsetzen nur $C$ übrigbleibt. $C$ erhält man also, indem man im Ansatz den "$C$-Term" $(x+1)$ zuhält und $x = -1$ einsetzt:

$$C = \frac{9(1) - 4(-1) - 2(1) - 6(-1) + 7}{(-2)^2(1+1)} = \frac{24}{8} = 3.$$

Analog wird bei der Bestimmung von $B$ der Faktor $(x-1)^2$ zugehalten und $x = 1$ eingesetzt:

$$B = \frac{9 - 4 - 2 - 6 + 7}{(1+1)(1^2+1)} = \frac{4}{4} = 1.$$

### 8.5 Ableitemethode

Ableite-
methode

Die Ableitemethode dient dazu, restliche Koeffizienten bei mehrfachen Nullstellen zu bestimmen.

Die Schritte werden gleich am Beispiel erklärt.

---

① In $(*)$ wird mit Einsetz- oder Zuhaltemethode $B = 1$ bestimmt.

② $B = 1$ wird eingesetzt.

③ Beide Seiten werden abgeleitet und $x = 1$ wird eingesetzt. Dabei fallen alle Terme weg, die nicht von $A$ oder $B$ herkommen.

④ Es bleibt eine Gleichung nur mit $A$.

⑤ Bei Nullstellen höherer Ordnung werden Schritt 3 und 4 wiederholt.

## 1.1. POLYNOME UND RATIONALE FUNKTIONEN

Im Beispiel:

②  Nachdem $B=1$ eingesetzt ist und aus den letzten drei Summanden $(x-1)^2$ ausgeklammert ist, sieht $(*)$ so aus:

$$9x^4-4x^3-2x^2-6x+7 = A(x-1)(x+1)(x^2+1)+1\cdot(x+1)(x^2+1)+(x-1)^2(\ldots)$$

③ Für den letzten Term rechts wird beim Ableiten die Produktregel benutzt.

$$\begin{aligned}36x^3-12x^2-4x-6 &= A(x-1)(x^3+x^2+x+1)'+A(x^3+x^2+x+1)\\ &+ (3x^2+2x+1)+(x-1)^2(\ldots)'+2(x-1)(\ldots)\end{aligned}$$

$x=1$ wird eingesetzt. Alle Terme, die nicht von $A$ oder $B$ her kommen, fallen weg.

④ $36-12-4-6 = A\cdot 0+A(1+1+1+1)+(3+2+1)+0(\ldots)+2\cdot 0\cdot(\ldots)+0\cdot(\ldots)$

$$14 = 4A+6 \quad \Leftrightarrow \quad A=2$$

Der <u>Vorteil</u> dieser Methode liegt darin, daß sich nun $D$ und $E$ sehr einfach bestimmen lassen. Nachdem man mit Einsetzen oder Zuhalten $C$ bestimmt hat, macht man einen Koeffizientenvergleich: Vergleicht man in der Gleichung $(*)$ rechts und links die $x^4$-Terme, so sieht man, daß sich bei $A$, $C$ und $D$ jeweils ein $x^4$ ergibt:

$$9 = 2+3+D \quad \Leftrightarrow \quad D=4.$$

Analoge Rechnung für das konstante Glied:
Bei $A$ steht $-1$, bei $B$ und $C$ jeweils $+1$, also

$$7 = -2+1+3+E \quad \Leftrightarrow \quad E=5.$$

### 8.6 Subtraktionsmethode

Genau wie die Ableitemethode dient die <u>Subtraktionsmethode</u> zur Bestimmung von Koeffizienten, die von mehrfachen Nullstellen herkommen. Auch hier wird am selben Beispiel erklärt.

Subtraktionsmethode

---

① In $(*)$ wird mit Einsetz- oder Zuhaltemethode $B=1$ bestimmt.

② Der Term $\dfrac{1}{(x-1)^2}$ wird <u>im Ansatz</u> auf beiden Seiten subtrahiert.

③ Die linke Seite wird auf einen Nenner gebracht. Dabei läßt sich aus dem Zähler ein Faktor $(x-1)$ ausklammern und kürzen (z.B. mit dem Hornerschema).

④ Mit der Einsetz- oder Zuhaltemethode läßt sich jetzt $A$ bestimmen.

⑤ Bei Nullstellen höherer Ordnung werden Schritt 2 bis 4 wiederholt.

Im Vergleich mit der Ableitemethode ist diese Methode aufwendiger, da eine Polynomdivision durchgeführt werden muß.

Im Beispiel sieht es so aus:

② Auf der linken Seite wird $\dfrac{1}{(x-1)^2}$ subtrahiert:

$$\frac{9x^4 - 4x^3 - 2x^2 - 6x + 7}{(x-1)^2(x+1)(x^2+1)} - \frac{1}{(x-1)^2}$$

$$= \frac{9x^4 - 4x^3 - 2x^2 - 6x + 7 - x^3 - x^2 - x - 1}{(x-1)^2(x+1)(x^2+1)} = \frac{9x^4 - 5x^3 - 3x^2 - 7x + 6}{(x-1)^2(x+1)(x^2+1)}$$

③ Da der Zähler den Faktor $(x-1)$ enthalten muß, wird mit dem Hornerschema durch $(x-1)$ dividiert:

|       | 9 | -5 | -3 | -7 | 6  |
|-------|---|----|----|----|----|
| $x=1$ | - | 9  | 4  | 1  | -6 |
|       | 9 | 4  | 1  | -6 | 0  |

Kontrolle — Als <u>Kontrolle</u> dient, daß die Polynomdivision "aufgeht", d.h. daß sich als Funktionswert unten rechts null ergibt.

④ Nach dem Kürzen hat man also den neuen Ansatz

$$\frac{9x^3 + 4x^2 + x - 6}{(x-1)(x+1)(x^2+1)} = \frac{A}{x-1} + \frac{C}{x+1} + \frac{Dx+E}{x^2+1},$$

woraus man etwa nach der Zuhaltemethode $A = 2$ bestimmen kann.

## 8.7 Komplexer statt reeller Ansatz

Komplexer statt reeller Ansatz — Die Koeffizienten der Teile, die von unzerlegbaren reellen quadratischen Faktoren herkommen, lassen sich auch dadurch bestimmen, daß man zunächst eine komplexe Partialbruchzerlegung durchführt und hinterher daraus die Koeffizienten der reellen PBZ berechnet.

---

① Es wird eine komplexe PBZ durchgeführt.

② Die Summanden, die von konjugiert komplexen Nullstellenpaaren herkommen, werden addiert.

---

Abkürzung Kontrolle — <u>Abkürzung/Kontrolle</u>: Bei reellen Polynomen sind die Koeffizienten, die von komplex konjugierten Nullstellenpaaren herkommen, komplex konjugiert.

Vorteil Nachteil — <u>Vorteil</u> ist, daß keine Gleichungssysteme zu lösen sind; <u>Nachteil</u>, daß die Rechnung mit komplexen Zahlen in der Regel komplizierter ist.

## 1.1. POLYNOME UND RATIONALE FUNKTIONEN

**Kontrolle**: Das Ergebnis muß natürlich wieder reell sein.

Kontrolle

① Im Beispiel werden $D'$ und $E'$ mit Hilfe der Zuhaltemethode bestimmt. Zur Bestimmung von $D'$ wird $x = i$ eingesetzt, für $E'$ $x = -i$.

$$D' = \frac{9+4i+2-6i+7}{(i-1)^2(i+1)(2i)} = \frac{18-2i}{4(1+i)} = \frac{(18-2i)(1-i)}{4(1+i)(1-i)} = \frac{16-20i}{8} = 2 - \frac{5}{2}i$$

$$E' = \frac{9-4i+2+6i+7}{(-i-1)^2(-i+1)(-2i)} = \frac{18+2i}{4(1-i)} = \frac{(18+2i)(1+i)}{4(1-i)(1+i)} = \frac{16+20i}{8} = 2 + \frac{5}{2}i.$$

Alternativ hätte man $E'$ auch direkt als komplex konjugierte Zahl von $D'$ nehmen können.

② Die reelle Zerlegung entsteht durch Addition der beiden komplexen Anteile:

$$\frac{2-\frac{5}{2}i}{x-i} + \frac{2+\frac{5}{2}i}{x+i} = \frac{(2-\frac{5}{2}i)(x+i) + (2+\frac{5}{2}i)(x-i)}{x^2+1} = \frac{4x+5}{x^2+1}.$$

## 3. Beispiele

**Beispiel 1**: Partialbruchzerlegung von $\dfrac{x-2}{x^2-x}$

① fällt weg, ② und ③ ergeben $x^2 - x = x(x-1)$

④ $\dfrac{x-2}{x^2-x} = \dfrac{A}{x} + \dfrac{B}{x-1}$

⑤ Hier kommt man mit der Einsetzmethode gut aus. Gleichung $(*)$:

$$x - 2 = A(x-1) + Bx$$

Einsetzen von $x = 0$ liefert $A = 2$, $x = 1$ ergibt $B = -1$ und damit

$$\frac{x-2}{x^2-x} = \frac{2}{x} - \frac{1}{x-1}.$$

**Beispiel 2**: Zerlegung von $\dfrac{x-1}{(x+2)^4}$

Eigentlich macht man jetzt einen Ansatz

$$\frac{x-1}{(x+2)^4} = \frac{A}{x+2} + \frac{B}{(x+2)^2} + \frac{C}{(x+2)^3} + \frac{D}{(x+2)^4}$$

und rechnet dann mit Einsetz- und anderen Methoden weiter. Hier geht es einfacher, wenn man den Zähler nach Potenzen von $x+2$ sortiert und dann dividiert:

$$\frac{x-1}{(x+2)^4} = \frac{(x+2)-3}{(x+2)^4} = \frac{1}{(x+2)^3} - \frac{3}{(x+2)^4}.$$

Fertig.

**Beispiel 3:** Partialbruchzerlegung von $\dfrac{x^5 - 2x^3 + 4x^2 - 3x - 2}{x^3 - x}$

① Polynomdivision

$$
\begin{array}{rrrrrrl}
(x^5 & -2x^3 & +4x^2 & -3x & -2 & ):(x^3-x) = x^2-1 \\
x^5 & -x^3 & & & & \\
\hline
 & -x^3 & +4x^2 & -3x & -2 & \\
 & -x^3 & & +x & & \\
\hline
 & & 4x^2 & -4x & -2 & \\
\end{array}
$$

Damit ist also

$$\frac{x^5 - 2x^3 + 4x^2 - 3x - 2}{x^3 - x} = x^2 - 1 + \frac{4x^2 - 4x - 2}{x^3 - x}.$$

② und ③ Bestimmung der Nullstellen und Faktorisierung des Nenners.
Es ist
$$x^3 - x = x(x^2 - 1) = x(x+1)(x-1).$$

④ Ansatz
$$\frac{4x^2 - 4x - 2}{x(x+1)(x-1)} = \frac{A}{x} + \frac{B}{x+1} + \frac{C}{x-1}$$

⑤ Bestimmung der Koefizienten.

Das wird sowohl mit der Zuhaltemethode als auch mit Koeffizientenvergleich gerechnet.

**1. Zuhaltemethode.**

- Für $A$: $x = 0$ einsetzen und im Nenner $x$ zuhalten: $A = \dfrac{-2}{(1)(-1)} = 2$.

- Für $B$: $x = -1$ einsetzen und im Nenner $x+1$ zuhalten: $B = \dfrac{4+4-2}{(-1)(-2)} = 3$.

- Für $C$: $x = 1$ einsetzen und im Nenner $x-1$ zuhalten: $C = \dfrac{4-4-2}{(1)(2)} = -1$.

Die gesuchte Zerlegung ist also

$$\frac{4x^2 - 4x - 2}{x(x+1)(x-1)} = \frac{2}{x} + \frac{3}{x+1} - \frac{1}{x-1}.$$

**2. Koeffizientenvergleich**

Ausmultiplizieren und Gleichung $(*)$ bilden:

## 1.1. POLYNOME UND RATIONALE FUNKTIONEN

①'  $\qquad 4x^2 - 4x - 2 = A(x^2 - 1) + B(x^2 - x) + C(x^2 + x)$

②'  $\qquad 4x^2 - 4x - 2 = x^2(A + B + C) + x(-B + C) - A.$

③' Damit ergibt sich für $A, B, C$ folgendes Gleichungssystem:

$$\begin{pmatrix} 1 & 1 & 1 & | & 4 \\ 0 & -1 & 1 & | & -4 \\ -1 & 0 & 0 & | & -2 \end{pmatrix}.$$

④' Die Lösung ist natürlich wieder $A = 2$, $B = 3$ und $C = -1$.

Da $P$ nur reelle Nullstellen hat, sind reelle und komplexe Zerlegung dasselbe.

**Beispiel 4:** Partialbruchzerlegung von $\dfrac{x^2}{(x-1)^3}$.

① – ③ sind nicht nötig, da der Grad des Zählers (2) kleiner als der Grad des Nenners (3) ist und der Nenner bereits faktorisiert ist.

④ Ansatz
$$\frac{x^2}{(x-1)^3} = \frac{A}{x-1} + \frac{B}{(x-1)^2} + \frac{C}{(x-1)^3}$$

⑤ Bestimmung der Koeffizienten:

Es wird wieder auf verschiedene Arten gerechnet.

**1. Lösung mit Koeffizientenvergleich**:

Ausmultiplizieren ergibt Gleichung $(*)$:

①' ②'  $x^2 = A(x-1)^2 + B(x-1) + C = Ax^2 + (-2A + B)x + (A - B + C).$  $(*)$

③' Damit erhält man für $A$, $B$ und $C$ das Gleichungssystem

$$\begin{pmatrix} 1 & 0 & 0 & | & 1 \\ -2 & 1 & 0 & | & 0 \\ 1 & -1 & 1 & | & 0 \end{pmatrix}$$

④' mit der Lösung $A = 1$, $B = 2$ und $C = 1$. Die Zerlegung ist also

$$\frac{x^2}{(x-1)^3} = \frac{1}{x-1} + \frac{2}{(x-1)^2} + \frac{1}{(x-1)^3}.$$

**2. Lösung mit Subtraktionsmethode**:

①' Aus Gleichung $(*)$ wird mit der Einsetzmethode $C = 1$ abgelesen.

②' Im zweiten Schritt wird der $C$-Term im Ansatz subtrahiert:

$$\frac{x^2}{(x-1)^3} - \frac{1}{(x-1)^3} = \frac{x^2 - 1}{(x-1)^3} = \frac{(x-1)(x+1)}{(x-1)^3} = \frac{x+1}{(x-1)^2}.$$

③' Im dritten Schritt ist dabei durch $x - 1$ gekürzt worden.

④' Jetzt wird aus dem neuen Ansatz
$$\frac{x+1}{(x-1)^2} = \frac{A}{x-1} + \frac{B}{(x-1)^2}$$
mit der Einsetz- oder Zuhaltemethode $B = 2$ bestimmt. Wenn man will, läßt sich das Verfahren zur Bestimmung von $A$ wiederholen:
$$\frac{x+1}{(x-1)^2} - \frac{2}{(x-1)^2} = \frac{x-1}{(x-1)^2} = \frac{1}{x-1}.$$
Es ist also $A = 1$.

**3. Lösung mit Ableitemethode**:

①' ②' Ausgangspunkt ist Gleichung (∗), aus der mit der Einsetzmethode $C = 1$ abgelesen wird:
$$x^2 = A(x-1)^2 + B(x-1) + C.$$

③' Ableiten: $\qquad 2x = 2A(x-1) + B.$

④' Einsetzen von $x = 1$ ergibt $B = 2$. Nochmaliges Ableiten gibt
$$2 = 2A \quad \Leftrightarrow \quad A = 1.$$

**Beispiel 5**: Reelle Partialbruchzerlegung von $\dfrac{2x^3 + 3x + 2}{(x^2+1)(x^2-2x+2)}$

Die ersten drei Schritte sind wieder nicht nötig. Diesmal ist der Nenner ein Produkt aus zwei reell unzerlegbaren quadratischen Faktoren: es ist $x^2 - 2x + 2 = (x - (1+i))(x - (1-i))$ und $x^2 + 1 = (x+i)(x-i)$.

④ der reelle Ansatz lautet
$$\frac{2x^3 + 3x + 2}{(x^2+1)(x^2-2x+2)} = \frac{Ax+B}{x^2+1} + \frac{Cx+D}{x^2-2x+2}.$$

**1. Lösung mit Koeffizientenvergleich**:
Zur Bestimmung der Koeffizienten wird mit dem Nenner multipliziert:

①' $\qquad 2x^3 + 3x + 2 = (Ax+B)(x^2-2x+2) + (Cx+D)(x^2+1)$

②' $\qquad = x^3(A+C) + x^2(-2A+B+D) + x(2A-2B+C) + (2B+D).$

③' Es ist also folgendes Gleichungssystem für $A$, $B$, $C$, und $D$ zu lösen:
$$\left( \begin{array}{cccc|c} 1 & 0 & 1 & 0 & 2 \\ -2 & 1 & 0 & 1 & 0 \\ 2 & -2 & 1 & 0 & 3 \\ 0 & 2 & 0 & 1 & 2 \end{array} \right).$$

④ Die Lösung ist $A = 1$, $B = 0$, $C = 1$, $D = 2$, also
$$\frac{2x^3 + 3x + 2}{(x^2 + 1)(x^2 - 2x + 2)} = \frac{x}{x^2 + 1} + \frac{x + 2}{x^2 - 2x + 2}.$$

**2. Reeller Ansatz und Einsetzen der komplexen Nullstellen**

① Ausgangspunkt ist wie oben die Gleichung
$$2x^3 + 3x + 2 = (Ax + B)(x^2 - 2x + 2) + (Cx + D)(x^2 + 1),$$

② in die $x = i$ eingesetzt wird:
$$-2i + 3i + 2 = (Ai + B)(-1 - 2i + 2) \quad \Leftrightarrow \quad i + 2 = (Ai + B)(1 - 2i).$$

Damit wird

③ $$Ai + B = \frac{2 + i}{1 - 2i} = \frac{(2 + i)(1 + 2i)}{5} = \frac{5i}{5} = i.$$

Damit ist $A = 1$ und $B = 0$. $C$ und $D$ erhält man jetzt sehr einfach durch Koeffizientenvergleich der Terme mit $x^3$ und der Konstanten. Wenn man unbedingt möchte (und gerne mit komplexen Zahlen rechnet), kann man auch die zu $C$ und $D$ gehörende Nullstelle $1 + i$ einsetzen:

② $2(1 + i)^3 + 3(1 + i) + 2 = (C(1 + i) + D)((1 + i)^2 + 1)$. Mit $(1 + i)^2 = 2i$ und $(1 + i)^3 = -2 + 2i$ hat man

③ $$-4 + 4i + 3 + 3i + 2 = (C(1 + i) + D)(1 + 2i) \quad \Leftrightarrow \quad \frac{1 + 7i}{1 + 2i} = C(1 + i) + D,$$

$$C + D + Ci = \frac{(1 + 7i)(1 - 2i)}{5} = \frac{15 + 5i}{5} = 3 + i.$$

Dann hat man $C = 1$ und $C + D = 3$, also $D = 2$.

Man sieht, daß dieses Verfahren bei rein imaginären Nullstellen recht kurz und einfach ist, bei komplizierten Werten aber in längere Rechnereien ausarten kann.

**Lösung mit komplexem Ansatz:**
Günstiger als ein Koeffizientenvergleich ist es (natürlich nur meiner Ansicht nach), für den ersten Term einen komplexen Ansatz zu machen.

① Wegen $x^2 + 1 = (x - i)(x + i)$ ergibt sich
$$\frac{2x^3 + 3x + 2}{(x - i)(x + i)(x^2 - 2x + 2)} = \frac{A'}{x - i} + \frac{B'}{x + i} + \frac{Cx + D}{x^2 - 2x + 2}.$$

Jetzt wird $A'$ mit der Zuhaltemethode bestimmt ($x = i$ einsetzen):
$$A' = \frac{-2i + 3i + 2}{(2i)(-1 - 2i + 2)} = \frac{2 + i}{2(2 + i)} = \frac{1}{2}.$$

Dann ist (da die zu zerlegende Funktion reell ist)
$$B' = \overline{A'} = \frac{1}{2}.$$

②' Damit hat man
$$\frac{2x^3 + 3x + 2}{(x^2+1)(x^2-2x+2)} = \frac{2x^3 + 3x + 2}{(x-i)(x+i)(x^2-2x+2)}$$
$$= \frac{1}{2(x-i)} + \frac{1}{2(x+i)} + \frac{Cx+D}{x^2-2x+2}$$
$$= \frac{x}{x^2+1} + \frac{Cx+D}{x^2-2x+2}.$$

Jetzt wird mit Koeffizientenvergleich weitergerechnet. Multiplikation mit dem Hauptnenner gibt
$$2x^3 + 3x + 2 = x^3 - 2x^2 + 2x + (Cx+D)(x^2+1).$$

Vergleich der $x^3$-Glieder gibt $C = 1$, Vergleich der absoluten Glieder gibt $D = 2$.

**Beispiel 6**: Komplexe Partialbruchzerlegung von $\dfrac{2x^3+3x+2}{(x^2+1)(x^2-2x+2)}$

① ② ③ Wie oben ist die Faktorisierung des Nenners
$$(x^2+1)(x^2-2x+2) = (x-i)(x+i)(x-(1+i))(x-(1-i)).$$

④
$$\frac{2x^3+3x+2}{(x^2+1)(x^2-2x+2)} = \frac{A}{x-i} + \frac{B}{x+i} + \frac{C}{x-(1+i)} + \frac{D}{x-(1-i)}.$$

⑤ $A$ und $B$ sind oben als $A'$ und $B'$ schon berechnet worden:
$$A = B = \frac{1}{2}.$$

Zuhaltemethode für $C$:
$$C = \frac{2(1+i)^3 + 3(1+i) + 2}{((1+i)^2+1)(1+i-(1-i))} = \frac{-4+4i+3+3i+2}{(2i+1)(2i)}$$
$$= \frac{1+7i}{-4+2i} = \frac{(1+7i)(-4-2i)}{(-4+2i)(-4-2i)} = \frac{10-30i}{20} = \frac{1}{2} - \frac{3}{2}i.$$

Genauso berechnet man $D = \dfrac{1}{2} + \dfrac{3}{2}i$. (Analoge Rechnung oder Benutzung der Tatsache, daß die zu zerlegende Funktion reell ist.) Die komplexe Zerlegung ist also
$$\frac{2x^3+3x+2}{(x^2+1)(x^2-2x+2)} = \frac{1/2}{x-i} + \frac{1/2}{x+i} + \frac{1/2-3/2\,i}{x-(1+i)} + \frac{1/2+3/2\,i}{x-(1-i)}.$$

## 1.2 Vektorrechnung im $\mathbb{R}^n$

In diesem und den folgenden Abschnitten werden alle Größen, die mit mehreren Komponenten geschrieben werden, ("Vektoren") mit einem Pfeil darüber bezeichnet. Matrizen werden mit Großbuchstaben bezeichnet. Andere <u>Schreibweisen</u> für Vektoren: Manchmal läßt man den Pfeil weg, nimmt deutsche Buchstaben oder kennzeichnet vektorielle Größen durch Unterstreichen.

Schreibweisen

Im gesamten Abschnitt wird zunächst nur der <u>reelle</u> Vektorraum $\mathbb{R}^n$ betrachtet. Im letzten Teil des Punktes Berechnung ab Seite 30 wird auf die Unterschiede zum komplexen Vektorraum $\mathbb{C}^n$ eingegangen. Beispiele zu anderen Vektorräumen finden sich in Abschnitt 6.

### 1. Definitionen

Der $\mathbb{R}^n$ ist die Gesamtheit aller $n$-Vektoren (Vektoren mit $n$ Komponenten) oder $n$-Tupel. Läßt man auch komplexe Einträge zu, spricht man vom $\mathbb{C}^n$ (siehe unten ab Seite 30).

Unter einem <u>Skalar</u> versteht man ein Element des Grundkörpers, d.h. eine reelle Zahl bei einem reellen Vektorraum, eine Element von $\mathbb{C}$ im komplexen Fall.

Skalar

Im allgemeinen sind die hier vorkommenden Vektoren <u>Spaltenvektoren</u>, d.h die Komponenten stehen untereinander. Da dies typographisch sehr ungünstig ist, zieht man statt $\begin{pmatrix} a \\ b \end{pmatrix}$ die Schreibweise $(a, b)^\top$ vor. Der Spaltenvektor wird also als transponierter Zeilenvektor geschrieben.

Schreibweise bei den Vektoren im $\mathbb{R}^2$ und $\mathbb{R}^3$:

$$\vec{x} = \begin{pmatrix} x_1 \\ x_2 \end{pmatrix} = \begin{pmatrix} x \\ y \end{pmatrix} \quad \text{und} \quad \vec{x} = \begin{pmatrix} x_1 \\ x_2 \\ x_3 \end{pmatrix} = \begin{pmatrix} x \\ y \\ z \end{pmatrix}$$

In diesem Buch wird oft die Bezeichnung $\vec{r} = \begin{pmatrix} x \\ y \end{pmatrix}$ verwendet.

Geometrisch deutet man die Vektoren als <u>Ortsvektoren</u> $\vec{a} = (a_1, \ldots, a_n)^\top$, die den <u>Nullpunkt</u> oder <u>Ursprung</u> (das ist der Punkt, für den alle Koordinaten null sind) mit dem Punkt mit den Koordinaten $a_1$ bis $a_n$ verbinden.

Nullpunkt
Ursprung

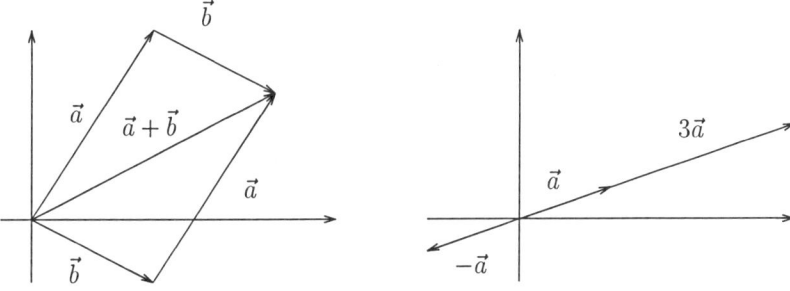

Der Addition von Vektoren entspricht das Abtragen eines Vektors von der Spitze des anderen, der Multiplikation mit einer reellen Zahl die entsprechende Streckung des Vektors.

**Koordinateneinheitsvektoren**

In Richtung der Koordinatenachsen zeigen die Koordinateneinheitsvektoren $\vec{e}_1 = (1, 0, \ldots, 0)^\mathsf{T}$, $\vec{e}_2 = (0, 1, 0, \ldots, 0)^\mathsf{T}$ bis $\vec{e}_n = (0, \ldots, 0, 1)^\mathsf{T}$.

Andere Schreibweise für die Koordinateneinheitsvektoren im $\mathbb{R}^2$ und $\mathbb{R}^3$:

$$\vec{e}_1 = \vec{e}_x = \boldsymbol{i}, \quad \vec{e}_2 = \vec{e}_y = \boldsymbol{j}, \quad \vec{e}_3 = \vec{e}_z = \boldsymbol{k}$$

Die Vektoren des $\mathbb{R}^n$ lassen sich als Matrizen mit einer Spalte und $n$ Zeilen betrachtet. Z.B. geht die Schreibweise $\vec{v}^\mathsf{T}$ auf die Matrizenoperation Transposition zurück.

**Skalarprodukt**

Das Skalarprodukt zweier Vektoren $\vec{v}$ und $\vec{w}$ des $\mathbb{R}^n$ wird als $\vec{v} \cdot \vec{w}$ geschrieben. Andere übliche Schreibweisen sind

$$\vec{v} \cdot \vec{w} = \vec{v}^\mathsf{T} \vec{w} = (\vec{v}, \vec{w}) = <\vec{v}, \vec{w}> = [\vec{v}, \vec{w}]$$

**Betrag**

Der Betrag eines Vektors ist

$$|\vec{v}| = \sqrt{\vec{v} \cdot \vec{v}} = \sqrt{v_1{}^2 + v_2{}^2 + \cdots + v_n{}^2}, \quad \text{z.B. im } \mathbb{R}^3 : |\vec{v}| = \sqrt{v_1^2 + v_2^2 + v_3{}^2}$$

**Norm**
**Einheitsvektor**

Andere Bezeichnungen: Norm des Vektors, $\|\vec{v}\|$. Ein Vektor mit Länge eins (also $|\vec{v}| = 1$) heißt Einheitsvektor.

**Winkel**

Der Winkel $\varphi \in [0, \pi]$ zwischen den Vektoren $\vec{v} \neq \vec{0}$ und $\vec{w} \neq \vec{0}$ ist definiert durch

$$\cos\varphi = \frac{\vec{v} \cdot \vec{w}}{|\vec{v}|\,|\vec{w}|} \quad \Leftrightarrow \quad \varphi = \arccos\frac{\vec{v} \cdot \vec{w}}{|\vec{v}|\,|\vec{w}|}.$$

**orthogonal**
**senkrecht**

Der Winkel zwischen zwei Vektoren ist $\frac{\pi}{2}$ (90°), wenn das Skalarprodukt den Wert null hat. Die Vektoren heißen dann orthogonal oder senkrecht. Schreibweise: $\vec{v} \perp \vec{w}$.

**Linearkombination**

Sind $\vec{v}_1$ bis $\vec{v}_k$ Vektoren und $\alpha_1$ bis $\alpha_k$ Skalare, so nennt man den Ausdruck $\alpha_1 \vec{v}_1 + \cdots + \alpha_k \vec{v}_k$ eine Linearkombination der Vektoren mit den Koeffizienten $\alpha_1$ bis $\alpha_k$.

**linear (un)abhängig**

Die Vektoren $\vec{v}_1$ bis $\vec{v}_k$ sind linear abhängig (l.a.), wenn es Koeffizienten $\alpha_1$ bis $\alpha_k$ gibt mit $\alpha_1 \vec{v}_1 + \cdots + \alpha_k \vec{v}_k = \vec{0}$, wobei nicht alle $\alpha_i = 0$ sind. Andernfalls sind die Vektoren linear unabhängig (l.u.).

Sind also $\vec{v}_1$ bis $\vec{v}_k$ linear unabhängig und ist $\alpha_1 \vec{v}_1 + \cdots + \alpha_k \vec{v}_k = \vec{0}$, so folgt $\alpha_1 = \alpha_2 = \cdots = \alpha_k = 0$.

Beispiele für linear unabhängige Vektoren sind die Koordinateneinheitsvektoren des $\mathbb{R}^n$.

**kollinear**

Zwei Vektoren des $\mathbb{R}^2$ sind linear abhängig, wenn sie auf einer Geraden (durch Null) liegen. Bezeichnung: kollinear.

**komplanar**

Drei Vektoren des $\mathbb{R}^3$ sind linear abhängig, wenn sie in einer Ebene (durch Null) liegen. Bezeichnung: komplanar. Äquivalent damit ist, daß das Spatprodukt $(\vec{v}_1, \vec{v}_2, \vec{v}_3) = 0$ ist.

## 2. Berechnung

### Addition und Skalarmultiplikation

Zwei Vektoren sind gleich, wenn alle Komponenten gleich sind. Vektoren werden komponentenweise addiert. Dabei kann man nur Vektoren ein und desselben Vektorraums miteinander addieren. Ein Vektor wird mit einem Skalar multipliziert, indem jede Komponente einzeln multipliziert wird.

*Gleichheit*
*Addition*
*Skalarmultiplikation*

$$\text{Für } \vec{v} = \begin{pmatrix} v_1 \\ v_2 \\ \vdots \\ v_n \end{pmatrix} \text{ und } \vec{w} = \begin{pmatrix} w_1 \\ w_2 \\ \vdots \\ w_n \end{pmatrix} \text{ ist } \vec{v} + \vec{w} = \begin{pmatrix} v_1 + w_1 \\ v_2 + w_2 \\ \vdots \\ v_n + w_n \end{pmatrix} \text{ und } \alpha \vec{v} = \begin{pmatrix} \alpha v_1 \\ \alpha v_2 \\ \vdots \\ \alpha v_n \end{pmatrix}$$

**Beispiel 1:** $\vec{u} = \begin{pmatrix} 1 \\ 0 \\ 1 \end{pmatrix}$, $\vec{v} = \begin{pmatrix} 2 \\ -1 \\ 1 \end{pmatrix}$ und $\vec{w} = \begin{pmatrix} 3 \\ -2 \end{pmatrix}$

$\vec{u}$ und $\vec{v}$ sind Vektoren des $\mathbb{R}^3$, $\vec{w}$ ist Element des $\mathbb{R}^2$. Es ist $\vec{u} + \vec{v} = \begin{pmatrix} 3 \\ -1 \\ 2 \end{pmatrix}$ und $\vec{u} - \vec{v} = \begin{pmatrix} -1 \\ 1 \\ 0 \end{pmatrix}$. Es ist $5\vec{u} = \begin{pmatrix} 5 \\ 0 \\ 5 \end{pmatrix}$ und $-\vec{w} = \begin{pmatrix} -3 \\ 2 \end{pmatrix}$. Die Vektoren $\vec{u}$ (oder $\vec{v}$) und $\vec{w}$ lassen sich nicht addieren, da sie nicht im selben Vektorraum liegen.

### Anwendung der Vektorrechnung in der Geometrie

Bei der Untersuchung geometrischer Objekte werden den Punkten Ortsvektoren zugeordnet und die geometrische Aussage über die Lage von Punkten in eine algebraische Aussage verwandelt. Beispiele dazu finden sich im nächsten Abschnitt.

*Anwendung der Vektorrechnung in der Geometrie*

**Konstruktion von Vektoren**: Als Beispiel werden zwei Seitenhalbierende im Dreieck beschrieben. Dazu legt man sich den Nullpunkt möglichst günstig in eine Ecke des Dreiecks. Zwei Seiten werden durch die Vektoren $\vec{a}$ und $\vec{b}$ repräsentiert.

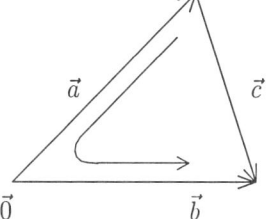
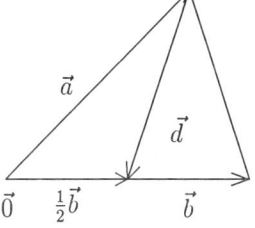
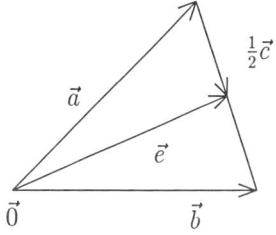

Den dritten Seitenvektor $\vec{c}$ erhält man aus $\vec{a}$ und $\vec{b}$, indem man über bereits bekannte Vektoren vom Anfangs- zum Endpunkt von $\vec{c}$ geht: zunächst den Vektor $\vec{a}$ rückwärts, also $-\vec{a}$, und dann den Vektor $\vec{b}$ vorwärts. Insgesamt ist

$$\vec{c} = -\vec{a} + \vec{b}.$$

Genauso erhält man die Seitenhalbierende $\vec{d}$ im zweiten Bild als

$$\vec{d} = -\vec{a} + \frac{1}{2}\vec{b}.$$

Analog kann man im dritten Bild den Vektor $\vec{e}$ beschreiben. Es ist

$$\vec{e} = \vec{a} + \frac{1}{2}\vec{c} = \vec{a} + \frac{1}{2}(-\vec{a} + \vec{b}) = \frac{1}{2}(\vec{a} + \vec{b}).$$

Weiterbenutzt werden diese Ergebnisse im nächsten Abschnitt auf Seite 45.

**Skalarprodukt im $\mathbb{R}^n$**

Skalarprodukt im $\mathbb{R}^n$

Das Skalarprodukt zweier Vektoren ist die Summe der Produkte der jeweiligen Komponenten:

$$\vec{v} \cdot \vec{w} = \vec{v}^\mathsf{T}\vec{w} = \sum_{k=1}^{n} v_k w_k, \quad \text{z.B. im } \mathbb{R}^3 : \begin{pmatrix} v_1 \\ v_2 \\ v_3 \end{pmatrix} \begin{pmatrix} w_1 \\ w_2 \\ w_3 \end{pmatrix} = v_1 w_1 + v_2 w_2 + v_3 w_3$$

$\vec{v}^\mathsf{T}\vec{w}$ ist das Matrizenprodukt des Zeilenvektors $\vec{v}^\mathsf{T}$, der durch Transponieren aus dem Spaltenvektor $\vec{v}$ entsteht, mit dem Spaltenvektor $\vec{w}$.

Kroneckersymbol

Skalarprodukte der Koordinateneinheitsvektoren:

$$\vec{e}_1 \cdot \vec{e}_1 = \vec{e}_2 \cdot \vec{e}_2 = \vec{e}_3 \cdot \vec{e}_3 = 1, \quad \vec{e}_1 \cdot \vec{e}_2 = \vec{e}_1 \cdot \vec{e}_3 = \vec{e}_2 \cdot \vec{e}_3 = 0$$

Allgemein ist $\vec{e}_i \cdot \vec{e}_j = \delta_{ij}$. Dabei ist $\delta_{ij}$ das Kroneckersymbol: $\delta_{ij} = \begin{cases} 1 & i = j \\ 0 & i \neq j \end{cases}$

**Beispiel 2:** Die Vektoren $\vec{u}$ und $\vec{v}$ aus Beispiel 1

Das Skalarprodukt von $\vec{u} = \begin{pmatrix} 1 \\ 0 \\ 1 \end{pmatrix}$ und $\vec{v} = \begin{pmatrix} 2 \\ -1 \\ 1 \end{pmatrix}$ ist

$$\vec{u} \cdot \vec{v} = 1 \cdot 2 - 0 \cdot 1 + 1 \cdot 1 = 3, \quad |\vec{u}| = \sqrt{1+0+1} = \sqrt{2}, \quad |\vec{v}| = \sqrt{4+1+1} = \sqrt{6}$$

$$\text{und } \sphericalangle(\vec{u}, \vec{v}) = \arccos \frac{\vec{u}\vec{v}}{|\vec{u}||\vec{v}|} = \arccos \frac{3}{\sqrt{2}\sqrt{6}} = \arccos \frac{\sqrt{3}}{2} = \frac{\pi}{6}$$

$\vec{u}$ und $\vec{v}$ haben die Längen $\sqrt{2}$ und $\sqrt{6}$ und schließen den Winkel $\frac{\pi}{6}$ $(\hat{=}30°)$ ein.

## 1.2. VEKTORRECHNUNG IM $\mathbb{R}^N$

### Orthogonales Komplement

Ist $\vec{v} = \begin{pmatrix} v_1 \\ v_2 \end{pmatrix} \in \mathbb{R}^2$, so heißt $\vec{v}^R = \begin{pmatrix} -v_2 \\ v_1 \end{pmatrix}$ das orthogonale Komplement zu $\vec{v}$. $\vec{v}^R$ steht auf $\vec{v}$ senkrecht und ist nicht der Nullvektor, falls $\vec{v} \neq \vec{0}$ ist. $\vec{v}^R$ entsteht aus $\vec{v}$ durch Drehung um 90° im Gegenuhrzeigersinn. Es ist $(\vec{v}^R)^R = -\vec{v}$.

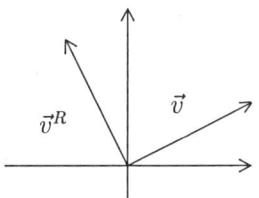

Orthogonales Komplement

Ist allgemeiner $\vec{v} \in \mathbb{R}^n$ und ist die $k$-te Komponente von $\vec{v}$ nicht Null, so erhält man einen zu $\vec{v}$ senkrechten Vektor, indem man die $k$-te und eine andere Komponente vertauscht, eine der beiden mit einen Minuszeichen versieht und die restlichen Komponenten auf Null setzt.

**Beispiel 3:** Senkrechte Vektoren zu $\vec{v} = \begin{pmatrix} 3 \\ 4 \end{pmatrix}$ und zu $\vec{w} = (1,2,3,4)^\top$.

$\vec{v}^R = \begin{pmatrix} -4 \\ 3 \end{pmatrix}$ ist orthogonal zu $\vec{v}$. Ein zu $\vec{w}$ senkrechter Vektor ist z.B. bei der Benutzung der zweiten und vierten Komponente $(0,-4,0,2)^\top$.

### Kreuzprodukt und Spatprodukt

**Diese Produkte gibt es nur im $\mathbb{R}^3$!**

Kreuzprodukt
Vektorprodukt

Das Kreuzprodukt oder Vektorprodukt $\vec{u} \times \vec{v}$ zweier Vektoren $\vec{u}$ und $\vec{v}$ des $\mathbb{R}^3$ ist so definiert:

- $\vec{u} \times \vec{v}$ steht senkrecht auf $\vec{u}$ und auf $\vec{v}$ ($\vec{u} \times \vec{v} \perp \vec{u}$, $\vec{u} \times \vec{v} \perp \vec{v}$)

- es ist $|\vec{u} \times \vec{v}| = |\vec{u}|\,|\vec{v}|\sin \sphericalangle(\vec{u},\vec{v})$

- die Vektoren $\vec{u}$, $\vec{v}$ und $\vec{u} \times \vec{v}$ bilden ein Rechtssystem.

    Rechtssystem

    Das bedeutet: zeigt der Daumen der rechten Hand in Richtung von $\vec{u}$ und der Zeigefinger in Richtung von $\vec{v}$, so zeigt der Mittelfinger in die Richtung von $\vec{u} \times \vec{v}$.

Der Betrag des Kreuzprodukts von $\vec{v}$ und $\vec{w}$ ist der (zweidimensionale) Flächeninhalt des von den Vektoren $\vec{v}$ und $\vec{w}$ aufgespannten Parallelogramms. Insbesondere gilt:

$$\vec{u} \times \vec{v} = \vec{0} \quad \Leftrightarrow \quad \vec{u} \text{ und } \vec{v} \text{ sind linear abhängig.}$$

## Berechnung des Kreuzprodukts

$$\begin{pmatrix} w_1 \\ w_2 \\ w_3 \end{pmatrix} = \begin{pmatrix} u_1 \\ u_2 \\ u_3 \end{pmatrix} \times \begin{pmatrix} v_1 \\ v_2 \\ v_3 \end{pmatrix} = \begin{pmatrix} u_2\, v_3 - u_3\, v_2 \\ u_3\, v_1 - u_1\, v_3 \\ u_1\, v_2 - u_2\, v_1 \end{pmatrix}$$

**Eselsbrücken** zu Berechnung:

$$\begin{array}{cc} u_1 & v_1 \\ u_2 & v_2 \\ u_3 & v_3 \\ u_1 & v_1 \\ u_2 & v_2 \end{array} \qquad \begin{array}{l} w_1 = u_2\, v_3 - u_3\, v_2 \\ w_2 = u_3\, v_1 - u_1\, v_3 \\ w_3 = u_1\, v_2 - u_2\, v_1 \end{array}$$

Man schreibt die ersten beiden Komponenten von $\vec{u}$ und $\vec{v}$ noch einmal unter die Vektoren. Die erste Zeile wird nicht benutzt. Man berechnet die Einträge im Kreuzprodukt als drei $2 \times 2$-Determinanten.

$$\vec{u} \times \vec{v} = \begin{vmatrix} \vec{e}_x & u_1 & v_1 \\ \vec{e}_y & u_2 & v_2 \\ \vec{e}_z & u_3 & v_3 \end{vmatrix} = \vec{e}_x \begin{vmatrix} u_2 & v_2 \\ u_3 & v_3 \end{vmatrix} - \vec{e}_y \begin{vmatrix} u_1 & v_1 \\ u_3 & v_3 \end{vmatrix} + \vec{e}_z \begin{vmatrix} u_1 & v_1 \\ u_2 & v_2 \end{vmatrix}$$

Man entwickelt die Determinante oben nach der ersten Spalte und erhält so die Komponenten des Kreuzprodukts.

## Rechenregeln

$$\vec{u} \times (\vec{v} + \vec{w}) = \vec{u} \times \vec{v} + \vec{u} \times \vec{w} \qquad (\vec{u} + \vec{v}) \times \vec{w} = \vec{u} \times \vec{w} + \vec{v} \times \vec{w}$$

$$(\alpha \vec{v}) \times \vec{w} = \vec{v} \times (\alpha \vec{w}) = \alpha (\vec{v} \times \vec{w}), \qquad \vec{v} \times \vec{w} = -\vec{w} \times \vec{v}$$

**Achtung:** $(\vec{u} \times \vec{v}) \times \vec{w} \neq \vec{u} \times (\vec{v} \times \vec{w})$!

Das Kreuzprodukt ist also in beiden Faktoren linear und antikommutativ. Das Assoziativgesetz gilt für das Kreuzprodukt nicht!

## Entwicklungssätze

Mehrfache Kreuzprodukte lassen sich mit Hilfe der Entwicklungssätze von Graßmann und Lagrange in Skalarprodukte umschreiben.

$$\vec{u} \times (\vec{v} \times \vec{w}) = (\vec{u} \cdot \vec{w})\vec{v} - (\vec{u} \cdot \vec{v})\vec{w} \qquad \text{(Graßmann)}$$
$$(\vec{u} \times \vec{v}) \cdot (\vec{w} \times \vec{x}) = (\vec{u} \cdot \vec{w})(\vec{v} \cdot \vec{x}) - (\vec{u} \cdot \vec{x})(\vec{v} \cdot \vec{w}) \qquad \text{(Lagrange)}$$

Insbesondere ist $|\vec{u} \times \vec{v}|^2 = (\vec{u} \times \vec{v})(\vec{u} \times \vec{v}) = |\vec{u}|^2 |\vec{v}|^2 - (\vec{u} \cdot \vec{v})^2$.

## 1.2. VEKTORRECHNUNG IM $\mathbb{R}^N$

**Beispiel 4:** Produkte von $\vec{u} = \begin{pmatrix} 1 \\ 0 \\ 1 \end{pmatrix}$, $\vec{v} = \begin{pmatrix} 2 \\ -1 \\ 1 \end{pmatrix}$ und $\vec{w} = \begin{pmatrix} 3 \\ 0 \\ 1 \end{pmatrix}$.

Es werden $\vec{u} \times \vec{v}$ und $\vec{v} \times \vec{w}$ und $\vec{u} \times (\vec{v} \times \vec{w})$ berechnet.

$$\vec{u} \times \vec{v} = \begin{pmatrix} 1 \\ 0 \\ 1 \end{pmatrix} \times \begin{pmatrix} 2 \\ -1 \\ 1 \end{pmatrix} = \begin{pmatrix} 0 \cdot 1 - 1 \cdot (-1) \\ 1 \cdot 2 - 1 \cdot 1 \\ 1 \cdot (-1) - 0 \cdot 2 \end{pmatrix} = \begin{pmatrix} 1 \\ 1 \\ -1 \end{pmatrix},$$

$$\vec{v} \times \vec{w} = \begin{pmatrix} 2 \\ -1 \\ 1 \end{pmatrix} \times \begin{pmatrix} 3 \\ 0 \\ 1 \end{pmatrix} = \begin{pmatrix} -1 \cdot 1 - 1 \cdot 0 \\ 1 \cdot 3 - 2 \cdot 1 \\ 2 \cdot 0 - (-1) \cdot 3 \end{pmatrix} = \begin{pmatrix} -1 \\ 1 \\ 3 \end{pmatrix}$$

Das Produkt $\vec{u} \times (\vec{v} \times \vec{w})$ wird direkt und mit dem Graßmannschen Entwicklungssatz berechnet:

$$\vec{u} \times (\vec{v} \times \vec{w}) = \begin{pmatrix} 1 \\ 0 \\ 1 \end{pmatrix} \times \begin{pmatrix} -1 \\ 1 \\ 3 \end{pmatrix} = \begin{pmatrix} -1 \\ -4 \\ 1 \end{pmatrix},$$

$$\vec{u} \times (\vec{v} \times \vec{w}) = (\vec{u} \cdot \vec{w})\vec{v} - (\vec{u} \cdot \vec{v})\vec{w} = 4 \begin{pmatrix} 2 \\ -1 \\ 1 \end{pmatrix} - 3 \begin{pmatrix} 3 \\ 0 \\ 1 \end{pmatrix} = \begin{pmatrix} 8 \\ -4 \\ 4 \end{pmatrix} - \begin{pmatrix} 9 \\ 0 \\ 3 \end{pmatrix} = \begin{pmatrix} -1 \\ -4 \\ 1 \end{pmatrix}$$

**Kreuzprodukte der Koordinateneinheitsvektoren**

$$\vec{e}_x \times \vec{e}_y = -\vec{e}_y \times \vec{e}_x = \vec{e}_z, \quad \vec{e}_y \times \vec{e}_z = -\vec{e}_z \times \vec{e}_y = \vec{e}_x, \quad \vec{e}_z \times \vec{e}_x = -\vec{e}_x \times \vec{e}_z = \vec{e}_y$$

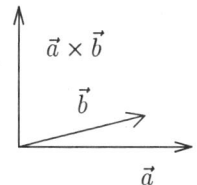
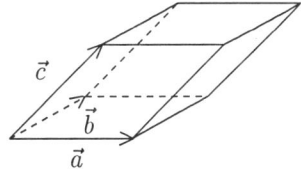

Das Kreuzprodukt von $\vec{a}$ und $\vec{b}$ steht senkrecht auf der von $\vec{a}$ und $\vec{b}$ aufgespannten Ebene.

Das Spatprodukt gibt das Volumen des von $\vec{a}$, $\vec{b}$ und $\vec{c}$ aufgespannten Spats an.

**Spatprodukt**

Das Spatprodukt der dreier Vektoren gibt das Volumen des von den Vektoren aufgespannten Spats an:   Spatprodukt

$$< \vec{u}, \vec{v}, \vec{w} > := (\vec{u} \times \vec{v}) \cdot \vec{w} = \vec{u} \cdot (\vec{v} \times \vec{w}) = \det(\vec{u}, \vec{v}, \vec{w})$$

Auch die Schreibweisen $\vec{u}\vec{v}\vec{w}$ und $[\vec{u}\vec{v}\vec{w}]$ sind für das Spatprodukt üblich.

Rechenregeln für das Spatprodukt ergeben sich aus den Rechenregeln für Skalar- und Kreuzprodukt. Bei der Vertauschung von Vektoren nimmt man am besten die Darstellung als Determinante und erhält

$$< \vec{u}, \vec{v}, \vec{w} > = < \vec{v}, \vec{w}, \vec{u} > = < \vec{w}, \vec{u}, \vec{v} >$$
$$= - < \vec{u}, \vec{w}, \vec{v} > = - < \vec{w}, \vec{v}, \vec{u} > = - < \vec{v}, \vec{u}, \vec{w} >$$

Das Spatprodukt dreier Vektoren ist wie das Skalarprodukt ein Skalar, (d.h. eine Zahl), das Kreuzprodukt ein Vektor.

$$< \vec{u}, \vec{v}, \vec{w} > = 0 \quad \Leftrightarrow \quad \vec{u}, \vec{v} \text{ und } \vec{w} \text{ sind linear abhängig}, \; < \vec{e}_1, \vec{e}_2, \vec{e}_3 > = 1.$$

**Beispiel 5:** Das Spatprodukt der Vektoren $\vec{u}, \vec{v}$ und $\vec{w}$ aus dem letzten Beispiel

Das Kreuzprodukt von $\vec{u}$ und $\vec{v}$ ist oben bereits berechnet worden.

$$< \vec{u}, \vec{v}, \vec{w} > = (\vec{u} \times \vec{v}) \cdot \vec{w} = \begin{pmatrix} 1 \\ 1 \\ -1 \end{pmatrix} \cdot \begin{pmatrix} 3 \\ 0 \\ 1 \end{pmatrix} = 3 + 0 - 1 = 2.$$

$\mathbb{C}^n$

**Der komplexe Vektorraum $\mathbb{C}^n$**

In einem komplexen Vektorraum sind auch komplexe Skalare zulässig. Wichtigstes Beispiel ist der $\mathbb{C}^n$, der analog zum $\mathbb{R}^n$ aus allen $n$-Tupeln mit komplexen Einträgen besteht.

Skalarprodukt im $\mathbb{C}^n$

Der wichtigste Unterschied zu reellen Vektorräumen ist beim Skalarprodukt: es ist keine symmetrische, sondern eine hermitesche Bilinearform. Das bedeutet, daß beim Vertauschen der Faktoren das Ergebnis komplex konjugiert wird. Damit wird erreicht, daß auch dann für jeden Vektor das Skalarprodukt mit sich selbst reell und positiv ist.

$$\vec{v} \cdot \vec{w} = \begin{pmatrix} v_1 \\ v_2 \\ v_3 \end{pmatrix} \begin{pmatrix} w_1 \\ w_2 \\ w_3 \end{pmatrix} = \vec{w}^* \vec{v} = \sum_{k=1}^{n} v_k \overline{w_k}, \quad \text{z.B. im } \mathbb{C}^3 : v_1\overline{w_1} + v_2\overline{w_2} + v_3\overline{w_3}$$

$\vec{w}^*\vec{v}$ ist das Produkt des Zeilenvektors $\vec{w}^*$, der durch Adjungieren, d.h. Transponieren und komplex Konjugieren aus dem Vektor $\vec{w}$ entsteht, mit dem Spaltenvektor $\vec{v}$.

## 1.2. VEKTORRECHNUNG IM $\mathbb{R}^N$

In komplexen Vektorräumen ist $|\vec{v}| = (\vec{v} \cdot \vec{v})^{1/2} = \sqrt{|v_1|^2 + |v_2|^2 + \cdots + |v_n|^2}$.

**Beispiel 6:** $\vec{v} = \begin{pmatrix} 2+i \\ 3-i \end{pmatrix}$, $\vec{w} = \begin{pmatrix} 1+i \\ -i \end{pmatrix}$: $\vec{v} + \vec{w}$, $(1-i)\vec{v}$ und $\vec{v} \cdot \vec{w}$

$$\vec{v} + \vec{w} = \begin{pmatrix} 3+2i \\ 3-2i \end{pmatrix}, \quad (1-i)\vec{v} = \begin{pmatrix} (1-i)(2+i) \\ (1-i)(3-i) \end{pmatrix} = \begin{pmatrix} 3-i \\ 2-4i \end{pmatrix}$$

$$\vec{v} \cdot \vec{w} = v_1\overline{w_1} + v_2\overline{w_2} = (2+i)(1-i) + (3-i)(+i) = 3-i+1+3i = 4+2i$$

## 3. Beispiele

**Beispiel 7:** Alle Vektoren des $\vec{x} \in \mathbb{R}^2$, die mit $\vec{v} = \begin{pmatrix} 1 \\ 2 \end{pmatrix}$ den Winkel 60° einschließen.

Alle Vektoren, die mit einem Vektor einen festen Winkel einschließen, bilden im $\mathbb{R}^2$ zwei Halbgeraden und im $\mathbb{R}^3$ einen Kegel.

**Ansatz:** es sei $\vec{x} = (x_1, x_2)^\top$. Dann ist

$$\cos 60° = \frac{\vec{x} \cdot (1,2)^\top}{|\vec{x}|\,|(1,2)^\top|} \Leftrightarrow \frac{1}{2} = \frac{x_1 + 2x_2}{\sqrt{x_1^2 + x_2^2}\sqrt{5}} \Leftrightarrow \frac{\sqrt{5}}{2}\sqrt{x_1^2 + x_2^2} = x_1 + 2x_2$$

Bevor man diese Gleichung quadriert (das ist <u>keine</u> Äquivalenzumformung), notiert man, daß $x_1 + 2x_2$ stets positiv sein muß.

$$\frac{5}{4}(x_1^2 + x_2^2) = x_1^2 + 4x_1x_2 + 4x_2^2 \Leftrightarrow x_1^2 - 16x_1x_2 - 11x_2^2 = 0$$

Die $p$-$q$-Formel ergibt

$$x_1 = 8x_2 \pm \sqrt{64x_2^2 + 11x_2^2} = (8 \pm \sqrt{75})x_2$$

$x_1 + 2x_2$ ist positiv, falls $x_2 \geq 0$ ist. Die gesuchten Vektoren liegen also auf den Strahlen

$$\vec{x} = t\begin{pmatrix} 8+\sqrt{75} \\ 1 \end{pmatrix}, t > 0 \text{ und } \vec{x} = t\begin{pmatrix} 8-\sqrt{75} \\ 1 \end{pmatrix}, t > 0$$

**Beispiel 8:** Alle Vektoren des $\vec{x} \in \mathbb{R}^2$, die mit $\vec{v} = \begin{pmatrix} 1 \\ 2 \end{pmatrix}$ das Skalarprodukt zwei haben.

Alle Vektoren, die mit einem Vektor $\vec{v} \neq \vec{0}$ ein festes Skalarprodukt haben, liegen im $\mathbb{R}^2$ auf einer Geraden und im $\mathbb{R}^3$ in einer Ebene (Hessesche Normalformen, siehe Abschnitt 3). Im $\mathbb{R}^n$ bilden diese Vektoren eine Hyperebene, d.h. einen $(n-1)$-dimensionalen affinen Unterraum.

Durch Gleichsetzen des Skalarprodukts mit zwei erhält man

$$\begin{pmatrix} x_1 \\ x_2 \end{pmatrix} \cdot \begin{pmatrix} 1 \\ 2 \end{pmatrix} = 2 \Leftrightarrow x_1 + 2x_2 = 2.$$

Das ist die Gerade

$$x_2 = 1 - \frac{1}{2}x_1.$$

**Beispiel 9:** Alle Vektoren $\vec{x} \in \mathbb{R}^3$, die mit $\vec{v} = (1,0,1)^\top$ das Kreuzprodukt $(2,1,-2)^\top$ haben.

Alle Vektoren $\vec{x}$, die mit einem Vektor $\vec{v} \neq \vec{0}$ ein festes Kreuzpodukt $\vec{x} \times \vec{v} = \vec{w}$ haben, liegen auf einer Geraden (Plückerform, siehe Abschnitt 3), falls das Skalarprodukt von $\vec{v}$ und $\vec{w}$ null ist. Andernfalls hat die Gleichung keine Lösungen.

Da die Vektoren im Beispiel aufeinander senkrecht stehen, gibt es eine Lösungsgerade:

$$\vec{x} \times \vec{v} = \begin{pmatrix} x_1 \\ x_2 \\ x_3 \end{pmatrix} \times \begin{pmatrix} 1 \\ 0 \\ 1 \end{pmatrix} = \begin{pmatrix} 2 \\ 1 \\ -2 \end{pmatrix} \Leftrightarrow \begin{pmatrix} x_2 \\ x_3 - x_1 \\ -x_2 \end{pmatrix} = \begin{pmatrix} 2 \\ 1 \\ -2 \end{pmatrix}.$$

Für die gesuchten Vektoren gilt $x_2 = 2$ und $x_3 - x_1 = 1 \Leftrightarrow x_3 = 1 + x_1$:

$$\vec{x} = \begin{pmatrix} x_1 \\ 2 \\ 1+x_1 \end{pmatrix} = \begin{pmatrix} 0 \\ 2 \\ 1 \end{pmatrix} + x_1 \begin{pmatrix} 1 \\ 0 \\ 1 \end{pmatrix}$$

Wenn eine Lösungsgerade existiert, hat diese immer den Richtungsvektor $v$.

**Beispiel 10:** Alle Vektoren $\vec{x} \in \mathbb{R}^2$, die zu $\vec{v} = \begin{pmatrix} 1 \\ 2 \end{pmatrix}$ den Abstand $r = 2$ haben.

Alle Vektoren, die zu einem Punkt einen festen Abstand $r$ haben, liegen im $\mathbb{R}^2$ auf einen Kreis mit Radius $r$ um diesen Punkt, im $\mathbb{R}^3$ auf einer Kugel.

$$|\vec{x} - \vec{v}| = 2 \Leftrightarrow \left| \begin{pmatrix} x_1 - 1 \\ x_2 - 2 \end{pmatrix} \right| = 2 \Leftrightarrow (x_1 - 1)^2 + (x_2 - 2)^2 = 4.$$

Das beschreibt einen Kreis mit Radius 2 um den Mittelpunkt $(1,2)$.

## 1.3 Geraden und Ebenen

### 1. Definitionen

#### 1. Geraden im $\mathbb{R}^2$

Beschreibt man den $\mathbb{R}^2$ durch die $x$- und $y$-Koordinaten, hat man folgende häufig gebrauchte Beschreibungen von Geraden.

**Koordinatendarstellungen**

- $y = ax + b$    Normalform

    Die Gerade schneidet die $y$-Achse bei $b$ und hat die Steigung $a$.

- $y = a(x - x_0) + y_0$    Punktsteigungsform

    Die Gerade geht durch den Punkt $(x_0, y_0)$ und hat die Steigung $a$.

- $\dfrac{y - y_0}{x - x_0} = \dfrac{y_1 - y_0}{x_1 - x_0}$    Zweipunkteform

    Die Gerade geht durch die zwei Punkte $(x_0, y_0)$ und $(x_1, y_1)$. Die Steigung ist der Term $\dfrac{y_1 - y_0}{x_1 - x_0}$.

- $\dfrac{x}{c} + \dfrac{y}{d} = 1$    Achsenabschnittsform

    Die Gerade schneidet die $x$-Achse bei $c$ und die $y$-Achse bei $d$. Diese Form läßt sich nicht bei Geraden durch den Nullpunkt oder achsenparallelen Geraden verwenden.

**Vektordarstellungen**

- $\vec{r} = \vec{a} + \lambda \vec{b}$, $\lambda \in \mathbb{R}$    Parameterform oder Punktrichtungsform

    Die Gerade geht durch den Punkt $\vec{a}$ und hat $\vec{b} \neq \vec{0}$ als Richtungsvektor. Damit lassen sich auch Geraden parallel zu $y$-Achse beschreiben.

- $\vec{r} \cdot \vec{n} = d$    Normalenform

    Dabei muß $\vec{n} \neq \vec{0}$ sein, $d$ ist eine reelle Zahl. Verlangt man zusätzlich, daß $\vec{n}$ ein Einheitsvektor sein soll, also $|\vec{n}| = 1$, und daß $d \geq 0$ ist, hat man die Hesse'sche Normalform, HNF. Im Fall $d \neq 0$ (dann geht die Gerade nicht durch den Ursprung) sind $\vec{n}$ und $d$ durch die Gerade eindeutig festgelegt. In diesem Fall ist $d$ der Abstand der Geraden zum Nullpunkt.

## 2. Geraden im $\mathbb{R}^3$

**Geraden im $\mathbb{R}^3$**

Hier gibt es hauptsächlich zwei Darstellungen:

**Parameter- und Punktrichtungsform**

- $\vec{r} = \vec{a} + \lambda \vec{b}, \ \lambda \in \mathbb{R}$    Parameterform oder Punktrichtungsform

  Diese Form beschreibt wie im $\mathbb{R}^2$ in Räumen beliebiger Dimension eine Gerade.

**Plückerform**

- $\vec{r} \times \vec{v} = \vec{w}$    Plückerform

  Dabei muß $\vec{v} \neq \vec{0}$ und $\vec{v} \cdot \vec{w} = 0$ sein. $\vec{v}$ ist dabei ein Richtungsvektor der Geraden. Im Fall $\vec{w} = \vec{0}$ geht die Gerade durch den Ursprung.

## 3. Ebenen im $\mathbb{R}^3$

**Ebenen im $\mathbb{R}^3$**

Es werden wie bei den Geraden nur Vektorformen aufgeführt.

**Parameterform**

- $\vec{r} = \vec{a} + \lambda \vec{b} + \mu \vec{c}, \ \lambda, \mu \in \mathbb{R}$    Parameterform

  Dabei sind $\vec{b} \neq \vec{0}$ und $\vec{c} \neq \vec{0}$ zwei Vektoren, die die Ebene aufspannen. Damit die Ebene nicht zu einer Geraden entartet, verlangt man, daß die Richtungsvektoren $\vec{b}$ und $\vec{c}$ linear unabhängig sind.

**3-Punkteform**

- $\vec{r} = \vec{a} + \lambda(\vec{b} - \vec{a}) + \mu(\vec{c} - \vec{a}), \ \lambda, \mu \in \mathbb{R}$    3-Punkteform

  Das ist eine Variante der Parameterform. Hier wird eine Ebene durch die drei Punkte mit den Ortsvektoren $\vec{a}$, $\vec{b}$ und $\vec{c}$ beschrieben.

**Normalenform**

- $\vec{r} \cdot \vec{n} = d$    Normalenform

  Dabei ist $\vec{n} \neq \vec{0}$. Bei der Hesse'schen Normalform, HNF verlangt man (wie bei Geraden im $\mathbb{R}^2$), daß $|\vec{n}| = 1$ und $d \geq 0$ sein soll. Dann sind im Fall $d > 0$ der Normalenvektor $\vec{n}$ und $d$ eindeutig bestimmt. $\vec{n}$ zeigt vom Ursprung in die Richtung der Ebene und $d$ ist der Abstand zum Nullpunkt.

## 4. Schnittwinkel

**Schnittwinkel parallel, windschief**

Geraden sind parallel, wenn die Richtungvektoren linear abhängig sind. Geraden im $\mathbb{R}^3$, die weder parallel sind noch sich schneiden, heißen windschief.

Ebenen sind parallel, wenn ihre Normalenvektoren linear abhängig sind.

Der Schnittwinkel $\gamma \in [0, \frac{\pi}{2}]$ von Geraden mit den Richtungsvektoren $\vec{a}$ und $\vec{b}$ ist der kleinere der Winkel $\alpha$ zwischen $\vec{a}$ und $\vec{b}$ und $\beta$ zwischen $\vec{a}$ und $-\vec{b}$.

$$\cos \gamma = \frac{|\vec{a} \cdot \vec{b}|}{|\vec{a}| \, |\vec{b}|}$$

Im $\mathbb{R}^2$ ist das auch der Winkel zwischen den Normalenrichtungen.

## 1.3. GERADEN UND EBENEN

Genauso berechnet man dem Schnittwinkel $\alpha \in [0, \frac{\pi}{2}]$ zwischen Ebenen als den Winkel zwischen ihren Normalenvektoren und den Schnittwinkel $\alpha$ zwischen einer Geraden und einer Ebene als $\alpha = \frac{\pi}{2} - \beta$, wobei $\beta$ der Winkel zwischen dem Richtungsvektor der Geraden und dem Normalenvektor der Ebene ist.

### 2. Berechnung

**Geradenformen im $\mathbb{R}^2$**

Geraden im $\mathbb{R}^2$

Bei der **Umwandlung von Koordinatenformen** erhält man die Normalform $y = ax + b$ immer durch Auflösen nach $y$. Daraus erhält man durch Einsetzen von $x = 0$ und $x = 1$ zwei Punkte der Geraden: $(0, b)$ und $(1, a + b)$. Die Achsenabschnittsform erhält man, indem alle Terme mit den Faktoren $x$ und $y$ auf die eine Seite und der Rest auf die andere Seite gebracht wird und dann durch diese Zahl dividiert wird.

**Beispiel 1:** Umwandlung von $y = 3(x - 1) + 9$

Die Gerade geht durch den Punkt $(1, 9)$ und hat die Steigung 3. Auflösen nach $y$ ergibt die Normalform $y = 3x + 6$. Umwandlung in die Achsenabschnittsform:

$$y - 3x = 6 \quad \Leftrightarrow \quad \frac{y}{6} - \frac{x}{2} = 1$$

Die Gerade schneidet die $x$-Achse bei $x = -2$ und die $y$-Achse bei $y = 6$.

Bei der **Umwandlung von Koordinaten- in Parameterform** benutzt man, daß eine Gerade mit der Steigung $a$ den Richtungsvektor $\vec{b} = \binom{1}{a}$ hat und entnimmt der Geradengleichung einen Punkt. Bei Geraden parallel zu $y$-Achse der Form $x = x_0$ ist ein Richtungsvektor $\binom{0}{1}$ und $(x_0, 0)$ eine Punkt der Geraden.

**Umwandlung von Vektor- in Koordinatenform:** Es wird $\vec{r} = \binom{x}{y}$ eingesetzt. In der Parameterform wird aus den beiden Gleichungen für die erste und zweite Koordinate der Parameter $\lambda$ eliminiert, bei der Hesseform kann man direkt nach $y$ auflösen.

**Beispiel 2:** $y = 3x + 6$ in Vektorform, $\vec{r} = \binom{2}{1} + \lambda \binom{3}{-1}$ und $\vec{r} \cdot \binom{2}{1} = 2$ in Normalform umwandeln.

Aus der Steigung $a = 3$ und dem Punkt $\binom{0}{6}$ erhält man $\vec{r} = \binom{0}{6} + \lambda \binom{1}{3}$.

Einsetzen von $\vec{r} = \begin{pmatrix} x \\ y \end{pmatrix}$ in $\vec{r} = \begin{pmatrix} 2 \\ 1 \end{pmatrix} + \lambda \begin{pmatrix} 3 \\ -1 \end{pmatrix}$ ergibt die beiden Gleichungen $x = 2 + 3\lambda$ und $y = 1 - \lambda$. Auflösen der zweite Gleichung nach $\lambda$ und Einsetzen ergibt $\lambda = 1 - y$ und $x = 2 + 3(1 - y)$, also $y = -\frac{1}{3}x + \frac{5}{3}$.

Einsetzen von $\vec{r} = \begin{pmatrix} x \\ y \end{pmatrix}$ in $\vec{r} \cdot \begin{pmatrix} 2 \\ 1 \end{pmatrix} = 2$ ergibt $2x + y = 2$, also $y = -2x + 2$.

---

**Parameterform** $\vec{r} = \vec{a} + \lambda \vec{b}$ ↔ $\vec{r} \cdot \vec{n} = d$ **Normalenform**

---

"←" $\vec{b} := \vec{n}^R$ (S. 27), $\vec{a} := \dfrac{d}{|\vec{n}|^2} \vec{n}$. Einen Punkt der Geraden kann man auch durch Einsetzen von $x = 0$ oder $y = 0$ bestimmen.

"→" $\vec{n} := \vec{b}^R$, $d := \vec{a}\vec{n}$.

Ist Hessesche Normalform gesucht, so dividiert man die erhaltene Gleichung durch $|\vec{n}|$ und ändert im Fall $d < 0$ auf beiden Seiten das Vorzeichen.

---

**Beispiel 3:** $g_1: \vec{r} = \begin{pmatrix} 2 \\ 1 \end{pmatrix} + \lambda \begin{pmatrix} -3 \\ -1 \end{pmatrix}$ in Normalenform und $g_2: \vec{r} \begin{pmatrix} 2 \\ -2 \end{pmatrix} = 4$ in Parameterform umwandeln.

Wegen $\begin{pmatrix} a \\ b \end{pmatrix}^R = \begin{pmatrix} -b \\ a \end{pmatrix}$ nimmt man $\vec{n} = \begin{pmatrix} 1 \\ -3 \end{pmatrix}$ und erhält $d = \begin{pmatrix} 2 \\ 1 \end{pmatrix} \cdot \begin{pmatrix} 1 \\ -3 \end{pmatrix} = -1$.

Eine Normalenform von $g_1$ ist $\vec{r} \cdot \begin{pmatrix} 1 \\ -3 \end{pmatrix} = -1$, die HNF ist $\vec{r} \dfrac{-1}{\sqrt{10}} \begin{pmatrix} 1 \\ 3 \end{pmatrix} = \dfrac{1}{\sqrt{10}}$.

Aus dem Normalenvektor $\vec{n} = (2, -2)^\top$ von $g_2$ erhält man den Richtungsvektor $\vec{b} = (2, 2)^\top$. Wegen $|\vec{n}|^2 = 8$ erhält man einen Punkt als $\vec{a} = \frac{4}{8}(2, -2)^\top = (1, -1)^\top$. Alternativ hätte man aus der ausmultiplizierten Gleichung $2x - 2y = 4$ den Punkt $(0, -2)$ oder $(2, 0)$ ablesen können. Damit ist $\vec{r} = (1, -1)^\top + \lambda(2, 2)^\top$ eine Parameterform der Geraden.

Geraden im $\mathbb{R}^3$

---

**Geraden im $\mathbb{R}^3$**

---

**Plückerform** $\vec{r} \times \vec{v} = \vec{w}$ ↔ $\vec{r} = \vec{a} + \lambda \vec{b}$ **Parameterform**

---

"←" $\vec{v} := \vec{b}$, $\vec{w} := \vec{a} \times \vec{v}$.

"→" $\vec{b} := \vec{v}$, $\vec{a} := \dfrac{1}{|\vec{v}|^2} \vec{v} \times \vec{w}$

## 1.3. GERADEN UND EBENEN

**Beispiel 4:** Hin- und Rückumwandlung von $\vec{r} = \begin{pmatrix} 1 \\ 0 \\ 2 \end{pmatrix} + \lambda \begin{pmatrix} 1 \\ 1 \\ 0 \end{pmatrix}$

Mit $\vec{v} = \vec{b} = \begin{pmatrix} 1 \\ 1 \\ 0 \end{pmatrix}$ und $\vec{w} = \vec{a} \times \vec{b} = \begin{pmatrix} 1 \\ 0 \\ 2 \end{pmatrix} \times \begin{pmatrix} 1 \\ 1 \\ 0 \end{pmatrix} = \begin{pmatrix} -2 \\ 2 \\ 1 \end{pmatrix}$ ist die Plückerform der

Geraden $\vec{r} \times \begin{pmatrix} 1 \\ 1 \\ 0 \end{pmatrix} = \begin{pmatrix} -2 \\ 2 \\ 1 \end{pmatrix}$. Umgekehrt erhält man daraus mit $\vec{b} = \vec{v}$, $|\vec{v}|^2 = 2$

und $\vec{a}' = \frac{1}{|\vec{v}|^2} \vec{v} \times \vec{w} = \frac{1}{2} \begin{pmatrix} 1 \\ -1 \\ 4 \end{pmatrix}$ die Parameterform $\vec{r} = \frac{1}{2} \begin{pmatrix} 1 \\ -1 \\ 4 \end{pmatrix} + \lambda \begin{pmatrix} 1 \\ 1 \\ 0 \end{pmatrix}$.

Der ursprünglichen Vektor $\vec{a}$ ergibt sich für $\lambda = \frac{1}{2}$.

### Umwandlung von Ebenformen

Ebenen

**Parameterform** $\vec{r} = \vec{a} + \lambda \vec{b} + \mu \vec{c} \quad \leftrightarrow \quad \vec{r} \cdot \vec{n} = d$ **Normalenform**

"←" Entweder $\vec{a} = \frac{d}{|\vec{n}|^2} \vec{n}$ setzen oder man bestimmt $\vec{a}$ durch Einsetzen von zwei Koordinaten als null und Bestimmung der dritten aus der ausmultiplizierten Gleichung $\vec{a} \cdot \vec{n} = d$.

Zur Bestimmung zweier Richtungsvektoren sucht man zwei linear unabhängige auf $\vec{n}$ senkrecht stehende Vektoren. Dabei kann man benutzen, daß für $\vec{r} = (a, b, c)^\top \neq \vec{0}$ zwei der Vektoren $(-b, a, 0)^\top$, $(-c, 0, a)^\top$ und $(0, -c, b)^\top$ linear unabhängig und orthogonal zu $\vec{r}$ sind (vgl. S. 27).

Alternativ kann man auch zwei weitere Punkte bestimmen und die Ebenengleichung in der 3-Punkte-Form aufstellen.

"→" $\vec{n} := \vec{b} \times \vec{c}$, $d := \vec{a} \cdot \vec{n}$.

Genauso wie bei Geraden im $\mathbb{R}^2$ kann man die Hesse'sche Normalform durch Division durch $\pm|\vec{n}|$ erhalten.

**Beispiel 5:** Hin- und Rückumwandlung von $\vec{r} = \begin{pmatrix} 1 \\ 2 \\ 3 \end{pmatrix} + \lambda \begin{pmatrix} 1 \\ 1 \\ 0 \end{pmatrix} + \mu \begin{pmatrix} 0 \\ 1 \\ 1 \end{pmatrix}$

Den Normalenvektor $\vec{n}$ erhält man als $\vec{n} = \vec{b} \times \vec{c} = \begin{pmatrix} 1 \\ 1 \\ 0 \end{pmatrix} \times \begin{pmatrix} 0 \\ 1 \\ 1 \end{pmatrix} = \begin{pmatrix} 1 \\ -1 \\ 1 \end{pmatrix}$.

Mit $d = \vec{a} \cdot \vec{n} = 1 - 2 + 3 = 2$ ist die HNF

$$\vec{r} \cdot \begin{pmatrix} 1 \\ -1 \\ 1 \end{pmatrix} = 2 \quad \Leftrightarrow \quad \vec{r} \cdot \frac{1}{\sqrt{3}} \begin{pmatrix} 1 \\ -1 \\ 1 \end{pmatrix} = \frac{2}{\sqrt{3}}$$

Umgekehrt lassen sich aus der Normalenform $x - y + z = 2$ die Punkte $(2, 0, 0)$, $(0, -2, 0)$ und $(0, 0, 2)$ ablesen und damit ist eine Parameterform

$$\vec{r} = \begin{pmatrix} 2 \\ 0 \\ 0 \end{pmatrix} + \lambda \begin{pmatrix} -2 \\ -2 \\ 0 \end{pmatrix} + \mu \begin{pmatrix} -2 \\ 0 \\ 2 \end{pmatrix}$$

Alternativ bestimmt man $\vec{a'} = \dfrac{2}{3}\begin{pmatrix} 1 \\ -1 \\ 1 \end{pmatrix}$ und $\vec{b'} = \begin{pmatrix} 1 \\ 1 \\ 0 \end{pmatrix}$ und $\vec{c'} = \begin{pmatrix} -1 \\ 0 \\ 1 \end{pmatrix}$ als Richtungsvektoren.

Schnitt von Geraden und Ebenen

### Schnittpunkte und -geraden

Bei **Koordinatenformen** von Geraden im $\mathbb{R}^2$ löst man beide Gleichungen nach $y$ auf und bestimmt durch Gleichsetzen den $x$-Wert des Schnittpunkts. Aus einer der beiden nach $y$ aufgelösten Gleichungen erhält man dann den $y$-Wert des Schnittpunkts. Ist die Gleichung für die $x$-Werte nicht lösbar, so schneiden sich die Geraden nicht und sind parallel. Hat diese Gleichung unendlich viele Lösungen (d.h. ist $x$ beliebig), so sind die Geraden gleich.

Bei der Berechnung der Schnittmenge von Geraden und Ebenen geht man stets so vor, daß man die beiden Gleichungen entweder ineinander einsetzt und so die Parameter bestimmt oder daß die Gleichungen als Gleichungssystem gelöst werden. Dabei treten folgende Fälle auf:

- Es gibt keine Lösung. Beim Schnitt von Geraden im $\mathbb{R}^3$ können diese windschief sein, sonst sind die Ebenen oder Geraden parallel.

- Es gibt genau eine Lösung. Die Geraden oder Ebenen schneiden sich in einem Punkt.

- Es gibt unendlich viele Lösungen. Dann gibt es mindestens eine Schnittgerade. Zwei gleiche Ebenen schneiden sich in einer Schnittebene.

Geraden im $\mathbb{R}^2$

### Geraden im $\mathbb{R}^2$

**Günstiger Fall**: eine Gleichung liegt in Parameterform, die andere in Normalenform vor.

## 1.3. GERADEN UND EBENEN

- $g_1$: $\vec{r} = \vec{a} + \lambda\vec{b}$, $\quad g_2$: $\vec{r} = \vec{c} + \mu\vec{d}$

  Man setzt gleich und erhält ein Gleichungssystem für $\lambda$ und $\mu$, woraus man natürlich nur eine der Variablen bestimmen muß:

  $$\lambda\vec{b} + \mu(-\vec{d}) = \vec{c} - \vec{a}$$

- $g_1$: $\vec{r} = \vec{a} + \lambda\vec{b}$, $\quad g_2$: $\vec{r} \cdot \vec{n} = d$

  Die erste Gleichung wird in die zweite eingesetzt und daraus $\lambda$ bestimmt.

- $g_1$: $\vec{r} \cdot \vec{n_1} = d_1$, $\quad g_2$: $\vec{r} \cdot \vec{n_2} = d_2$

  Entweder schreibt man die Gleichungen in Koordinaten aus und löst das entstehende Gleichungssystem für die $x$- und $y$-Koordinaten oder man bringt eine der Gleichungen in Parameterform.

### Geraden im $\mathbb{R}^3$

- **Zweimal Parameterform**: wie im $\mathbb{R}^2$.

- $g_1$: $\vec{r} = \vec{a} + \lambda\vec{b}$, $\quad g_2$: $\vec{r} \times \vec{v} = \vec{w}$

  Man setzt die erste Gleichung in die zweite ein und bestimmt $\lambda$.

- $g_1$: $\vec{r} \times \vec{v_1} = \vec{w_1}$, $\quad g_2$: $\vec{r} \times \vec{v_2} = \vec{w_2}$

  Man bringt eine Gleichung in Parameterform und geht wie oben vor.

### Gerade und Ebene

**Günstiger Fall:** Ebene in Normalen-, Gerade in Parameterform.

- $g$: $\vec{r} = \vec{a} + \lambda\vec{b}$, $E$: $\vec{r} = \vec{c} + \mu\vec{d} + \nu\vec{e}$

  Gleichsetzen ergibt ein Gleichungssystem mit den drei Unbekannten $\lambda$, $\mu$ und $\nu$. Ist das Gleichungssystem eindeutig lösbar, reicht es $\lambda$ zu bestimmen. Oft ist es einfacher, die Ebene in Normalenform zu bringen.

- $g$: $\vec{r} = \vec{a} + \lambda\vec{b}$, $E$: $\vec{r} \cdot \vec{n} = d$

  Einsetzen der Geraden- in die Ebenengleichung gibt eine Gleichung für $\lambda$.

- $g\colon \vec{r}\times\vec{v}=\vec{w}$,   Ebene beliebig

  Am einfachsten ist es, die Gerade in Parameterform zu bringen und dann wie oben zu verfahren.

## Zwei Ebenen

**Günstiger Fall:** Eine Ebene in Normalen-, eine in Parameterform.

- $E_1\colon \vec{r}=\vec{a}+\lambda\vec{b}+\mu\vec{c}$,   $E_2\colon \vec{r}=\vec{d}+\nu\vec{e}+\kappa\vec{f}$

  Gleichsetzen ergibt ein System mit drei Gleichungen für die vier unbekannten Parameter. Es reicht aus, ein Parameterpaar $(\lambda,\mu)$ oder $(\nu,\kappa)$ zu bestimmen. Diese Variablen sind dann noch von einem Parameter abhängend. Einsetzen in die Ebenengleichung ergibt die Schnittgerade. Einfacher ist es meist, eine Ebene in Normalenform zu bringen.

- $E_1\colon \vec{r}=\vec{a}+\lambda\vec{b}+\mu\vec{c}$,   $E_2\colon \vec{r}\cdot\vec{n}=d$

  Einsetzen der ersten in die zweite Gleichung ergibt eine Gleichung zwischen $\lambda$ und $\mu$. Löst man z.B. nach $\lambda$ auf und setzt dann $\lambda$ in die Ebenengleichung ein, erhält man die Gleichung der Schnittgeraden.

- $E_1\colon \vec{r}\cdot\vec{n}_1=d_1$,   $E_2\colon \vec{r}\cdot\vec{n}_2=d_2$

  Man schreibt die beiden Gleichungen für die Koordinaten aus und ermittelt eine Lösung mit dem Gaußschen Eliminationsverfahren. Alternativ bringt man eine Gleichung in Normalenform und nimmt das Verfahren von oben.

**Beispiel 6:** Schnitte von $g\colon \vec{r}=\begin{pmatrix}6\\2\\0\end{pmatrix}+\lambda\begin{pmatrix}1\\0\\-1\end{pmatrix}$,

$E_1\colon \vec{r}=\begin{pmatrix}0\\-2\\0\end{pmatrix}+\mu\begin{pmatrix}1\\2\\0\end{pmatrix}+\nu\begin{pmatrix}2\\2\\1\end{pmatrix}$ und $E_2\colon \vec{r}\cdot\begin{pmatrix}-2\\-1\\2\end{pmatrix}=-2$

Will man den Schnittpunkt von $g$ und $E_1$ berechnen, bekommt man durch Gleichsetzen das Gleichungssystem

$$\lambda\begin{pmatrix}1\\0\\-1\end{pmatrix}-\mu\begin{pmatrix}1\\2\\0\end{pmatrix}-\nu\begin{pmatrix}2\\2\\1\end{pmatrix}=-\begin{pmatrix}6\\2\\0\end{pmatrix}+\begin{pmatrix}0\\-2\\0\end{pmatrix}$$

## 1.3. GERADEN UND EBENEN

In Matrixschreibweise hat man also
$$\begin{pmatrix} 1 & -1 & -2 & | & -6 \\ 0 & -2 & -2 & | & -4 \\ -1 & 0 & -1 & | & 0 \end{pmatrix}$$

Von der Lösung nach dem Gaußalgorithmus benötigt man nur $\lambda = -2$ (es ist außerdem $\mu = 0$, $\nu = 2$). Da das Gleichungssystem eindeutig lösbar ist, erhält man den eindeutigen Schnittpunkt

$$\vec{p} = \begin{pmatrix} 6 \\ 2 \\ 0 \end{pmatrix} + (-2) \begin{pmatrix} 1 \\ 0 \\ -1 \end{pmatrix} = \begin{pmatrix} 4 \\ 2 \\ 2 \end{pmatrix}$$

Einfacher ist der Schnittpunkt zu berechnen, wenn man $E_1$ in Normalenform überführt:

$$\begin{pmatrix} 1 \\ 2 \\ 0 \end{pmatrix} \times \begin{pmatrix} 2 \\ 2 \\ 1 \end{pmatrix} = \begin{pmatrix} 2 \\ -1 \\ -2 \end{pmatrix}, \quad \begin{pmatrix} 0 \\ -2 \\ 0 \end{pmatrix} \cdot \begin{pmatrix} 2 \\ -1 \\ -2 \end{pmatrix} = 2 \Rightarrow \vec{r} \cdot \begin{pmatrix} 2 \\ -1 \\ -2 \end{pmatrix} = 2$$

Setzt man jetzt für $\vec{r}$ die Geradengleichung ein, erhält man

$$\left[ \begin{pmatrix} 6 \\ 2 \\ 0 \end{pmatrix} + \lambda \begin{pmatrix} 1 \\ 0 \\ -1 \end{pmatrix} \right] \cdot \begin{pmatrix} 2 \\ -1 \\ -2 \end{pmatrix} = 2 \quad \Leftrightarrow \quad 10 + 4\lambda = 2 \quad \Leftrightarrow \quad \lambda = -2$$

und man erhält den Schnittpunkt wie oben.

Natürlich kann man genauso den Schnittpunkt von $g$ und $E_2$ berechnen:

$$\left[ \begin{pmatrix} 6 \\ 2 \\ 0 \end{pmatrix} + \lambda \begin{pmatrix} 1 \\ 0 \\ -1 \end{pmatrix} \right] \cdot \begin{pmatrix} -2 \\ -1 \\ 2 \end{pmatrix} = -2 \quad \Leftrightarrow \quad -14 - 4\lambda = -2 \quad \Leftrightarrow \quad \lambda = -3$$

und der Schnittpunkt ist $(3, 2, 3)^\mathsf{T}$.

Die Berechnung der Schnittmenge von $E_1$ und $E_2$ geht ganz ähnlich vor sich:

$$\left[ \begin{pmatrix} 0 \\ -2 \\ 0 \end{pmatrix} + \mu \begin{pmatrix} 1 \\ 2 \\ 0 \end{pmatrix} + \nu \begin{pmatrix} 2 \\ 2 \\ 1 \end{pmatrix} \right] \cdot \begin{pmatrix} -2 \\ -1 \\ 2 \end{pmatrix} = -2 \quad \Leftrightarrow \quad 2 - 4\mu - 4\nu = -2$$

Auflösen nach $\mu$ ergibt $\mu = 1 - \nu$ und die Schnittgerade ist damit

$$g_s : \vec{r} = \begin{pmatrix} 0 \\ -2 \\ 0 \end{pmatrix} + (1 - \nu) \begin{pmatrix} 1 \\ 2 \\ 0 \end{pmatrix} + \nu \begin{pmatrix} 2 \\ 2 \\ 1 \end{pmatrix} = \begin{pmatrix} 1 \\ 0 \\ 0 \end{pmatrix} + \nu \begin{pmatrix} 1 \\ 0 \\ 1 \end{pmatrix}$$

## Abstand und Lotpunkt

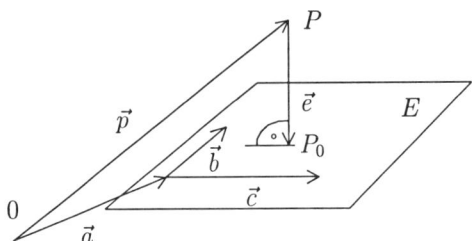

Der Abstand $d$ ist die Länge der kürzesten Verbindungsstrecke $\vec{e}$. Diese hat die Eigenschaft, auf den Richtungsvektoren der beteiligten Geraden und Ebenen senkrecht zu stehen.

Der Lotpunkt (oder Fußpunkt des Lots) $P_0$ ist derjenige Punkt auf einer Geraden oder Ebene, der zu einem gegebenen Punkt den kürzesten Abstand hat.

Geht die Gerade oder Ebene durch den Nullpunkt, so ist die Bestimmung des Lotpunkts die in Abschnitt 8 (S. 97) beschriebene orthogonale Projektion auf diesen Unterraum.

Im folgenden sind $P$ und $Q$ Punkte mit den Ortsvektoren $\vec{p}$ und $\vec{q}$, der Lotpunkt $P_0$ hat den Ortsvektor $\vec{p_0}$.

## Abstände im $\mathbb{R}^2$

- **Punkt $\vec{p}$ − Punkt $\vec{q}$:** $d(P,Q) = |\vec{p} - \vec{q}|$

- **Punkt $\vec{p}$ − Gerade $g$:** $\vec{r} = \vec{a} + \lambda\vec{b}$:
  
  Der Lotpunkt ist $\vec{p_0} = \vec{a} + \dfrac{(\vec{p}-\vec{a})\cdot\vec{b}}{\vec{b}\cdot\vec{b}}\vec{b}$. Daraus errechnet man $\vec{e} = \vec{p_0} - \vec{p}$ und $d(P,g) = |\vec{e}|$ (vgl. Bsp. 10).

- **Punkt $\vec{p}$ − Gerade $g$:** $\vec{r}\cdot\vec{n} = d$
  
  Der Abstand ist $d(P,g) = \dfrac{1}{|\vec{n}|}|\vec{p}\cdot\vec{n} - d|$, der Lotpunkt $\vec{p_0} = \vec{p} - \dfrac{\vec{p}\cdot\vec{n} - d}{\vec{n}\cdot\vec{n}}\vec{n}$.
  
  Ist die Gerade in HNF, so ist die Berechnung wegen $|\vec{n}| = \vec{n}\cdot\vec{n} = 1$ besonders einfach.

- **Gerade $g_1$ − Gerade $g_2$:** Falls die Geraden gleich sind oder sich schneiden, ist der Abstand null. Sind die Geraden parallel, nimmt man einen beliebigen Punkt aus $g_2$ und berechnet den Abstand zu $g_1$.

## 1.3. GERADEN UND EBENEN

**Beispiel 7:** Abstand und Lotpunkt von $P = (0,4)$ zu $g\colon \vec{r} \cdot \begin{pmatrix} 2 \\ 0 \end{pmatrix} = 3$

Wegen $|\vec{n}| = \left|\begin{pmatrix} 2 \\ 0 \end{pmatrix}\right| = 2$ ist $d(P,g) = \dfrac{1}{|\vec{n}|}|\vec{p}\cdot\vec{n} - d| = \dfrac{1}{2}\left|\begin{pmatrix} 0 \\ 4 \end{pmatrix}\cdot\begin{pmatrix} 2 \\ 0 \end{pmatrix} - 3\right| = \dfrac{3}{2}.$

Den Ortsvektor des Lotpunkts erhält man aus

$$\vec{p}_0 = \vec{p} - \frac{\vec{p}\cdot\vec{n} - d}{\vec{n}\cdot\vec{n}}\,\vec{n} = \begin{pmatrix} 0 \\ 4 \end{pmatrix} - \frac{0-3}{4}\begin{pmatrix} 2 \\ 0 \end{pmatrix} = \begin{pmatrix} 3/2 \\ 4 \end{pmatrix}$$

**Abstände im $\mathbb{R}^3$**

- **Punkt $\vec{p}$ – Punkt $\vec{q}$:** wie im $\mathbb{R}^2$ ist $d(P,Q) = |\vec{p} - \vec{q}|$

- **Punkt $\vec{p}$ – Gerade** $g\colon \vec{r} = \vec{a} + \lambda\vec{b}$: wie im $\mathbb{R}^2$ oder $d(P,g) = \dfrac{|(\vec{a} - \vec{p}) \times \vec{b}|}{|\vec{b}|}$

  Fusspunkt des Lots: $\vec{p}_0 = \vec{a} + \dfrac{(\vec{p} - \vec{a}) \cdot \vec{b}}{\vec{b} \cdot \vec{b}}\,\vec{b}$ (vgl. Beispiel 10).

- **Punkt $\vec{p}$ – Ebene $E\colon \vec{r} = \vec{a} + \lambda\vec{b} + \mu\vec{c}$:**

  Analog zur Berechnung des Abstands windschiefer Geraden erhält man die $\lambda$- und $\mu$-Werte des Lotpunkts aus dem Gleichungssystem

  $$\lambda(\vec{b}\cdot\vec{b}) + \mu(\vec{b}\cdot\vec{c}) = -(\vec{a}-\vec{p})\cdot\vec{b},\quad \lambda(\vec{b}\cdot\vec{c}) + \mu(\vec{c}\cdot\vec{c}) = -(\vec{a}-\vec{p})\cdot\vec{c}$$

  Daraus berechnet man den Abstand $d(P,E) = |\vec{p} - \vec{p}_0|$.

- **Punkt $\vec{p}$ – Ebene $E\colon \vec{r}\cdot\vec{n} = d$**

  Der Abstand ist $d(P,E) = \dfrac{1}{|\vec{n}|}|\vec{p}\cdot\vec{n} - d|$, der Lotpunkt $\vec{p}_0 = \vec{p} - \dfrac{\vec{p}\cdot\vec{n} - d}{\vec{n}\cdot\vec{n}}\,\vec{n}$.

  Auch hier ist die Rechnung einfacher, wenn die Ebene in HNF vorliegt.

- **Gerade $g_1\colon \vec{r} = \vec{a} + \lambda\vec{b}$ – Gerade $g_2\colon \vec{r} = \vec{c} + \mu\vec{d}$:**

  $d(g_1, g_2) = \dfrac{|(\vec{c}-\vec{a})\cdot(\vec{b}\times\vec{d})|}{|\vec{b}\times\vec{d}|}$ siehe Beispiel 11. Sind die Geraden parallel (dann ist $\vec{b}\times\vec{d} = \vec{0}$), so geht man wie im nächsten Punkt vor:

- **Gerade – Ebene** oder **Ebene – Ebene:**

  falls es keinen Schnittpunkt gibt, nimmt man einen Punkt der Geraden oder Ebene und berechnet den Abstand zur anderen Ebene.

*Abstand im $\mathbb{R}^3$*

**Beispiel 8:** Abstände und Lotpunkte von $P = (3, 4, 0)$ zu

$$g: \vec{r} = \begin{pmatrix} 2 \\ 2 \\ -1 \end{pmatrix} + \lambda \begin{pmatrix} 2 \\ 0 \\ 2 \end{pmatrix} \text{ und } E: \vec{r} = \begin{pmatrix} 1 \\ 0 \\ 1 \end{pmatrix} + \mu \begin{pmatrix} 2 \\ 1 \\ -1 \end{pmatrix} + \nu \begin{pmatrix} 1 \\ -1 \\ 1 \end{pmatrix}$$

Schreibt man die Gerade $g$ in der Form $\vec{r} = \vec{a} + \lambda \vec{b}$, so ist

$$d(P, g) = \frac{|(\vec{p} - \vec{a}) \times \vec{b}|}{|\vec{b}|} = \frac{1}{\sqrt{8}} \left| \begin{pmatrix} 1 \\ 2 \\ 1 \end{pmatrix} \times \begin{pmatrix} 2 \\ 0 \\ 2 \end{pmatrix} \right| = \frac{1}{\sqrt{8}} \left| \begin{pmatrix} 4 \\ 0 \\ -4 \end{pmatrix} \right| = \frac{\sqrt{32}}{\sqrt{8}} = 2$$

Berechnung des Fusspunkts des Lots:

$$\vec{p}_0 = \vec{a} + \frac{(\vec{p} - \vec{a}) \cdot \vec{b}}{\vec{b} \cdot \vec{b}} \vec{b} = \begin{pmatrix} 2 \\ 2 \\ -1 \end{pmatrix} + \frac{1}{8} \left[ \begin{pmatrix} 1 \\ 2 \\ 1 \end{pmatrix} \cdot \begin{pmatrix} 2 \\ 0 \\ 2 \end{pmatrix} \right] \begin{pmatrix} 2 \\ 0 \\ 2 \end{pmatrix} = \begin{pmatrix} 2 \\ 2 \\ -1 \end{pmatrix} + \begin{pmatrix} 1 \\ 0 \\ 1 \end{pmatrix} = \begin{pmatrix} 3 \\ 2 \\ 0 \end{pmatrix}$$

Natürlich kann man $d(P, g)$ jetzt auch als $|\vec{p} - \vec{p}_0|$ erhalten.

Die Berechnung von $d(P, E)$ ist am einfachsten, wenn $E$ in HNF gebracht wird:

$$\begin{pmatrix} 2 \\ 1 \\ -1 \end{pmatrix} \times \begin{pmatrix} 1 \\ -1 \\ 1 \end{pmatrix} = \begin{pmatrix} 0 \\ -3 \\ -3 \end{pmatrix} \quad \text{und} \quad \begin{pmatrix} 1 \\ 0 \\ 1 \end{pmatrix} \cdot \begin{pmatrix} 0 \\ -3 \\ -3 \end{pmatrix} = -3$$

ergeben eine Normalenform und die HNF:

$$\vec{r} \cdot \begin{pmatrix} 0 \\ -3 \\ -3 \end{pmatrix} = -3 \quad \text{und} \quad \vec{r} \cdot \frac{1}{\sqrt{2}} \begin{pmatrix} 0 \\ 1 \\ 1 \end{pmatrix} = \frac{1}{\sqrt{2}}$$

Damit berechnet man den Abstand

$$d(P, E) = |\vec{p} \cdot \vec{n} - d| = \left| \begin{pmatrix} 3 \\ 4 \\ 0 \end{pmatrix} \cdot \frac{1}{\sqrt{2}} \begin{pmatrix} 0 \\ 1 \\ 1 \end{pmatrix} - \frac{1}{\sqrt{2}} \right| = \frac{1}{\sqrt{2}}(4 - 1) = \frac{3}{\sqrt{2}}$$

Beweis-
methoden

**Beweismethoden**

Bei der Berechnung von Abstands- oder Projektionsformeln benutzt man häufig diese Beweismethode:

① Aufstellen eines geschlossenen Umlaufs, d.i. eine Summe von Vektoren, die den Nullvektor ergibt. Dabei enthält der Umlauf einen oder mehrere unbekannte Vektoren oder Parameter.

## 1.3. GERADEN UND EBENEN

---

② Bestimmung der Unbekannten durch
- Ausnutzung von linearer Unabhängigkeit
- Skalarmultiplikation
- Bildung von Kreuzprodukten

---

Die Methoden werden an zwei typischen Beispielen erklärt.

**Beispiel 9**: Schnitt von Seitenhalbierenden

Bewiesen werden soll, daß sich die Seitenhalbierenden eines Dreiecks im Verhältnis 1 : 2 schneiden.

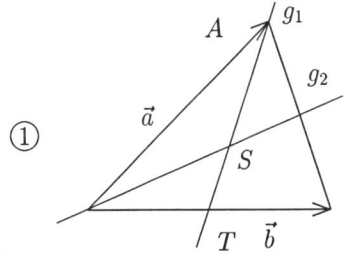

① 

Dazu betrachtet man wie auf Seite 26 das Dreieck mit den Seiten $\vec{a}$ und $\vec{b}$ und stellt zunächst die Geradengleichungen der Seitenhalbierenden auf:

$$g_1: \quad \vec{r} = \vec{a} + \lambda(-\vec{a} + \frac{1}{2}\vec{b})$$

$$g_2: \quad \vec{r} = \mu \cdot \frac{1}{2}(\vec{a} + \vec{b})$$

Der Schnittpunkt $S$ liegt auf beiden Geraden und erfüllt daher beide Gleichungen:

$$\vec{a} + \lambda(-\vec{a} + \frac{1}{2}\vec{b}) = \mu \cdot \frac{1}{2}(\vec{a} + \vec{b})$$

② Sortieren nach $\vec{a}$ und $\vec{b}$ ergibt:

$$(1 - \lambda - \frac{\mu}{2})\vec{a} + (\frac{\lambda}{2} - \frac{\mu}{2})\vec{b} = \vec{0}$$

Nun wird ausgenutzt, daß $\vec{a}$ und $\vec{b}$ linear unabhängig sind und daß daher beide Vorfaktoren null sein müssen. Daraus ergibt sich ein Gleichungssystem für die beiden Parameter $\lambda$ und $\mu$

$$\lambda + \frac{1}{2}\mu = 1 \qquad \frac{1}{2}\lambda - \frac{1}{2}\mu = 0$$

Die Lösung ist $\lambda = \mu = \frac{2}{3}$. Das bedeutet gerade, daß die Strecke $\overline{AS}$ zwei Drittel der Strecke $\overline{AT}$ beträgt und daß sich die Seitenhalbierenden wie behauptet im Verhältnis 1 : 2 schneiden.

## Beispiel 10: Abstand Punkt-Gerade

Gesucht ist der Abstand des Punktes $P$ mit dem Ortsvektor $\vec{p}$ zur Geraden $g$ mit der Gleichung $\vec{r} = \vec{a} + \lambda \vec{b}$.

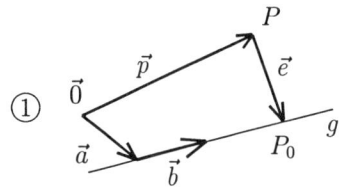

① Zu $\vec{p}$ und $g$ wird der Fußpunkt $P_0$ des Lots von $P$ auf die Gerade berechnet. Die Verbindungsstrecke wird mit $\vec{e}$ bezeichnet. Es gilt $\vec{e} \perp \vec{b}$.
Der gesuchte geschlossene Umlauf ergibt sich aus $\vec{p} + \vec{e} = \vec{a} + \lambda \vec{b}$:

$$\vec{p} - \vec{a} - \lambda \vec{b} + \vec{e} = \vec{0} \qquad (*)$$

② Skalarmultiplikation mit $\vec{b}$ entfernt wegen $\vec{b} \cdot \vec{e} = 0$ den unbekannten Vektor $\vec{e}$ und ergibt eine Bestimmungsgleichung für $\lambda$:

$$(\vec{p} - \vec{a}) \cdot \vec{b} - \lambda (\vec{b} \cdot \vec{b}) = 0 \quad \Rightarrow \quad \lambda = \frac{(\vec{p} - \vec{a}) \cdot \vec{b}}{|\vec{b}|^2}$$

$$\Rightarrow \quad \vec{e} = \vec{a} + \lambda \vec{b} - \vec{p} = \vec{a} - \vec{p} + \frac{(\vec{p} - \vec{a}) \cdot \vec{b}}{|\vec{b}|^2} \vec{b}$$

Der gesuchte Abstand läßt sich als $|\vec{e}|$ berechnen.

②' Ist nur der Abstand gesucht, hat man im $\mathbb{R}^3$ eine zweite Möglichkeit: wegen $\vec{b} \perp \vec{e}$ ist $|\vec{b} \times \vec{e}| = |\vec{b}| |\vec{e}|$. Bildet man in (*) das Kreuzprodukt mit $\vec{b}$, so erhält man

$$(\vec{p} - \vec{a}) \times \vec{b} + \vec{e} \times \vec{b} = \vec{0} \quad \Rightarrow \quad |\vec{e}| = \frac{|(\vec{p} - \vec{a}) \times \vec{b}|}{|\vec{b}|}$$

## 3. Beispiele

## Beispiel 11: Formel für Abstand zweier nicht paralleler Geraden

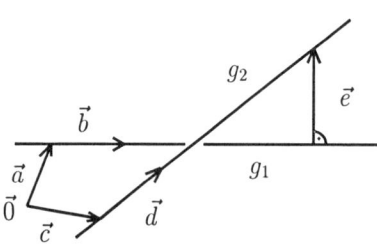

Berechnet werden soll der Abstand der Geraden $g_1$ und $g_2$ mit den Gleichungen

$$g_1: \quad \vec{r} = \vec{a} + \lambda \vec{b}$$

$$g_2: \quad \vec{r} = \vec{c} + \mu \vec{d}$$

Bei Abstandsberechnungen benutzt man immer die Tatsache, daß die kürzeste Verbindungsstrecke $\vec{e}$ senkrecht auf den Richtungsvektoren $\vec{b}$ und $\vec{d}$ der beiden Geraden steht.

## 1.3. GERADEN UND EBENEN

① Aufstellen eines geschlossenen Umlaufs: $\vec{a} + \lambda \vec{b} + \vec{e} = \vec{c} + \mu \vec{d}$, also

$$(\vec{a} - \vec{c}) + \lambda \vec{b} - \mu \vec{d} + \vec{e} = \vec{0} \quad (*)$$

② Daraus kann man nun den unbekannten Vektor $\vec{e}$ bestimmen, wenn man $\lambda$ und $\mu$ kennt. Da $\vec{e}$ senkrecht zu $\vec{b}$ und zu $\vec{d}$ ist, erhält man durch Skalarmultiplikation in $(*)$ mit $\vec{b}$ und $\vec{d}$ zwei Gleichungen, aus denen man die Zahlen $\lambda$ und $\mu$ bestimmen kann:

$$[(\vec{a}-\vec{c}) + \lambda\vec{b} - \mu\vec{d} + \vec{e}] \cdot \vec{b} = \vec{0} \cdot \vec{b} \;\Leftrightarrow\; \lambda(\vec{b}\cdot\vec{b}) - \mu(\vec{d}\cdot\vec{b}) = (\vec{c}-\vec{a})\cdot\vec{b}$$
$$[(\vec{a}-\vec{c}) + \lambda\vec{b} - \mu\vec{d} + \vec{e}] \cdot \vec{d} = \vec{0} \cdot \vec{b} \;\Leftrightarrow\; \lambda(\vec{b}\cdot\vec{d}) - \mu(\vec{d}\cdot\vec{d}) = (\vec{c}-\vec{a})\cdot\vec{d}$$

$\vec{e}$ und der Abstand der beiden Geraden $|\vec{e}|$ lassen sich nun durch Einsetzen von $\lambda$ und $\mu$ in $(*)$ bestimmen.

②' Während die obige Methode in Räumen beliebiger Dimension funktioniert, kann man im $\mathbb{R}^3$ auch das Kreuzprodukt zu Hilfe nehmen. Dabei benutzt man, daß im Fall nichtparalleler Geraden der Verbindungsvektor, der ja auf beiden Richtungsvektoren senkrecht stehen muß, die Form $\vec{e} = \nu \vec{b} \times \vec{d}$ haben muß. Dann geht Gleichung $(*)$ über in

$$(\vec{a} - \vec{c}) + \lambda \vec{b} - \mu \vec{d} + \nu(\vec{b} \times \vec{d}) = \vec{0}$$

Jetzt kann man die Parameter $\lambda$ und $\mu$ aus der Gleichung entfernen, indem man mit $\vec{b} \times \vec{d}$ skalar multipliziert und dabei ausnutzt, daß $\vec{b} \times \vec{d}$ sowohl auf $\vec{b}$ wie auch auf $\vec{d}$ senkrecht steht:

$$(\vec{a} - \vec{c}) \cdot (\vec{b} \times \vec{d}) + \nu(\vec{b} \times \vec{d}) \cdot (\vec{b} \times \vec{d}) = 0 \quad \text{und damit}$$

$$\vec{e} = \nu(\vec{b} \times \vec{d}) = \frac{(\vec{c}-\vec{a}) \cdot (\vec{b} \times \vec{d})}{|\vec{b} \times \vec{d}|^2} \vec{b} \times \vec{d} \quad \text{und} \quad |\vec{e}| = \frac{|(\vec{c}-\vec{a}) \cdot (\vec{b} \times \vec{d})|}{|\vec{b} \times \vec{d}|}$$

---

**Beispiel 12:** Schnitte von $E_1: \vec{r} \cdot \begin{pmatrix} 3 \\ -2 \\ 2 \end{pmatrix} = 3$ mit

$$E_2: \vec{r} = \begin{pmatrix} -2 \\ -2 \\ 0 \end{pmatrix} + \lambda \begin{pmatrix} 2 \\ 3 \\ 0 \end{pmatrix} + \mu \begin{pmatrix} 2 \\ 4 \\ 1 \end{pmatrix} \quad \text{und} \quad E_3: \vec{r} \cdot \begin{pmatrix} 1 \\ -1 \\ 1 \end{pmatrix} = -4$$

---

Beim Schnitt von $E_1$ und $E_2$ wird die Darstellung von $E_2$ in $E_1$ eingesetzt:

$$\left[ \begin{pmatrix} -2 \\ -2 \\ 0 \end{pmatrix} + \lambda \begin{pmatrix} 2 \\ 3 \\ 0 \end{pmatrix} + \mu \begin{pmatrix} 2 \\ 4 \\ 1 \end{pmatrix} \right] \cdot \begin{pmatrix} 3 \\ -2 \\ 2 \end{pmatrix} = 3 \Leftrightarrow -2 + 0 \cdot \lambda + 0 \cdot \mu = 3 \Leftrightarrow -2 = 3.$$

Die beiden Ebenen haben keinen gemeinsamen Punkt und sind damit parallel. Zur Berechnung ihres Abstands bringt man am einfachsten $E_1$ in HNF, indem durch $\sqrt{17}$ dividiert wird. Dann wählt man aus $E_2$ den Punkt $P = (-2, -2, 0)^\top$ und berechnet

$$d(E_2, E_1) = d(P, E_1) = \left| \begin{pmatrix} -2 \\ -2 \\ 0 \end{pmatrix} \cdot \frac{1}{\sqrt{17}} \begin{pmatrix} 3 \\ -2 \\ 2 \end{pmatrix} - \frac{3}{\sqrt{17}} \right| = \left| \frac{-2}{\sqrt{17}} - \frac{3}{\sqrt{17}} \right| = \frac{5}{\sqrt{17}}$$

Zur Berechnung des Schnittpunkts von $E_1$ und $E_3$ schreibt man die Gleichungen aus und verwendet das Gaußsche Eliminationsverfahren:

$$3x - 2y + 2z = 3 \qquad x - y + z = -4$$

$$\begin{pmatrix} 3 & -2 & 2 & | & 3 \\ 1 & -1 & 1 & | & -4 \end{pmatrix} \Leftrightarrow \begin{pmatrix} 0 & 1 & -1 & | & 15 \\ 1 & -1 & 1 & | & -4 \end{pmatrix} \Leftrightarrow \begin{pmatrix} 0 & 1 & -1 & | & 15 \\ 1 & 0 & 0 & | & 11 \end{pmatrix}$$

Nimmt man $t = z$ als Parameter, liest man $y = 15 + t$ und $x = 11$ ab. Die Schnittgerade ist also

$$g : \vec{r} = \begin{pmatrix} x \\ y \\ z \end{pmatrix} = \begin{pmatrix} 11 \\ 15 + t \\ t \end{pmatrix} = \begin{pmatrix} 11 \\ 15 \\ 0 \end{pmatrix} + t \begin{pmatrix} 0 \\ 1 \\ 1 \end{pmatrix}, \quad t \in \mathbb{R}.$$

---

**Beispiel 13:** Abstand der Geraden $g_1 : \vec{r} = \begin{pmatrix} 1 \\ 2 \\ 1 \end{pmatrix} + \lambda \begin{pmatrix} 3 \\ -1 \\ 2 \end{pmatrix}$ und

$g_2 : \vec{r} = \begin{pmatrix} 1 \\ -1 \\ -2 \end{pmatrix} + \mu \begin{pmatrix} 1 \\ 0 \\ 1 \end{pmatrix}$

---

Mit $\vec{a} = \begin{pmatrix} 1 \\ 2 \\ 1 \end{pmatrix}$, $\vec{b} = \begin{pmatrix} 3 \\ -1 \\ 2 \end{pmatrix}$, $\vec{c} = \begin{pmatrix} 1 \\ -1 \\ -2 \end{pmatrix}$ und $\vec{d} = \begin{pmatrix} 1 \\ 0 \\ 1 \end{pmatrix}$ ist $\vec{b} \times \vec{d} = \begin{pmatrix} -1 \\ -1 \\ 1 \end{pmatrix}$,

$\vec{a} - \vec{c} = \begin{pmatrix} 0 \\ 3 \\ 3 \end{pmatrix}$ und der Abstand ist $d(g_1, g_2) = \dfrac{|(\vec{c} - \vec{a}) \cdot (\vec{b} \times \vec{d})|}{|\vec{b} \times \vec{d}|} = \dfrac{0}{\sqrt{3}} = 0.$

Die Geraden haben den Abstand Null und damit einen Schnittpunkt $P$. Zur Berechnung von $P$ schreibt man

$$\vec{a} + \lambda \vec{b} = \vec{c} + \mu \vec{d} \quad \Leftrightarrow \quad \lambda \vec{b} + \mu(-\vec{d}) = \vec{c} - \vec{a}$$

und löst das Gleichungssystem für $\lambda$ und $\mu$ nach dem Gaußalgorithmus:

$$\begin{pmatrix} 3 & -1 & | & 0 \\ -1 & 0 & | & -3 \\ 2 & -1 & | & -3 \end{pmatrix} \Leftrightarrow \begin{pmatrix} 0 & -1 & | & -9 \\ -1 & 0 & | & -3 \\ 0 & -1 & | & -9 \end{pmatrix}$$

Man hat also $\lambda = 3$ (und $\mu = 9$) und damit den Schnittpunkt $(10, -1, 7)^\top$.

## 1.4 Matrizen und Determinanten

### 1. Definitionen

Eine $(m,n)$-Matrix $A$ ist ein rechteckiges Schema von Zahlen, die in $m$ Zeilen und $n$ Spalten angeordnet sind. Vorsicht! Die Schreibweise ist nicht einheitlich, machmal sind $m$ und $n$ in ihrer Bedeutung vertauscht.

$$A = (a_{ij})_{\substack{i=1..m \\ j=1..n}} = \begin{pmatrix} a_{11} & a_{12} & \cdots & a_{1n} \\ a_{21} & a_{22} & \cdots & a_{2n} \\ \vdots & \vdots & \ddots & \vdots \\ a_{m1} & a_{m2} & \cdots & a_{mn} \end{pmatrix}$$

Matrix

Eine Matrix mit gleichvielen Zeilen und Spalten heißt quadratisch.

Andere Schreibweisen: In den folgenden Bezeichnungen kann man den allgemeinen Körper $\mathbb{K}$ durch $\mathbb{R}$ oder $\mathbb{C}$ ersetzen.

$m \times n$-Matrix, $\mathbb{M}(m,n)$, $\mathbb{M}_{m,n}(\mathbb{K})$, $\mathcal{L}(\mathbb{K}^n, \mathbb{K}^n)$, $\mathbb{L}(\mathbb{K}^n, \mathbb{K}^m)$ und $\mathbb{K}^{(n,m)}$

Schreibweisen für quadratische Matizen: $\mathcal{G}l_n$, $\mathbb{GL}(n, \mathbb{K})$ und $\mathbb{L}(\mathbb{K}^n)$.

Besondere Matrizen:

Eine Matrix, die nur Nullen als Einträge hat, heißt Nullmatrix und wird mit 0 bezeichnet.

Null-, Einheits-, Diagonal-Skalar-Dreiecksmatrix

$$\begin{pmatrix} 1 & 0 & 0 & \cdots & 0 \\ 0 & 1 & 0 & \cdots & 0 \\ 0 & 0 & 1 & \cdots & 0 \\ \vdots & \vdots & \vdots & \ddots & \vdots \\ 0 & 0 & 0 & \cdots & 1 \end{pmatrix} \begin{pmatrix} d_1 & 0 & 0 & \cdots & 0 \\ 0 & d_2 & 0 & \cdots & 0 \\ 0 & 0 & d_3 & \cdots & 0 \\ \vdots & \vdots & \vdots & \ddots & \vdots \\ 0 & 0 & 0 & \cdots & d_n \end{pmatrix} \begin{pmatrix} * & 0 & 0 & \cdots & 0 \\ * & * & 0 & \cdots & 0 \\ * & * & * & \cdots & 0 \\ \vdots & \vdots & \vdots & \ddots & \vdots \\ * & * & * & \cdots & * \end{pmatrix} \begin{pmatrix} * & * & * & \cdots & * \\ 0 & * & * & \cdots & * \\ 0 & 0 & * & \cdots & * \\ \vdots & \vdots & \vdots & \ddots & \vdots \\ 0 & 0 & 0 & \cdots & * \end{pmatrix}$$

Einheitsmatrix $E_n$ oder $I_n$ — Diagonalmatrix Skalarmatrix — Untere Dreiecksmatrix — Obere Dreiecksmatrix

Die $n$-reihige Einheitsmatrix wird mit $E_n$ oder $I_n$ oder einfach mit $E$ oder $I$ bezeichnet.

Ist $A$ eine quadratische $n \times n$-Matrix und gibt es eine (quadratische $n \times n$-) Matrix $B$ mit $AB = E$ (dann ist auch $BA = E$), heißt $A$ regulär oder invertierbar. Bezeichnung: $B = A^{-1}$. Nichtinvertierbare quadratische Matrizen heißen singulär.

regulär
singulär

Der Rang einer Matrix wird auf Seite 83 definiert und berechnet.

Die Zahlen von links oben bis rechts unten in einer quadratischen Matrix bilden die Hauptdiagonale. Diagonalmatrizen oder Skalarmatrizen haben also nur Einträge auf der Hauptdiagonalen. Die Elemente von rechts oben bis links unten bilden die Nebendiagonale.

Haupt-, Neben-diagonale

**Transponierte** $A^\top$

Die Transponierte $A^\top$ einer Matrix $A$ erhält man, indem man Zeilen und Spalten vertauscht. Dabei entsteht aus einer $m \times n$-Matrix eine $n \times m$-Matrix. Bei quadratischen Matrizen bedeutet Transponieren, daß an der Hauptdiagonalen gespiegelt wird.

**Adjungierte** $A^*$

Die Adjungierte $A^*$ einer (komplexen) Matrix $A$ erhält man, wenn man in der Transponierten von $A$ alle Einträge durch ihre komplex Konjugierten ersetzt.

**symmetrisch hermitesch selbstadjungiert schiefsymmetrisch schiefhermitesch**

Eine quadratische Matrix $A$ heißt symmetrisch, wenn $A = A^\top$ ist, und hermitesch oder selbstadjungiert, wenn $A = A^*$ ist. Für reelle Matrizen fallen diese Begriffe zusammen.

Gilt $A = -A^\top$, heißt $A$ schiefsymmetrisch, gilt $A = -A^*$, heißt $A$ schiefhermitesch.

Oft ist es sinnvoll, Vektoren des $\mathbb{R}^n$ als Matrizen mit einer Spalte und $n$ Zeilen aufzufassen und Matrizen als nebeneinandergestellte Spaltenvektoren zu betrachten. Den Zahlen des Grundkörpers entsprechen die $1 \times 1$-Matrizen.

**Beispiel 1:** Transponierte und Adjungierte, symmetrische Matrizen

$$A = \begin{pmatrix} 1 & 3 \\ 0 & 4 \\ -2 & 5 \end{pmatrix} \quad A^\top = \begin{pmatrix} 1 & 0 & -2 \\ 3 & 4 & 5 \end{pmatrix} \quad B = \begin{pmatrix} 1 & 3 \\ 3 & 2 \end{pmatrix} = B^\top$$

$$C = \begin{pmatrix} 0 & -2 \\ 2 & 0 \end{pmatrix} = -C^\top \quad D = \begin{pmatrix} 1+i & 2 & 3i \\ 2-i & -i & 3 \end{pmatrix} \quad D^* = \begin{pmatrix} 1-i & 2+i \\ 2 & i \\ -3i & 3 \end{pmatrix}$$

$$F = \begin{pmatrix} 3 & 2-i \\ 2+i & 2 \end{pmatrix} \quad F^* = \begin{pmatrix} \overline{3} & \overline{2+i} \\ \overline{2-i} & \overline{2} \end{pmatrix} = \begin{pmatrix} 3 & 2-i \\ 2+i & 2 \end{pmatrix} = F$$

$$G = \begin{pmatrix} i & 1+i \\ -1+i & 0 \end{pmatrix} \quad G^* = \begin{pmatrix} \overline{i} & \overline{-1+i} \\ \overline{1+i} & 0 \end{pmatrix} = \begin{pmatrix} -i & -1-i \\ 1-i & 0 \end{pmatrix} = -G$$

$B$ ist symmetrisch, $C$ ist schiefsymmetrisch, $F$ ist hermitesch oder selbstadjungiert, $G$ ist schiefhermitesch.

(Reelle) schiefsymmetrische Matrizen haben auf der Hauptdiagonalen stets Nullen. Bei schiefhermiteschen Matrizen ist die Hauptdiagonale rein imaginär.

Ist $\vec{a} = \begin{pmatrix} a_1 \\ a_2 \end{pmatrix}$ ein (Spalten-) Vektor, so ist $\vec{a}^\top = (a_1, a_2)$ ein Zeilenvektor. Mit $\vec{b} = \begin{pmatrix} b_1 \\ b_2 \end{pmatrix}$ ist das Matrixprodukt $\vec{a}^\top \vec{b} = a_1 b_1 + a_2 b_2 = \vec{a} \cdot \vec{b}$ das Skalarprodukt der beiden Vektoren.

**Determinante** $\det A, |A|$

Determinanten quadratischer Matrizen lassen sich als alternierende Multilinearform auf den Spaltenvektoren definieren, die für die Einheitsmatrix den Wert Eins annimmt. Eine andere Möglichkeit ist es, die Definition über die im nächsten Punkt aufgeführten Rechenregeln vorzunehmen.

Schreibweise: $\det A$ oder $|A|$.

## 2. Berechnung

### 1. Rechenregeln für Matrizen

Rechenregeln für Matrizen

$$A + B = B + A \qquad \alpha(A + B) = \alpha A + \alpha B \qquad (A + B) + C = A + (B + C)$$

$$(A + B)C = AC + BC \qquad A(B + C) = AB + AC \qquad (AB)C = A(BC)$$

**Achtung!** Im allgemeinen ist $AB \neq BA$.
Sind $A$ und $B$ invertierbare $n \times n$-Matrizen so ist $AB$ invertierbar und es ist

$$(AB)^{-1} = B^{-1}A^{-1} \qquad (\alpha A)^{-1} = \frac{1}{\alpha}A^{-1}.$$

$AE = EA = A \qquad A0 = 0A = 0 \qquad (A^{-1})^{-1} = A \qquad (A^\mathsf{T})^\mathsf{T} = A \qquad (A^*)^* = A$

$(A + B)^\mathsf{T} = A^\mathsf{T} + B^\mathsf{T} \qquad (\alpha A)^\mathsf{T} = \alpha A^\mathsf{T} \qquad (AB)^\mathsf{T} = B^\mathsf{T}A^\mathsf{T} \qquad (A^{-1})^\mathsf{T} = (A^\mathsf{T})^{-1}$

$(A + B)^* = A^* + B^* \qquad (\alpha A)^* = \overline{\alpha}A^* \qquad (AB)^* = B^*A^* \qquad (A^{-1})^* = (A^*)^{-1}$

$(A\vec{x}, \vec{y}) = (\vec{x}, A^\mathsf{T}\vec{y}) \qquad\qquad\qquad (A\vec{x}, \vec{y}) = (\vec{x}, A^*\vec{y})$

reelles Skalarprodukt $\qquad\qquad\qquad$ komplexes Skalarprodukt

### 2. Addition und Multiplikation von Matrizen

Addition und Multiplikation

Matrizen lassen sich addieren, wenn sie jeweils gleiche Zeilen- und Spaltenzahl haben. Die Summe der Matrizen wird dann elementweise gebildet. Eine Matrix wird mit einer Zahl (einem Skalar) multipliziert, indem jedes Element der Matrix mit dem Skalar multipliziert wird.

$$A = \begin{pmatrix} a_{11} & a_{12} & \cdots \\ a_{21} & a_{22} & \cdots \\ \vdots & \vdots & \ddots \end{pmatrix}, \qquad B = \begin{pmatrix} b_{11} & b_{12} & \cdots \\ b_{21} & b_{22} & \cdots \\ \vdots & \vdots & \ddots \end{pmatrix}, \qquad \alpha A = \begin{pmatrix} \alpha a_{11} & \alpha a_{12} & \cdots \\ \alpha a_{21} & \alpha a_{22} & \cdots \\ \vdots & \vdots & \ddots \end{pmatrix}$$

$$A + B = \begin{pmatrix} a_{11} + b_{11} & a_{12} + b_{12} & \cdots \\ a_{21} + b_{21} & a_{22} + b_{22} & \cdots \\ \vdots & \vdots & \ddots \end{pmatrix},$$

$$A = (a_{ij})_{\substack{i=1\ldots n \\ j=1\ldots m}}, \; B = (b_{ij})_{\substack{i=1\ldots n \\ j=1\ldots m}} \;\Rightarrow\; \alpha A = (\alpha a_{ij})_{\substack{i=1\ldots n \\ j=1\ldots m}}, \; A+B = (a_{ij}+b_{ij})_{\substack{i=1\ldots n \\ j=1\ldots m}}$$

Das Matrixprodukt $AB$ läßt sich bilden, wenn die Spaltenzahl der ersten Matrix $A$ mit der Zeilenzahl der zweiten Matrix $B$ übereinstimmt. Das Produkt einer $(m, n)$-Matrix mit einer $(n, p)$-Matrix ist eine $(m, p)$-Matrix.

Falk-Schema  Die Berechnung geschieht am besten mit dem Falk-Schema:

$$B \to \begin{pmatrix} * & b_{1j} & * \\ * & b_{2j} & * \\ * & b_{3j} & * \\ \vdots & \vdots & \vdots \end{pmatrix}$$

$$\begin{pmatrix} * & * & * & \cdots \\ a_{i1} & a_{i2} & a_{i3} & \cdots \\ * & * & * & \cdots \end{pmatrix} \begin{pmatrix} & & \\ & c_{ij} & \\ & & \end{pmatrix}$$
$$A \qquad\qquad C = AB$$

$$c_{ij} = a_{i1}b_{1j} + a_{i2}b_{2j} + \cdots a_{in}b_{nj}$$
$$= \sum_{k=1}^{n} a_{ik}b_{kj}$$

Die Matrizen werden über Eck nebeneinander geschrieben. Das Produkt hat in der $i$-ten Zeile und der $j$-ten Spalte das Skalarprodukt des $i$-ten Zeilenvektors von $A$ und des $j$-ten Spaltenvektors von $B$. Gleichzeitig kann man die Größe der Produktmatrix erkennen: sie hat soviele Zeilen wie $A$ und soviele Spalten wie $B$.

Nach demselben Schema werden Matrizen und Vektoren (das sind ja Matrizen mit einer Spalte) multipliziert.

Wenn mehrfache Produkte berechnet werden, kann man die Zwischenergebnisse direkt weiterverarbeiten: Z.B. kann das Produkt $ABC$ kann in der Reihenfolge $(AB)C$ oder als $A(BC)$ berechnet werden. Die Schemata sehen dann so aus:

$$\begin{array}{c|c|c} & B & C \\ \hline A & AB & (AB)C \end{array} \qquad \text{und} \qquad \begin{array}{c|c} & C \\ \hline B & BC \\ \hline A & A(BC) \end{array}$$

**Beispiel 2:** Das Produkt $C = AB$ für $A = \begin{pmatrix} 1 & 3 \\ 0 & 4 \\ -2 & 5 \end{pmatrix}$ und $B = \begin{pmatrix} 3 & 1 \\ 0 & 2 \end{pmatrix}$.

$$B \to \begin{pmatrix} 3 & 1 \\ 0 & 2 \end{pmatrix}$$
$$A \to \begin{pmatrix} 1 & 3 \\ 0 & 4 \\ -2 & 5 \end{pmatrix} \begin{pmatrix} a & b \\ c & d \\ e & f \end{pmatrix} \leftarrow C$$

$a = 1 \cdot 3 + 3 \cdot 0 = 3$
$b = 1 \cdot 1 + 3 \cdot 2 = 7$
$c = 0 \cdot 3 + 4 \cdot 0 = 0$
$d = 0 \cdot 1 + 4 \cdot 2 = 8$
$e = -2 \cdot 3 + 5 \cdot 0 = -6$
$f = -2 \cdot 1 + 5 \cdot 2 = 8$

Damit ist $C = AB = \begin{pmatrix} 3 & 7 \\ 0 & 8 \\ -6 & 8 \end{pmatrix}$. Das Produkt $BA$ kann man nicht bilden, da die Spaltenzahl von $B$ ungleich der Zeilenzahl von $A$ ist.

Am letzten Beispiel kann man gut zwei andere Eigenschaften der Matrixmultiplikation erkennen:

- Die Matrix $A$ wird mit der Matrix $B$ multipliziert, indem $A$ mit den einzelnen Spaltenvektoren von $B$ multipliziert wird. Diese Produkte werden nebeneinandergeschrieben.

$$\begin{pmatrix} & & \\ & A & \\ & & \end{pmatrix}\begin{pmatrix} | & & | \\ \vec{b}_1 & \cdots & \vec{b}_k \\ | & & | \end{pmatrix} = \begin{pmatrix} | & & | \\ A\vec{b}_1 & \cdots & A\vec{b}_k \\ | & & | \end{pmatrix}$$

  Im Beispiel oben ist die erste Spalte von $C$ das Produkt $A\vec{b}_1$, wobei $\vec{b}_1 = \binom{3}{0}$ der erste Spaltenvektor von $B$ ist. Genauso ist mit $\vec{b}_2 = \binom{1}{2}$ die zweite Spalte von $C$ das Produkt $A\vec{b}_2$.

  Anwendung: Wenn man eine Matrix $A$ mit mehreren Vektoren $\vec{b}_1$ bis $\vec{b}_k$ multiplizieren will, schreibt man die Vektoren nebeneinander in eine Matrix $B$ und erhält die Ergebnisse als Spalten des Matrizenprodukts $AB$.

- Das Produkt der Matrix $A$ mit dem Vektor $\vec{b} = (b_1, \ldots, b_k)^\top$ ist die Linearkombination der Spaltenvektoren von $A$ mit den Koeffizienten $b_1$ bis $b_k$.

$$\begin{pmatrix} | & & | \\ \vec{a}_1 & \cdots & \vec{a}_k \\ | & & | \end{pmatrix}\begin{pmatrix} b_1 \\ \vdots \\ b_k \end{pmatrix} = b_1\vec{a}_1 + \cdots + b_k\vec{a}_k$$

  Im Beispiel ist die erste Spalte von $C$ das 3-fache der ersten Spalte von $A$ plus das 0-fache der zweiten Spalte. Die zweite Spalte von $C$ ist die Summe der ersten Spalte von $A$ und der zweifachen zweiten Spalte.

  **Konsequenz**: Ist $A$ eine $m \times n$-Matrix mit den Spaltenvektoren $\vec{a}_1$ bis $\vec{a}_n$ und $D$ eine $n \times n$-Diagonalmatrix mit den Elementen $d_1$ bis $d_n$ auf der Diagonalen, so besteht das Produkt $AD$ aus den Spaltenvektoren $d_1\vec{a}_1$ bis $d_n\vec{a}_n$.

  Eine Matrix wird mit einem Skalar $\alpha$ multipliziert, indem man die Matrix mit der $\alpha$-fachen Einheitsmatrix multipliziert.

**Beispiel 3:** $B\vec{v}$ für $B = \begin{pmatrix} 3 & 1 \\ 0 & 2 \end{pmatrix}$ und $\vec{v} = \begin{pmatrix} -1 \\ 2 \end{pmatrix}$

Das Produkt ist das Negative des ersten Spaltenvektors von $B$ plus das Doppelte der zweiten Spalte: $B\vec{v} = -\begin{pmatrix} 3 \\ 0 \end{pmatrix} + 2\begin{pmatrix} 1 \\ 2 \end{pmatrix} = \begin{pmatrix} -1 \\ 4 \end{pmatrix}$.

Berechnung mit dem Falk-Schema:

$$\begin{array}{ccl} & \begin{pmatrix} -1 \\ 2 \end{pmatrix} & \\ \begin{pmatrix} 3 & 1 \\ 0 & 2 \end{pmatrix} & \begin{pmatrix} -1 \\ 4 \end{pmatrix} & \begin{matrix} \leftarrow 3\cdot(-1) + 1\cdot 2 \\ \leftarrow 0\cdot(-1) + 2\cdot 2 \end{matrix} \end{array}$$

**Inverse Matrix**

### 3. Inverse Matrix

Gibt es für eine $n \times n$-Matrix $A$ eine Matrix $B$ (die dann auch eine $n \times n$-Matrix ist) mit $AB = E_n$, heißt $B$ die <u>Inverse</u> zu $A$. Schreibweise: $B = A^{-1}$.

$$B = A^{-1} \quad \Leftrightarrow \quad A = B^{-1} \quad \Leftrightarrow \quad AB = BA = E_n$$

Betrachtet man die Gleichung $AB = E_n$ als $n$ Gleichungen für die Spaltenvektoren $\vec{b}_i$ von $B$, so erkennt man, daß $\vec{b}_i$ der Lösungsvektor der Gleichung $A\vec{x} = \vec{e}_i$ ist. $\vec{e}_i$ ist der $i$-te Koordinateneinheitsvektor. Darauf beruhen zwei Verfahren zur Bestimmung von $B = A^{-1}$:

- **Berechnung mit dem Gauß-Algorithmus**

  Dieses Verfahren empfiehlt sich für Matrizen mit Zahlen ab einer Größe von $3 \times 3$.

- **Berechnung mit der Cramerschen Regel**

  Dieses Verfahren empfiehlt sich für Matrizen bis zur Größe $3 \times 3$ und für Matrizen, in denen die Einträge Funktionen sind.

**Gauß-Algorithmus**

### Inversenberechnung mit dem Gauß-Algorithmus

① Man schreibt die $n \times n$-Einheitsmatrix rechts neben die Matrix A.

② Durch Umformungen des Gauß-Verfahrens wird aus der Matrix $A$ die Einheitsmatrix $E_n$ gemacht. Dabei werden alle Umformungen auch mit der Matrix auf der rechten Seite vorgenommen.

③ Danach steht auf der rechten Seite $A^{-1}$.

$$\left( \begin{array}{c|c} A & E_n \end{array} \right) \quad \Rightarrow \quad \left( \begin{array}{c|c} E_n & A^{-1} \end{array} \right)$$

**Beispiel 4:** Die Inversen von $A = \begin{pmatrix} 3 & 8 \\ 2 & 5 \end{pmatrix}$ und $B = \begin{pmatrix} 2 & 3 & 5 \\ 1 & 2 & 2 \\ 0 & 0 & 1 \end{pmatrix}$

## 1.4. MATRIZEN UND DETERMINANTEN

Zunächst wird neben $A$ die Einheitsmatrix $E$ geschrieben. Dann wird von der ersten die zweite Zeile und dann von der zweiten zweimal die erste Zeile subtrahiert.

$$\begin{pmatrix} 3 & 8 & | & 1 & 0 \\ 2 & 5 & | & 0 & 1 \end{pmatrix} \Leftrightarrow \begin{pmatrix} 1 & 3 & | & 1 & -1 \\ 2 & 5 & | & 0 & 1 \end{pmatrix}$$

$$\Leftrightarrow \begin{pmatrix} 1 & 3 & | & 1 & -1 \\ 0 & -1 & | & -2 & 3 \end{pmatrix} \Leftrightarrow \begin{pmatrix} 1 & 0 & | & -5 & 8 \\ 0 & 1 & | & 2 & -3 \end{pmatrix}$$

Danach wird die zweite Zeile dreimal zur ersten addiert und dann mit $-1$ multipliziert. Jetzt steht links die Einheitsmatrix und rechts $A^{-1} = \begin{pmatrix} -5 & 8 \\ 2 & -3 \end{pmatrix}$.

Analog wird die Inverse von $B$ berechnet: die ersten beiden Zeilen werden vertauscht und dann wird die erste zweimal von der zweiten Zeile subtrahiert.

$$\begin{pmatrix} 2 & 3 & 5 & | & 1 & 0 & 0 \\ 1 & 2 & 2 & | & 0 & 1 & 0 \\ 0 & 0 & 1 & | & 0 & 0 & 1 \end{pmatrix} \Leftrightarrow \begin{pmatrix} 1 & 2 & 2 & | & 0 & 1 & 0 \\ 0 & -1 & 1 & | & 1 & -2 & 0 \\ 0 & 0 & 1 & | & 0 & 0 & 1 \end{pmatrix}$$

Die zweite Zeile wird zweimal zur ersten addiert und dann mit $-1$ multipliziert. Zum Schluß werden in der dritten Spalte oben zwei Nullen erzeugt.

$$\Leftrightarrow \begin{pmatrix} 1 & 0 & 4 & | & 2 & -3 & 0 \\ 0 & 1 & -1 & | & -1 & 2 & 0 \\ 0 & 0 & 1 & | & 0 & 0 & 1 \end{pmatrix} \Leftrightarrow \begin{pmatrix} 1 & 0 & 0 & | & 2 & -3 & -4 \\ 0 & 1 & 0 & | & -1 & 2 & 1 \\ 0 & 0 & 1 & | & 0 & 0 & 1 \end{pmatrix}$$

Die Inverse von $B$ ist damit $B^{-1} = \begin{pmatrix} 2 & -3 & -4 \\ -1 & 2 & 1 \\ 0 & 0 & 1 \end{pmatrix}$.

### Inversenberechnung mit der Cramerschen Regel

Cramersche Regel

Am einfachsten ist der **Spezialfall einer $2 \times 2$-Matrix:**

$2 \times 2$-Matrix

$$\begin{pmatrix} a & b \\ c & d \end{pmatrix}^{-1} = \frac{1}{ad - bc} \begin{pmatrix} d & -b \\ -c & a \end{pmatrix}$$

Man muß also die Hauptdiagonale vertauschen, in der Nebendiagonalen das Vorzeichen umdrehen und durch die Determinante dividieren.

### Allgemeiner Fall:

Allgemeiner Fall

① Berechne $\det A$. Falls $\det A = 0$ ist, ist $A$ nicht invertierbar.

② Berechne die <u>Adjunkte</u> Ad $A$ zu $A$ (vgl. S. 58).

③ Es ist $A^{-1} = \dfrac{1}{\det A} (\text{Ad } A)^\top$.

**Beispiel 5:** Die Inversen von $A = \begin{pmatrix} 3 & 8 \\ 2 & 5 \end{pmatrix}$ und $B = \begin{pmatrix} 2 & 3 & 5 \\ 1 & 2 & 2 \\ 0 & 0 & 1 \end{pmatrix}$

Wegen $\det A = -1$ ist $A^{-1} = \dfrac{1}{-1} \begin{pmatrix} 5 & -8 \\ -2 & 3 \end{pmatrix} = \begin{pmatrix} -5 & 8 \\ 2 & -3 \end{pmatrix}$.

Probe   Die Probe $A A^{-1} = E_2$ geht auf.

Zur Inversion von $B$ berechnet man die Determinante von $B$ durch Entwicklung nach der letzen Zeile: $\det B = 1 \begin{vmatrix} 2 & 3 \\ 1 & 2 \end{vmatrix} = 4 - 3 = 1$. Die Adjunkte von $B$ ist

$$\text{Ad } B = \begin{pmatrix} \begin{vmatrix} 2 & 2 \\ 0 & 1 \end{vmatrix} & -\begin{vmatrix} 1 & 2 \\ 0 & 1 \end{vmatrix} & \begin{vmatrix} 1 & 2 \\ 0 & 0 \end{vmatrix} \\ -\begin{vmatrix} 3 & 5 \\ 0 & 1 \end{vmatrix} & \begin{vmatrix} 2 & 5 \\ 0 & 1 \end{vmatrix} & -\begin{vmatrix} 2 & 3 \\ 0 & 0 \end{vmatrix} \\ \begin{vmatrix} 3 & 5 \\ 2 & 2 \end{vmatrix} & -\begin{vmatrix} 2 & 5 \\ 1 & 2 \end{vmatrix} & \begin{vmatrix} 2 & 3 \\ 1 & 2 \end{vmatrix} \end{pmatrix} = \begin{pmatrix} 2 & -1 & 0 \\ -3 & 2 & 0 \\ -4 & 1 & 1 \end{pmatrix}$$

Damit wird

$$B^{-1} = \frac{1}{\det B} (\text{Ad } B)^\top = \begin{pmatrix} 2 & -3 & -4 \\ -1 & 2 & 1 \\ 0 & 0 & 1 \end{pmatrix}$$

## 4. Rechenregeln für Determinanten

Rechenregeln für Determinanten

Determinanten gibt es nur bei quadratischen Matrizen!

- Die Determinante ändert ihren Wert nicht, wenn das Vielfache einer Zeile (Spalte) zu einer anderen Zeile (Spalte) addiert wird.
$$\det(\cdots, \vec{v} + \alpha \vec{w}, \cdots, \vec{w}, \cdots) = \det(\cdots, \vec{v}, \cdots, \vec{w}, \cdots)$$

- Die Determinante einer Matrix ist die Determinante ihrer Transponierten.
$$\det A = \det A^\top$$

- Die Determinante ändert ihr Vorzeichen, wenn zwei Zeilen oder zwei Spalten vertauscht werden.
$$\det(\cdots, \vec{v}, \cdots, \vec{w}, \cdots) = -\det(\cdots, \vec{w}, \cdots, \vec{v}, \cdots)$$

## 1.4. MATRIZEN UND DETERMINANTEN

- Wird aus allen Elementen der Faktor $\alpha$ ausgeklammert, muß insgesamt der Faktor $\alpha^n$ ausgeklammert werden.
$$\det(\alpha A) = \alpha^n \det A$$

- Wird eine Zeile (oder Spalte) in eine Summe aufgespalten, so ist die Determinante die Summe der Determinanten der einzelnen Summanden.
$$\det(\cdots, \vec{v} + \vec{w}, \cdots) = \det(\cdots, \vec{v}, \cdots) + \det(\cdots, \vec{w}, \cdots)$$

- Wird eine Zeile (oder Spalte) durch ihr $\alpha$-faches ersetzt, so ist die Determinante das $\alpha$-fache der ursprünglichen Determinante.
$$\det(\cdots, \alpha \vec{v}, \cdots) = \alpha \det(\cdots, \vec{v}, \cdots)$$

- $$\det(AB) = \det A \det B \qquad \det A^{-1} = \frac{1}{\det A}$$

- $$A \text{ regulär} \quad \Leftrightarrow \quad \det A \neq 0$$

- Eine einfache Regel für $\det(A+B)$ gibt es **nicht**.

Die Determinante der Einheitsmatrix ist eins. Die Determinante von Diagonal- und Dreiecksmatrizen ist das Produkt der Elemente auf der Hauptdiagonalen.

**5. Berechnung von Determinanten**

Berechnung von Determinanten

Die Determinante einer $2 \times 2$-Matrix ist das Produkt der Haupdiagonalelemente minus dem Produkt der Nebendiagonale:

$$\det \begin{pmatrix} a & b \\ c & d \end{pmatrix} = ad - bc$$

Bei einer $3 \times 3$-Matrix verwendet man die Sarrus-Regel: Die ersten beiden Spalten werden noch einmal rechts neben die Matrix geschrieben. Dann werden für jede der drei von oben links nach unten rechts durchgehende Diagonalen die Produkte addiert und für jede von oben rechts nach unten links verlaufende Diagonale subtrahiert.

Sarrus-Regel

$$\det \begin{pmatrix} a & b & c \\ d & e & f \\ g & h & i \end{pmatrix}$$
$$= aei + bfg + cdh - ceg - afh - bdi$$

**Achtung!** Die Sarrus-Regel gibt es nur bei $3 \times 3$-Matrizen!

**Laplace'scher Entwicklungs-satz**

**Kofaktor algebraisches Komplement**

**Adjunkte**

### 6. Laplace'scher Entwicklungssatz

Determinanten größerer Matrizen werden durch Entwicklung nach einer Spalte oder Zeile berechnet.

Dazu müssen für die Elemente einer Zeile oder Spalte die Kofaktoren (andere Bezeichnung: algebraischen Komplemente) berechnet werden.

Berechnung des Kofaktor eines Elements $a_{ij}$:

> ① Streiche die Zeile und Spalte, in der das Element $a_{ij}$ steht. Das sind die $i$-te Zeile und die $j$-te Spalte.
>
> ② Berechne die Determinante der übrigbleibenden $(n-1) \times (n-1)$-Matrix.
>
> ③ Multipliziere diese Zahl mit $(-1)^{i+j}$. Dieses Vorzeichen kann man nach der Schachbrettregel bestimmen: für das obere linke Feld der Matrix ist das Vorzeichen $+1$, danach wechseln sich $+1$ und $-1$ ständig ab.
> $$\begin{pmatrix} + & - & + & \cdots \\ - & + & - & \cdots \\ + & - & + & \cdots \\ \vdots & \vdots & \vdots & \ddots \end{pmatrix}$$

Bezeichnung: Ist die Ausgangsmatrix $A = (a_{ij})$, so wird der Kofaktor des Elements $a_{ij}$ mit $A_{ij}$ bezeichnet. Die Matrix der Kofaktoren ist die Adjunkte Ad $A$ oder adj$A$ von $A$. **Achtung!** Nicht mit "Adjungierter" verwechseln!

$$\det A = \sum_{j=1}^{n} a_{ij} A_{ij} \quad \text{Entwicklung nach der } i\text{-ten Zeile}$$
$$= \sum_{j=1}^{n} a_{ji} A_{ji} \quad \text{Entwicklung nach der } j\text{-ten Spalte}$$

Das bedeutet, daß man die Determinante einer Matrix dadurch berechnen kann, daß man für alle Elemente einer Zeile (Spalte) die Elemente mit ihren Kofaktoren multipliziert und diese Zahlen aufsummiert. Das läßt sich am Besten anwenden, wenn in der entsprechenden Zeile (Spalte) schon viele Nullen stehen.

**Beispiel 6:** Entwicklung von $D = \begin{vmatrix} 1 & 2 & 3 & 4 \\ 2 & 3 & 4 & 3 \\ 3 & 4 & 3 & 2 \\ 4 & 3 & 2 & 1 \end{vmatrix}$ nach der zweiten Zeile

Zunächst werden die Kofaktoren der Elemente berechnet. Nach der Schachbrett-

## 1.4. MATRIZEN UND DETERMINANTEN

regel sind die Vorzeichen $-\cdot+\cdot-\cdot+$.

$$A_{21} = -\det\begin{pmatrix} 2 & 3 & 4 \\ 4 & 3 & 2 \\ 3 & 2 & 1 \end{pmatrix} \quad A_{22} = +\det\begin{pmatrix} 1 & 3 & 4 \\ 3 & 3 & 2 \\ 4 & 2 & 1 \end{pmatrix}$$

$$A_{23} = -\det\begin{pmatrix} 1 & 2 & 4 \\ 3 & 4 & 2 \\ 4 & 3 & 1 \end{pmatrix} \quad A_{24} = +\det\begin{pmatrix} 1 & 2 & 3 \\ 3 & 4 & 3 \\ 4 & 3 & 2 \end{pmatrix}$$

Mit der Sarrus-Regel berechnet man

$$A_{21} = 0, \quad A_{22} = -10, \quad A_{23} = -(-20) = 20 \text{ und } A_{24} = -10$$

und erhält nach dem Entwicklungssatz

$$D = 2 \cdot A_{21} + 3 \cdot A_{22} + 4 \cdot A_{23} + 3 \cdot A_{24} = 2 \cdot 0 - 3 \cdot 10 + 4 \cdot 20 - 3 \cdot 10 = 20.$$

## 3. Beispiele

**Beispiel 7:** $D = \det\begin{pmatrix} \sin\varphi\sin\vartheta & r\cos\varphi\sin\vartheta & r\sin\varphi\cos\vartheta \\ \cos\varphi\sin\vartheta & -r\sin\varphi\sin\vartheta & r\cos\varphi\cos\vartheta \\ \cos\vartheta & 0 & -r\sin\vartheta \end{pmatrix}$

(Volumenelement in Kugelkoordinaten, vgl. Kapitel 5)

Man kann natürlich die Determinante einfach nach der Sarrus-Regel berechnen und dann oft genug die Gleichung $\sin^2 t + \cos^2 t = 1$ verwenden. Hier soll soweit wie möglich entwickelt werden.

Zur Berechnung wird aus der zweiten und dritten Spalte $r$ herausgezogen und dann nach der dritten Zeile entwickelt:

$$\begin{aligned}
D &= r^2 \det\begin{pmatrix} \sin\varphi\sin\vartheta & \cos\varphi\sin\vartheta & \sin\varphi\cos\vartheta \\ \cos\varphi\sin\vartheta & -\sin\varphi\sin\vartheta & \cos\varphi\cos\vartheta \\ \cos\vartheta & 0 & -\sin\vartheta \end{pmatrix} \\
&= r^2 \left( \cos\vartheta \begin{vmatrix} \cos\varphi\sin\vartheta & \sin\varphi\cos\vartheta \\ -\sin\varphi\sin\vartheta & \cos\varphi\cos\vartheta \end{vmatrix} - \sin\vartheta \begin{vmatrix} \sin\varphi\sin\vartheta & \cos\varphi\sin\vartheta \\ \cos\varphi\sin\vartheta & -\sin\varphi\sin\vartheta \end{vmatrix} \right)
\end{aligned}$$

Nun werden aus den beiden kleinen Determinanten die Faktoren $\sin\vartheta$ und $\cos\vartheta$ ausgeklammert:

$$\begin{aligned}
D &= r^2 \left( \cos^2\vartheta \cdot \sin\vartheta \begin{vmatrix} \cos\varphi & \sin\varphi \\ -\sin\varphi & \cos\varphi \end{vmatrix} - \sin^3\vartheta \begin{vmatrix} \sin\varphi & \cos\varphi \\ \cos\varphi & -\sin\varphi \end{vmatrix} \right) \\
&= r^2 \left( \cos^2\vartheta \cdot \sin\vartheta (\cos^2\varphi + \sin^2\varphi) - \sin^3\vartheta (-\sin^2\varphi - \cos^2\varphi) \right) \\
&= r^2 \sin\vartheta (\cos^2\vartheta + \sin^2\vartheta) \\
&= r^2 \sin\vartheta
\end{aligned}$$

**Beispiel 8:** Berechnung von $D = \begin{vmatrix} 11 & 14 & 17 \\ 12 & 15 & 18 \\ 13 & 16 & 20 \end{vmatrix}$

Bei dieser Determinante lohnt es sich, erst einige Umformungen zu machen: Die zweite Zeile wird von der dritten abgezogen, danach die erste von der zweiten. Damit erhält man zwar keine Nullen, aber kleinere überschaubarere Zahlen.

$$D = \begin{vmatrix} 11 & 14 & 17 \\ 12 & 15 & 18 \\ 13 & 16 & 20 \end{vmatrix} = \begin{vmatrix} 11 & 14 & 17 \\ 1 & 1 & 1 \\ 1 & 1 & 2 \end{vmatrix}$$

Jetzt zieht man die erste Spalte von der zweiten und dritten ab und entwickelt nach der zweiten Spalte.

$$D = \begin{vmatrix} 11 & 3 & 6 \\ 1 & 0 & 0 \\ 1 & 0 & 1 \end{vmatrix} = -3 \begin{vmatrix} 1 & 0 \\ 1 & 1 \end{vmatrix} = -3$$

---

**Beispiel 9:** Das Produkt $ABC$ für $A = \begin{pmatrix} 1 & 0 & -1 \\ 0 & -1 & 1 \\ -1 & 1 & 0 \end{pmatrix}$,

$B = \begin{pmatrix} 2 & 0 & 1 & 0 & 3 & 0 \\ 0 & 2 & 0 & 1 & 0 & 3 \\ 2 & 0 & 1 & 0 & 3 & 0 \end{pmatrix}$ und $C = \begin{pmatrix} 1 & 2 & 3 & 1 & 2 & 3 \end{pmatrix}^\top$

---

Wenn man zunächst das Produkt $AB$ berechnet, hat man 18 Elemente zu berechnen und dann im Produkt $(AB)C$ noch einmal 3. Berechnet man zunächst $BC$ und dann $A(BC)$, sind es nur $3 + 3 = 6$ Elemente. Die gesamte Rechnung wird in einem Schema vorgenommen. Man erhält unten rechts das Ergebnis $ABC = \begin{pmatrix} 0 \\ -3 \\ 3 \end{pmatrix}$.

|   |   |   |   |   |   |   |   |
|---|---|---|---|---|---|---|---|
|   |   |   |   |   |   | 1 |   |
|   |   |   |   |   |   | 2 |   |
|   |   |   |   |   |   | 3 | $C$ |
|   |   |   |   |   |   | 1 |   |
|   |   |   | $B$ ↓ |   |   | 2 |   |
|   |   |   |   |   |   | 3 |   |
| 2 | 0 | 1 | 0 | 3 | 0 | 11 |   |
| 0 | 2 | 0 | 1 | 0 | 3 | 14 | $BC$ |
| 2 | 0 | 1 | 0 | 3 | 0 | 11 |   |
|   |   | 1 | 0 | -1 |   | 0 |   |
| $A$ → |   | 0 | -1 | 1 |   | -3 | $ABC$ |
|   |   | -1 | 1 | 0 |   | 3 |   |

---

**Beispiel 10:** $D = \det \begin{pmatrix} 3 & 0 & 5 \\ 4 & 2 & -2 \\ 9 & 0 & 2 \end{pmatrix}$

Die Determinante wird nach der zweiten Spalte entwickelt. Da das erste und dritte Element Null sind, braucht man die Kofaktoren auch nicht zu berechnen.

## 1.4. MATRIZEN UND DETERMINANTEN

Nach der Schachbrettregel sind die Vorzeichen $- - + - -$, so daß das mittlere Element ein Pluszeichen abbekommt:

$$D = -0 + 2\begin{vmatrix} 3 & 5 \\ 9 & 2 \end{vmatrix} - 0 = 2 \cdot (6 - 45) = -78$$

**Beispiel 11:** Die Inverse von $A = \dfrac{1}{5}\begin{pmatrix} 3 & -4 & 0 \\ 0 & 0 & 5 \\ 4 & 3 & 0 \end{pmatrix}$

Hier wird die Cramersche Regel benutzt. Bei der Berechnung der Determinanten muß man die Regel $\det(\alpha A) = \alpha^n \det A$ beachten. Das heißt, daß bei der Determinante von $A$ der Vorfaktor $\frac{1}{125}$ und bei der Berechnung der Adjunkte der Vorfaktor $\frac{1}{25}$ auftritt.

Diese Rechnungen kann man umgehen, wenn man statt der Inversen von $A$ die von $B = \begin{pmatrix} 3 & -4 & 0 \\ 0 & 0 & 5 \\ 4 & 3 & 0 \end{pmatrix}$ berechnet und die Regel $(\alpha A)^{-1} = \frac{1}{\alpha} A^{-1}$ benutzt.

① Es ist $\det B = -80 - 45 = -125$.

② Die Adjunkte von $B$ ist

$$\text{Ad } B = \begin{vmatrix} -15 & -(-20) & 0 \\ 0 & 0 & -25 \\ -20 & -15 & 0 \end{vmatrix}$$

③ Die Inverse von $A$:

$$\begin{aligned} A^{-1} &= 5\, B^{-1} = 5\, \frac{1}{\det B} (\text{Ad } B)^\top \\ &= 5 \cdot \frac{-1}{125} \begin{pmatrix} -15 & 0 & -20 \\ 20 & 0 & -15 \\ 0 & -25 & 0 \end{pmatrix} = \frac{1}{5} \begin{pmatrix} 3 & 0 & 4 \\ -4 & 0 & 3 \\ 0 & 5 & 0 \end{pmatrix} = A^\top \end{aligned}$$

Die Matrix $A$ hat also die Eigenschaft $A^{-1} = A^\top$. Matrizen mit dieser Eigenschaft heißen heißen <u>orthogonal</u>. Analoge Begriffsbildung: Ist $A$ eine (komplexe) Matrix mit $A^{-1} = A^*$, so heißt $A$ <u>unitär</u>.

orthogonal

unitär

Orthogonalität einer Matrix bedeutet, daß die Spalten (und Zeilen genauso) ein Orthonormalsystem (ONS) bilden, vgl. Abschnitt 8.

**Beispiel 12:** Auflösen der Matrixgleichung $AXB + C = D$ nach $X$

Erster Schritt ist die Subtraktion von $C$. Will man nun die Matrizen $A$ und $B$ auf die andere Seite bringen, muß man beachten, daß man <u>von links</u> mit $A^{-1}$ und <u>von rechts</u> mit $B^{-1}$ multipliziert:

$$AXB + C = D \Leftrightarrow AXB = D - C \Leftrightarrow X = A^{-1}(D - C)B^{-1}.$$

**Beispiel 13:** Die Inverse von $A = \begin{pmatrix} 1 & 2 & 5 \\ 2 & 1 & -3 \\ 0 & 1 & 5 \end{pmatrix}$

Gerechnet wird mit dem Gaußalgorithmus. Dabei wird das ganze tabellarisch aufgeschrieben und mit einer Kontrollspalte "abgesichert". Diese Kontrollspalte enthält (wie auf Seite. 74 beschrieben) die Summe der Elemente in der Zeile davor. Dann werden mit den Zahlen dieser Spalte beim Gaußverfahren die gleichen Umformungen gemacht wie mit dem Rest der Matrix. Zur Kontrolle rechnet man <u>danach</u> die Zeilensumme neu aus. Wenn man sich nicht verrechnet hat, muß man die Zahl in der Kontrollspalte erhalten.

In der letzten Spalte wird notiert, welche Umformungen im nächsten Schritt vorgenommen werden, vgl. Seite 75. Die römischen Ziffern geben dabei die Nummer der Zeile an. Kommt es auf die Reihenfolge an, wird diese mit ⓐ, ⓑ usw. angegeben.

$$\begin{array}{ccc|ccc||c|l}
\multicolumn{3}{c}{\overbrace{\phantom{xxxxxxxx}}^{A}} & \multicolumn{3}{c}{\overbrace{\phantom{xxxxxxxx}}^{E_3}} & & \\
1 & 2 & 5 & 1 & 0 & 0 & 9 & \\
2 & 1 & -3 & 0 & 1 & 0 & 1 & II := II - 2I \; \text{ⓐ} \\
0 & 1 & 5 & 0 & 0 & 1 & 7 & III \leftrightarrow II \; \text{ⓑ} \\
\hline
1 & 2 & 5 & 1 & 0 & 0 & 9 & I := I - 2II \\
0 & 1 & 5 & 0 & 0 & 1 & 7 & \\
0 & -3 & -13 & -2 & 1 & 0 & -17 & III := III + 3II \\
\hline
1 & 0 & -5 & 1 & 0 & -2 & -5 & I := I + 5III \; \text{ⓑ} \\
0 & 1 & 5 & 0 & 0 & 1 & 7 & II := II - 5III \; \text{ⓒ} \\
0 & 0 & 2 & -2 & 1 & 3 & 4 & III := III/2 \; \text{ⓐ} \\
\hline
1 & 0 & 0 & -4 & 5/2 & 11/2 & 5 & \\
0 & 1 & 0 & 5 & -5/2 & -13/2 & -3 & \\
0 & 0 & 1 & -1 & 1/2 & 3/2 & 2 & \\
\multicolumn{3}{c}{\underbrace{\phantom{xxxxxxxx}}_{E_3}} & \multicolumn{3}{c}{\underbrace{\phantom{xxxxxxxx}}_{A^{-1}}} & &
\end{array}$$

Die Inverse von $A$ ist also $A^{-1} = \begin{pmatrix} -4 & 5/2 & 11/2 \\ 5 & -5/2 & -13/2 \\ -1 & 1/2 & 3/2 \end{pmatrix}$

## 1.5 Lineare Gleichungssysteme

### 1. Definitionen

Ein lineares Gleichungssystem (LGS) mit $m$ Gleichungen für $n$ Unbekannte hat die Form

$$\begin{array}{ccccccccc}
a_{11}x_1 & + & a_{12}x_2 & + & a_{13}x_3 & + & \cdots & + & a_{1n}x_n & = & b_1 \\
a_{21}x_1 & + & a_{22}x_2 & + & a_{23}x_3 & + & \cdots & + & a_{2n}x_n & = & b_2 \\
a_{31}x_1 & + & a_{32}x_2 & + & a_{33}x_3 & + & \cdots & + & a_{3n}x_n & = & b_3 \\
\vdots & & \vdots & & \vdots & & & & \vdots & & \vdots \\
a_{m1}x_1 & + & a_{m2}x_2 & + & a_{m3}x_3 & + & \cdots & + & a_{mn}x_n & = & b_m
\end{array}$$

Dabei sind die (reellen oder komplexen) Zahlen $a_{11}$ bis $a_{mn}$ die Koeffizienten, $x_1$ bis $x_n$ die Unbekannten und $b_1$ bis $b_m$ ist die rechte Seite.

*lineares Gleichungssystem LGS*

*Koeffizienten, rechte Seite*

### Matrixschreibweise

Übersichtlicher ist die Matrixschreibweise: Mit

$$A = \begin{pmatrix} a_{11} & a_{12} & \cdots & a_{1n} \\ a_{21} & a_{22} & \cdots & a_{2n} \\ \vdots & \vdots & & \vdots \\ a_{m1} & a_{m2} & \cdots & a_{mn} \end{pmatrix}, \quad \vec{x} = \begin{pmatrix} x_1 \\ x_2 \\ \vdots \\ x_n \end{pmatrix} \quad \text{und} \quad \vec{b} = \begin{pmatrix} b_1 \\ b_2 \\ \vdots \\ b_m \end{pmatrix}$$

schreibt sich das LGS als

$$A\vec{x} = \vec{b}.$$

*Matrixschreibweise*

Ist $\vec{b} = \vec{0}$, heißt das LGS homogen, sonst inhomogen. Ersetzt man in einem inhomogenen LGS die rechte Seite $\vec{b}$ durch $\vec{0}$, so erhält man das zugehörige homogene Gleichungssystem.

*homogen, inhomogen*

Zur Durchführung des Gauß'schen Eliminationsverfahrens bietet sich die Schreibweise in einer erweiterten Matrix an. Dazu werden in der expliziten Schreibweise als Gleichungen die Unbekannten $x_1$ bis $x_n$ und die Pluszeichen weggelassen, so daß nur die Systemmatrix $A$ übrigbleibt. Die Gleichheitszeichen werden durch eine senkrechte Linie ersetzt. Auch die Matrixklammern außen können fehlen.

*erweiterte Matrix Systemmatrix*

$$\begin{pmatrix} a_{11} & a_{12} & \cdots & a_{1n} & | & b_1 \\ a_{21} & a_{22} & \cdots & a_{2n} & | & b_2 \\ \vdots & \vdots & & \vdots & | & \vdots \\ a_{m1} & a_{m2} & \cdots & a_{mn} & | & b_m \end{pmatrix} \quad \text{oder} \quad \begin{array}{cccc|c} a_{11} & a_{12} & \cdots & a_{1n} & b_1 \\ a_{21} & a_{22} & \cdots & a_{2n} & b_2 \\ \vdots & \vdots & & \vdots & \vdots \\ a_{m1} & a_{m2} & \cdots & a_{mn} & b_m \end{array}$$

Bei homogenen Systemen läßt man den Strich und die rechte Seite auch noch weg, so daß nur die Matrix $A$ dasteht.

In dieser Schreibweise bedeutet die Durchführung des Gauß'schen Eliminationsverfahrens, die Systemmatrix auf der linken Seite in Zeilenstufenform zu bringen.

*Zeilenstufenform*

Eine Matrix ist in Zeilenstufenform, wenn sie so aussieht:

- Die erste Zeile kann links Nullen haben, muß aber nicht.
- Jede Zeile hat links mindestens eine Null mehr als die darüber.
- Die letzten Zeilen können auch nur aus Nullen bestehen.

**Beispiel 1:** Matrizen in Zeilenstufenform

$$A = \begin{pmatrix} 0 & \boxed{1} & 3 & 0 & 4 \\ 0 & 0 & 0 & \boxed{2} & 7 \\ 0 & 0 & 0 & 0 & \boxed{7} \\ 0 & 0 & 0 & 0 & 0 \end{pmatrix} \quad B = \begin{pmatrix} 0 & \boxed{1} & 2 & 1 & 7 \\ 0 & 0 & 0 & \boxed{2} & 0 \\ 0 & 0 & 0 & 0 & \boxed{7} \end{pmatrix} \quad C = \begin{pmatrix} \boxed{1} & 1 & 0 & 0 & 0 \\ 0 & 0 & 0 & \boxed{2} & 0 \\ 0 & 0 & 0 & 0 & \boxed{7} \\ 0 & 0 & 0 & 0 & 0 \\ 0 & 0 & 0 & 0 & 0 \end{pmatrix}$$

$$D = \begin{pmatrix} \boxed{3} & 1 & 1 & 1 & 1 \\ 0 & \boxed{2} & 0 & 2 & 0 \\ 0 & 0 & 0 & 0 & \boxed{7} \end{pmatrix} \quad E = \begin{pmatrix} 0 & \boxed{1} & 1 & 1 & 1 \\ 0 & \boxed{2} & 0 & 2 & 0 \\ 0 & 0 & 0 & \boxed{6} & 7 \end{pmatrix} \quad F = \begin{pmatrix} 0 & 0 & 0 & 0 & \boxed{1} \\ \boxed{3} & 2 & 4 & 2 & 0 \\ \boxed{2} & 5 & 5 & 0 & 0 \end{pmatrix}$$

Das jeweils erste Element von links, das ungleich Null ist, ist eingerahmt. Was weiter rechts davon steht, ist unerheblich.

$A$, $B$, $C$ und $D$ sind in Zeilenstufenform, $E$ und $F$ sind es nicht, da bei $E$ die zweite Zeile links soviele Nullen hat wie die erste (nämlich eine) und weil bei $F$ die Nullen rechts und nicht links mehr werden.

**Interpretation von LGS**

Nimmt man die Interpretation des Matrix-Vektor-Produkts $A\vec{x}$ von Seite 53, so läßt sich das Problem so formulieren:

- welche Koeffizienten $x_1$ bis $x_n$ muß eine Linearkombination der Spaltenvektoren der Matrix $A$ haben, damit sich der Vektor $\vec{b}$ ergibt?
- Gesucht ist ein Vektor $\vec{x}$, der mit den Zeilenvektoren der Matrix $A$ die Skalarprodukte $b_1$ bis $b_m$ hat. Insbesondere sucht man bei homogenen Systemen einen Vektor, der auf den Zeilen von $A$ senkrecht steht.

**2. Berechnung**

**Lösbarkeit und Lösungsstruktur**

Kern
Nullraum
ker $A$

Wegen des im siebten Abschnitt beschriebenen Zusammenhangs zwischen Matrizen und linearen Abbildungen nennt man die Menge aller Vektoren $\vec{x}$ mit $A\vec{x} = \vec{0}$ den Kern oder Nullraum von $A$. Schreibweise: ker $A$ oder $K(A)$. Stets gilt:

## 1.5. LINEARE GLEICHUNGSSYSTEME

- Der Kern bildet einen <u>Unterraum</u>, d.h. mit zwei Vektoren sind auch die Summe und Vielfache im Kern enthalten.

- Für die homogene Gleichung gilt die <u>Dimensionsformel</u>:  
  Hat man $n$ Unbekannte und ist $k$ der Rang der Matrix $A$, so ist
  $$\boxed{\dim \ker A = n - k.}$$
  Das bedeutet, daß man $n - k$ Parameter in der Lösung frei wählen kann.

  Dimensions-
  formel

- Die allgemeine Lösung der inhomogenen Gleichung erhält man als Summe einer <u>partikulären</u> Lösung und aller Lösungen der homogenen Gleichung. Das bedeutet, daß die Menge aller Lösungen einen affinen Unterraum bildet.

  partikuläre
  Lösung

- Ein inhomogenes LGS ist genau dann lösbar, wenn der Rang der Matrix $A$ gleich dem Rang der erweiterten Matrix $(A \mid \vec{b})$ ist.

---

Bei <u>quadratischen</u> $n \times n$ Matrizen $A$ gilt:

Die inhomogene Gleichung ist für jede rechte Seite $\vec{b}$ eindeutig lösbar.

$\Leftrightarrow$ Die homogene Gleichung ist (durch $\vec{x} = \vec{0}$) eindeutig lösbar.

$\Leftrightarrow \det A \neq 0$

$\Leftrightarrow A$ ist regulär.

$\Leftrightarrow \ker A = \{\vec{0}\}$.

$\Leftrightarrow \operatorname{rg} A = n$.

---

**Beispiel 2:** Die Lösbarkeit der LGS $A\vec{x} = \vec{0}$ und $B\vec{x} = \vec{b}$ mit den Matrizen $A$ und $B$ aus Beispiel 8 im nächsten Abschnitt (S. 84)
$$A = \begin{pmatrix} 1 & 2 & 3 & 4 & 5 \\ 2 & 3 & 4 & 5 & 6 \\ 3 & 4 & 5 & 6 & 7 \end{pmatrix} \text{ und } B = \begin{pmatrix} 1 & 0 & 3 & 0 & 5 \\ 0 & 0 & 4 & 0 & 6 \\ 0 & 0 & 0 & 0 & 7 \end{pmatrix}$$

---

Da der Rang von $A$ zwei (S. 84) ist und es 5 Unbekannte sind (es ist ja eine $3 \times 5$-Matrix), hat das LGS nach der Dimensionsformel einen dreidimensionalen Lösungsraum.

Da der Rang von $B$ drei ist und der Rang von der erweiterten Matrix $(B \mid \vec{b})$ erstens nicht kleiner sein kann (es kommen ja Spaltenvektoren hinzu) und zweitens nicht größer sein kann (es sind ja nur drei Zeilen), ist auch der Rang der erweiterten Matrix drei.

Damit ist das System für jede rechte Seite $\vec{b}$ lösbar.

Nach der Dimensionsformel hat das homogene System einen Lösungsraum der Dimension $5 - 3 = 2$. Das inhomogene System hat damit eine Lösung der Gestalt $\vec{x} = \vec{x}_0 + \lambda \vec{a}_1 + \mu \vec{a}_2$ mit zwei Parametern $\lambda$ und $\mu$.

## Auswahl der Rechenmethode

Zur Lösung von LGS gibt es zwei Verfahren: das Gauß'sche Eliminationsverfahren und die Cramersche Regel.

> Standardverfahren ist das Gaußverfahren.

**Vorteile der Cramerschen Regel**

Die Cramersche Regel hat in folgenden Fällen Vorteile:

- Es sind zwei Gleichungen mit zwei Unbekannten.
- Das LGS enthält Funktionen statt Zahlen.
- Es ist nicht die Gesamtlösung $\vec{x}$, sondern nur eine Komponente $x_i$ gesucht.
- Man braucht (etwa in theoretischen Überlegungen) eine geschlossenen Formel für die Lösung.

**Nachteile der Cramerschen Regel**

Die Nachteile der Cramerschen Regel:

- Das Verfahren ist nur für eindeutig lösbare Systeme mit quadratischer Matrix $A$ verwendbar.
- Das Berechnen vieler großer Determinanten ist aufwendig.

### 1. Cramersche Regel

**Cramersche Regel**

Gesucht ist die Lösung des LGS $A\vec{x} = \vec{b}$. $A$ ist dabei eine $n \times n$-Matrix.

① Berechne $\det A$. Ist $\det A = 0$, so ist das LGS entweder unlösbar oder mehrdeutig lösbar und die Cramersche Regel ist nicht anwendbar.

② Die Matrix $A_i$ entsteht, indem der $i$-te Spaltenvektor von $A$ durch die rechte Seite $\vec{b}$ ersetzt wird. Berechne $\det A_i$.

③ Die $i$-te Komponente des Lösungsvektors $\vec{x}$ ist

$$x_i = \frac{\det A_i}{\det A}.$$

## 1.5. LINEARE GLEICHUNGSSYSTEME

**Spezialfall eines $2 \times 2$-Systems:**

$\begin{pmatrix} a & b \\ c & d \end{pmatrix} \vec{x} = \begin{pmatrix} e \\ f \end{pmatrix}$ ist eindeutig lösbar $\Leftrightarrow \det \begin{pmatrix} a & b \\ c & d \end{pmatrix} \neq 0.$

Dann ist $\quad x_1 = \dfrac{\begin{vmatrix} e & b \\ f & d \end{vmatrix}}{\begin{vmatrix} a & b \\ c & d \end{vmatrix}} \quad$ und $\quad x_2 = \dfrac{\begin{vmatrix} a & e \\ c & f \end{vmatrix}}{\begin{vmatrix} a & b \\ c & d \end{vmatrix}}$

**Beispiel 3:** $x_3$ aus der Lösung des LGS
$$\begin{aligned} 2x_1 + 4x_2 + 6x_3 &= 12 \\ x_1 + 3x_2 + 7x_3 &= 16 \\ 3x_1 + 3x_2 - 2x_3 &= -9 \end{aligned}$$

① $\det A = \begin{vmatrix} 2 & 4 & 6 \\ 1 & 3 & 7 \\ 3 & 3 & -2 \end{vmatrix} = \begin{vmatrix} 0 & -2 & -8 \\ 1 & 3 & 7 \\ 0 & -6 & -23 \end{vmatrix} = (-1)(46 - 48) = 2.$

② Zur Bestimmung der Determinante von $A_3 = \begin{vmatrix} 2 & 4 & 12 \\ 1 & 3 & 16 \\ 3 & 3 & -9 \end{vmatrix}$ wird aus der ersten Zeile der Faktor 2 und aus der letzten der Faktor 3 herausgezogen.

$\det A_3 = 2 \cdot 3 \cdot \begin{vmatrix} 1 & 2 & 6 \\ 1 & 3 & 16 \\ 1 & 1 & -3 \end{vmatrix} = 6 \begin{vmatrix} 1 & 2 & 6 \\ 0 & 1 & 10 \\ 0 & -1 & -9 \end{vmatrix} = 6(-9 + 10) = 6$

③ Es ist $x_3 = \dfrac{\det A_3}{\det A} = \dfrac{6}{2} = 3.$ Analog erhält man $x_1 = 1$ und $x_2 = -2.$

**Beispiel 4:** $\begin{array}{rcl} 2x + y &=& 2 \\ 4x + 3y &=& -2 \end{array}$

In Matrixschreibweise mit $\vec{x} = \begin{pmatrix} x \\ y \end{pmatrix}$ lautet das LGS $\begin{pmatrix} 2 & 1 \\ 4 & 3 \end{pmatrix} \vec{x} = \begin{pmatrix} 2 \\ -2 \end{pmatrix}.$

① Wegen $\det \begin{pmatrix} 2 & 1 \\ 4 & 3 \end{pmatrix} = 2 \cdot 3 - 4 \cdot 1 = 2 \neq 0$ ist das System eindeutig lösbar und die Cramersche Regel ist anwendbar.

② Es ist $\det A_1 = \det \begin{pmatrix} 2 & 1 \\ -2 & 3 \end{pmatrix} = 8$ und $\det A_2 = \det \begin{pmatrix} 2 & 2 \\ 4 & -2 \end{pmatrix} = -12.$

③ Mit $x = \dfrac{\det A_1}{\det A} = \dfrac{8}{2} = 4$ und $y = \dfrac{\det A_2}{\det A} = \dfrac{-12}{2} = -6$ ist $\vec{x} = \begin{pmatrix} 4 \\ -6 \end{pmatrix}.$

Gauß'sches Eliminations-verfahren

## 2. Gauß'sches Eliminationsverfahren

Das Gauß'sche Eliminationsverfahren ist ein systematisches Verfahren zur Auflösung von LGS. Zunächst wird eine Standardversion beschrieben, danach Varianten.

Ziel des Verfahrens ist es, mit Hilfe erlaubter Umformungen das LGS auf eine bestimmte Form ("gestaffeltes System") zu bringen, in der man die Lösungen (soweit es sie überhaupt gibt) einfach ablesen kann.

Erlaubte Umformungen

**Erlaubte Umformungen:**

- Vertauschen zweier Gleichungen.
- Multiplikation einer Gleichung mit einer Zahl $\alpha \neq 0$.
- Addition eines Vielfachen einer Gleichung zu einer anderen.

Das Verfahren wird an Beispielen erklärt. Dabei wird links das Gleichungssystem aufgeschrieben und rechts daneben die Kurzschreibweise als erweiterte Matrix.

Beispiel: eindeutig lösbar

Gesucht ist die Lösung von

$$\begin{array}{rcl} 2x_1 + 4x_2 + 6x_3 & = & 12 \\ x_1 + 3x_2 + 7x_3 & = & 16 \\ 3x_1 + 3x_2 - 2x_3 & = & -9 \end{array} \qquad \begin{pmatrix} 2 & 4 & 6 & | & 12 \\ 1 & 3 & 7 & | & 16 \\ 3 & 3 & -2 & | & -9 \end{pmatrix}$$

Tip

Bei allen folgenden Schritten werden nur die oben aufgeführten erlaubten Umformungen verwendet. Jeder Umformung des LGS entspricht eine Umformung der erweiterten Matrix. Wenn man sich über die Zulässigkeit einer Umformung oder die Bedeutung dieser Matrix im Unklaren ist, kann man sie jederzeit durch die ausgeschriebenen Gleichungen ersetzen. Das empfiehlt sich besonders bei nicht eindeutigen Lösungen.

**Welche Umformungen vorgenommen werden, richtet sich immer nach der Systemmatrix auf der linken Seite!**

① Zunächst wird in der ersten Zeile als Koeffizient eine Eins erzeugt.

Man könnte z.B. die ersten beiden Gleichungen vertauschen oder die zweite von der ersten subtrahieren. Hier dividieren wir die erste Gleichung durch den Faktor 2 bzw. multiplizieren mit $1/2$.

$$\begin{array}{rcl} x_1 + 2x_2 + 3x_3 & = & 6 \\ x_1 + 3x_2 + 7x_3 & = & 16 \\ 3x_1 + 3x_2 - 2x_3 & = & -9 \end{array} \qquad \begin{pmatrix} 1 & 2 & 3 & | & 6 \\ 1 & 3 & 7 & | & 16 \\ 3 & 3 & -2 & | & -9 \end{pmatrix}$$

② Jetzt werden geeignete Vielfache der ersten Gleichung zu den weiteren addiert, um das $x_1$ aus diesen Gleichungen zu "eliminieren".

## 1.5. LINEARE GLEICHUNGSSYSTEME

Hier wird zur zweiten das Negative, und zur dritten das $(-3)$-fache der ersten Gleichung addiert:

$$\begin{aligned} x_1 + 2x_2 + 3x_3 &= 6 \\ x_2 + 4x_3 &= 10 \\ -3x_2 - 11x_3 &= -27 \end{aligned} \qquad \begin{pmatrix} 1 & 2 & 3 & | & 6 \\ 0 & 1 & 4 & | & 10 \\ 0 & -3 & -11 & | & -27 \end{pmatrix}$$

③ Die erste Gleichung bleibt ab jetzt unverändert und man führt die Schritte ① und ② mit den übrigen Gleichungen durch:

①' $x_2$ hat schon den Vorfaktor 1.

②' Addition des Dreifachen der (neuen) ersten zur (neuen) zweiten Gleichung liefert

$$\begin{aligned} x_1 + 2x_2 + 3x_3 &= 6 \\ x_2 + 4x_3 &= 10 \\ x_3 &= 3 \end{aligned} \qquad \begin{pmatrix} 1 & 2 & 3 & | & 6 \\ 0 & 1 & 4 & | & 10 \\ 0 & 0 & 1 & | & 3 \end{pmatrix}$$

④ Jetzt ist man bei einem <u>gestaffelten</u> LGS angekommen, das von unten nach oben <u>rekursiv aufgelöst</u> werden kann:

Die letzte Zeile liefert $x_3 = 3$.

Dieses Ergebnis wird in die zweite Gleichung eingesetzt:

$$x_2 = 10 - 4x_3 = 10 - 4 \cdot 3 = -2.$$

Beide Werte in die erste Gleichung eingesetzt:

$$x_1 = 6 - 2x_2 - 3x_3 = 6 - 2 \cdot (-2) - 3 \cdot 3 = 1$$

Die eindeutige Lösung des LGS ist also $x_1 = 1$, $x_2 = -2$ und $x_3 = 3$.

Ändert man das Beispielsystem ab, kann das Lösungsverhalten anders sein:

Beispiel: unlösbar

$$\begin{aligned} 2x_1 + 4x_2 + 6x_3 &= 12 \\ x_1 + 3x_2 + 7x_3 &= 16 \\ 3x_1 + 3x_2 - 3x_3 &= -9 \end{aligned} \qquad \begin{pmatrix} 2 & 4 & 6 & | & 12 \\ 1 & 3 & 7 & | & 16 \\ 3 & 3 & -3 & | & -9 \end{pmatrix}$$

Hier ist nur der Vorfaktor von $x_3$ in der dritten Gleichung von $-2$ zu $-3$ geändert worden. Die erste Umformung wird wie oben vorgenommen. Bei ② entsteht als dritte Gleichung $-3x_2 - 12x_3 = -27$

$$\begin{aligned} x_1 + 2x_2 + 3x_3 &= 6 \\ x_2 + 4x_3 &= 10 \\ -3x_2 - 12x_3 &= -27 \end{aligned} \qquad \begin{pmatrix} 1 & 2 & 3 & | & 6 \\ 0 & 1 & 4 & | & 10 \\ 0 & -3 & -12 & | & -27 \end{pmatrix}$$

und bei ②' als dritte Gleichung $0 = 3$

$$\begin{array}{rcl} x_1 + 2x_2 + 3x_3 & = & 6 \\ x_2 + 4x_3 & = & 10 \\ 0 & = & 3 \end{array} \qquad \begin{pmatrix} 1 & 2 & 3 & | & 6 \\ 0 & 1 & 4 & | & 10 \\ 0 & 0 & 0 & | & 3 \end{pmatrix}$$

Da dies ein Widerspruch ist, ist das LGS <u>unlösbar</u>.

Jetzt ändert man in der dritten Zeile des obigen Systems die rechte Seite zu $-12$:

**Beispiel: mehrdeutig lösbar**

$$\begin{array}{rcl} 2x_1 + 4x_2 + 6x_3 & = & 12 \\ x_1 + 3x_2 + 7x_3 & = & 16 \\ 3x_1 + 3x_2 - 3x_3 & = & -12 \end{array} \qquad \begin{pmatrix} 2 & 4 & 6 & | & 12 \\ 1 & 3 & 7 & | & 16 \\ 3 & 3 & -3 & | & -12 \end{pmatrix}$$

Nach der Division der ersten Gleichung durch 2 erhält man in ②

$$\begin{array}{rcl} x_1 + 2x_2 + 3x_3 & = & 6 \\ x_2 + 4x_3 & = & 10 \\ -3x_2 - 12x_3 & = & -30 \end{array} \qquad \begin{pmatrix} 1 & 2 & 3 & | & 6 \\ 0 & 1 & 4 & | & 10 \\ 0 & -3 & -12 & | & -30 \end{pmatrix}$$

und in ②' als dritte Zeile $0 = 0$

$$\begin{array}{rcl} x_1 + 2x_2 + 3x_3 & = & 6 \\ x_2 + 4x_3 & = & 10 \\ 0 & = & 0 \end{array} \qquad \begin{pmatrix} 1 & 2 & 3 & | & 6 \\ 0 & 1 & 4 & | & 10 \\ 0 & 0 & 0 & | & 0 \end{pmatrix}$$

Die letzte Gleichung ist immer erfüllt und kann daher wegfallen. Jetzt hat man den Effekt, daß man $x_3$ als <u>freie Variable</u> oder <u>Parameter</u> wählen kann. Nimmt man $x_3 = t$, kann man die beiden übriggebliebenen Gleichungen auflösen zu

**Parameter**

$$x_2 = 10 - 4x_3 = 10 - 4t \quad \text{und}$$

$$x_1 = 6 - 2x_2 - 3x_3 = 6 - 2 \cdot (10 - 4t) - 3t = -14 + 5t.$$

Die Lösungsgesamtheit ist also $x_1 = -14 + 5t$, $x_2 = 10 - 4t$ und $x_3 = t$ mit $t \in \mathbb{R}$. Schreibt man das als Vektor, erkennt man die Stuktur der Lösung:

$$\vec{x} = \begin{pmatrix} -14 + 5t \\ 10 - 4t \\ t \end{pmatrix} = \begin{pmatrix} -14 \\ 10 \\ 0 \end{pmatrix} + t \begin{pmatrix} 5 \\ -4 \\ 1 \end{pmatrix}, \quad t \in \mathbb{R}$$

Der erste Vektor $(-14, 10, 0)^\top$ ist eine partikuläre Lösung. Der Kern des zugehörigen homogenen LGS besteht aus dem von $(5, -4, 1)^\top$ aufgespannten Unterraum.

## 1.5. LINEARE GLEICHUNGSSYSTEME

**Formulierung des Verfahrens für erweiterte Matrizen**

In ① bis ④ wird die Systemmatrix in Zeilenstufenform gebracht.

① In der oberen linken Ecke der Systemmatrix wird eine Eins erzeugt.

Falls in der ersten Spalte nur Nullen stehen, ignoriere diese Spalte und mach mit der Restmatrix ohne sie weiter.

② Erzeuge unter dieser Eins Nullen.

③ Ignoriere ab jetzt die erste Zeile und Spalte und wende das Verfahren ab ① auf die übrigbleibende Matrix an.

④ Wenn Zeilen entstehen, die (links und rechts) nur aus Nullen bestehen, werden sie weggelassen.

⑤ Am Ende des ersten Teils des Eliminationsverfahrens gibt es drei mögliche Situationen für die Systemmatrix auf der linken Seite:

- Die Matrix links hat unten mindestens eine Zeile nur mit Nullen, aber rechts steht keine Null. Dann ist das LGS unlösbar.

- Die Matrix links hat in der ersten Zeile links keine und in jeder weiteren Zeile links genau eine Null mehr als in der Zeile davor. Dann gibt es eine eindeutige Lösung des LGS.
  Andere Formulierung: die Matrix ist eine (quadratische) obere Dreiecksmatrix und die Diagonalelemente sind ungleich Null.

- Wenn keiner der beiden Fälle oben auftritt, hat die Matrix weniger Nicht-Null-Zeilen als Spalten. Dann ist das LGS mehrdeutig lösbar.
  Diejenigen Variablen, die nicht zu den Spalten mit den Einsen gehören, wählt man als Parameter. Die anderen Variablen sind dann durch diese und die rechte Seite festgelegt.

⑥ Im Fall der Lösbarkeit wird die Lösung rekursiv von der letzten Zeile ausgehend ermittelt.

**Varianten des Verfahrens – Rechentechniken**

Wenn man sich an die Beschreibung des Algorithmus hält, kommt man immer zu einer Lösung (falls es die gibt). Rechentechnisch sind die nachfolgend besprochenen Varianten oft günstiger.

Besonders wichtig ist das folgende Verfahren, das auch bei der Inversion von Matrizen angewendet wird:

**Wichtiges Verfahren**

> Wenn man eine Eins ausgewählt hat, erzeugt man nicht nur darunter, sondern auch darüber durch Addition geeigneter Vielfacher der Zeile Nullen in der entsprechenden Spalte.

Das Verfahren wird am ersten Beispiel von oben erläutert. Die ersten beiden Schritte sind wie oben. Da die Matrizen Kurzschreibweisen für LGS sind, werden sie durch Äquivalenzzeichen verbunden.

$$\begin{pmatrix} 2 & 4 & 6 & | & 12 \\ 1 & 3 & 7 & | & 16 \\ 3 & 3 & -2 & | & -9 \end{pmatrix} \Leftrightarrow \begin{pmatrix} 1 & 2 & 3 & | & 6 \\ 1 & 3 & 7 & | & 16 \\ 3 & 3 & -2 & | & -9 \end{pmatrix} \Leftrightarrow \begin{pmatrix} 1 & 2 & 3 & | & 6 \\ 0 & 1 & 4 & | & 10 \\ 0 & -3 & -11 & | & -27 \end{pmatrix}$$

Jetzt wird nicht nur das Dreifache der zweiten Zeile zur dritten addiert, sondern auch das Doppelte der zweiten Zeile von der ersten subtrahiert:

$$\Leftrightarrow \begin{pmatrix} 1 & 0 & -5 & | & -14 \\ 0 & 1 & 4 & | & 10 \\ 0 & 0 & 1 & | & 3 \end{pmatrix} \Leftrightarrow \begin{pmatrix} 1 & 0 & 0 & | & 1 \\ 0 & 1 & 0 & | & -2 \\ 0 & 0 & 1 & | & 3 \end{pmatrix}$$

Bei der letzten Umformung wurde das 5-fache der letzten Zeile zur ersten addiert und das 4-fache der letzten Zeile von der zweiten subtrahiert. Jetzt kann man die Lösung $x_1 = 1$, $x_2 = -2$ und $x_3 = 3$ bequem ablesen.

Auch im Fall nichteindeutiger Lösbarkeit hat diese Variante Vorteile. Das dritte Beispiel von oben sieht dann so aus:

$$\begin{pmatrix} 2 & 4 & 6 & | & 12 \\ 1 & 3 & 7 & | & 16 \\ 3 & 3 & -3 & | & -12 \end{pmatrix} \Leftrightarrow \begin{pmatrix} 1 & 2 & 3 & | & 6 \\ 1 & 3 & 7 & | & 16 \\ 3 & 3 & -3 & | & -12 \end{pmatrix} \Leftrightarrow \begin{pmatrix} 1 & 2 & 3 & | & 6 \\ 0 & 1 & 4 & | & 10 \\ 0 & -3 & -12 & | & -30 \end{pmatrix}$$

Im nächsten Schritt fällt die dritte Zeile weg. Gleichzeitig wird das Doppelte der zweiten Zeile von der ersten subtrahiert.

$$\begin{pmatrix} 1 & 0 & -5 & | & -14 \\ 0 & 1 & 4 & | & 10 \\ 0 & 0 & 0 & | & 0 \end{pmatrix}$$

Das ist eine typische Situation: vorne steht (ev. nach Spaltenvertauschungen) eine $(2 \times 2\text{-})$Einheitsmatrix. Die Variablen dahinter (hier ist nur eine) nimmt man in der Lösung als Parameter. Mit $x_3 = t$ liest man aus den ersten beiden Zeilen ab:

$$x_1 = -14 + 5x_3 = -14 + 5t, \qquad x_2 = 10 - 4x_3 = 10 - 4t.$$

Die Lösung schreibt man dann ebeso wie in der Rechnung oben in Vektorform um.

## 1.5. LINEARE GLEICHUNGSSYSTEME

### Brüche vermeiden

Eine Variante ist es darauf zu verzichten, in der oberen linken Ecke eine Eins zu erzeugen und sich zunächst mit einer Zahl ungleich Null zufriedenzugeben. Damit kann man oft die Benutzung von Brüchen vermeiden.

**Beispiel 5:** $\begin{array}{rcl} 2x + y &=& 2 \\ 4x + 3y &=& -2 \end{array}$

Hier läßt man die erste Zeile stehen und erzeugt gleich darunter eine Null:

$$\left(\begin{array}{cc|c} 2 & 1 & 2 \\ 4 & 3 & -2 \end{array}\right) \Leftrightarrow \left(\begin{array}{cc|c} 2 & 1 & 2 \\ 0 & 1 & -6 \end{array}\right) \Leftrightarrow \left(\begin{array}{cc|c} 2 & 0 & 8 \\ 0 & 1 & -6 \end{array}\right) \Leftrightarrow \left(\begin{array}{cc|c} 1 & 0 & 4 \\ 0 & 1 & -6 \end{array}\right)$$

Man liest die Lösung $x = 4$, $y = -6$ ab.

### Einsen in anderen Spalten

Genauso kann man darauf verzichten, die Eins (oder die Zahl ungleich Null) in der jeweils ersten Spalte zu erzeugen. Man kann eine beliebige Spalte wählen, erzeugt darunter und darüber Nullen und läßt dann in den weiteren Berechnungen diese Spalte außer acht.

**Beispiel 6:** $\begin{array}{rcl} 4x + y &=& 2 \\ 7x + 2y &=& 5 \end{array}$

Hier beginnt man mit der schon vorhandenen 1 in der zweiten Spalte:

$$\left(\begin{array}{cc|c} 4 & 1 & 2 \\ 7 & 2 & 5 \end{array}\right) \Leftrightarrow \left(\begin{array}{cc|c} 4 & 1 & 2 \\ -1 & 0 & 1 \end{array}\right) \Leftrightarrow \left(\begin{array}{cc|c} 0 & 1 & 6 \\ -1 & 0 & 1 \end{array}\right) \Leftrightarrow \left(\begin{array}{cc|c} 0 & 1 & 6 \\ 1 & 0 & -1 \end{array}\right)$$

Man liest die Lösung $y = 6$ und $x = -1$ ab.

### Simultane Lösung für mehrere rechte Seiten

Soll das Gleichungssystem für mehrere rechte Seiten <u>gleichzeitig</u> gelöst werden, schreibt man die rechten Seiten nebeneinander und rechnet "normal" weiter. Das macht man z.B. beim Invertieren von Matrizen mit den rechten Seiten $\vec{e}_1$ bis $\vec{e}_n$.

**Beispiel 7:** $\begin{array}{rcl} 2x + y &=& 2 \\ 4x + 3y &=& -2 \end{array}$ und $\begin{array}{rcl} 2x + y &=& 5 \\ 4x + 3y &=& 5 \end{array}$

Mit denselben Umformungen wie oben hat man

$$\left(\begin{array}{cc|cc} 2 & 1 & 2 & 5 \\ 4 & 3 & -2 & 5 \end{array}\right) \Leftrightarrow \left(\begin{array}{cc|cc} 2 & 1 & 2 & 5 \\ 0 & 1 & -6 & -5 \end{array}\right) \Leftrightarrow \left(\begin{array}{cc|cc} 2 & 0 & 8 & 10 \\ 0 & 1 & -6 & -5 \end{array}\right) \Leftrightarrow \left(\begin{array}{cc|cc} 1 & 0 & 4 & 5 \\ 0 & 1 & -6 & -5 \end{array}\right)$$

Im ersten Gleichungssystem ist wie oben $x = 4$ und $y = -6$, im zweiten $x = 5$ und $y = -5$.

## Varianten des Verfahrens – Notation

### Kurzschreibweise

Die Matrizen in den verschiedenen Arbeitsschritten werden in ein Schema untereinandergeschrieben und durch waagerechte Striche getrennt.

Zeilen, die nicht mehr verändert werden, werden durch Einrahmen der ganzen Zeile (oder der erzeugten 1) markiert und nicht weiter aufgeschrieben.

Bei der Bestimmung der Lösung durch Einsetzen werden dann nur die markierten Zeilen verwendet.

**Beispiel 8:**
$$\begin{aligned} 2x_1 + 4x_2 + 6x_3 &= 12 \\ x_1 + 3x_2 + 7x_3 &= 16 \\ 3x_1 + 3x_2 - 2x_3 &= -9 \end{aligned}$$

Das ist das erste Beispiel von oben. Die Rechnung schreibt sich so:

$$\begin{array}{ccc|c} 2 & 4 & 6 & 12 \\ 1 & 3 & 7 & 16 \\ 3 & 3 & -2 & -9 \\ \hline \boxed{1} & 2 & 3 & 6 \\ 1 & 3 & 7 & 16 \\ 3 & 3 & -2 & -9 \\ \hline 0 & \boxed{1} & 4 & 10 \\ 0 & -3 & -11 & -27 \\ \hline 0 & 0 & \boxed{1} & 3 \end{array}$$

### Spalten vertauschen

Will man <u>Spalten vertauschen</u>, darf man das, wenn man sich merkt, welche Spalte zu welcher Variablen gehört. Beispiel:

$$\begin{pmatrix} x & y & z & \\ 2 & -1 & 2 & 2 \\ -2 & -1 & 2 & -2 \end{pmatrix} \Leftrightarrow \begin{pmatrix} y & x & z & \\ -1 & 2 & 2 & 2 \\ -1 & -2 & 2 & -2 \end{pmatrix}$$

Beim Invertieren von Matrizen ist das Vertauschen von Spalten verboten!

### Kontrollspalte

Mehr Rechensicherheit erhält man mit einer <u>Kontrollspalte</u>. Dazu schreibt man in der Ausgangsmatrix ganz rechts hinter einen Doppelstrich die Summe der Elemente jeder Zeile hin, also von linker und rechter Seite des LGS. Mit diesen Zahlen

## 1.5. LINEARE GLEICHUNGSSYSTEME

werden nun die gleichen Umformungen wie mit dem Rest der Matrix vorgenommen. Nach jeder Umformung kontrolliert man, ob die Summe noch stimmt.

**Beispiel 9:** $\quad \begin{array}{rcl} 2x & - & y & = & 2 \\ 4x & + & 3y & = & -2 \end{array}$

$$\left( \begin{array}{cc|c||c} 2 & -1 & 2 & 3 \\ 4 & 3 & -2 & 5 \end{array} \right) \Leftrightarrow \left( \begin{array}{cc|c||c} 2 & -1 & 2 & 3 \\ 0 & 5 & -6 & -1 \end{array} \right)$$

Die $-1$ unten in der Kontrollspalte ist jetzt dadurch entstanden, daß von der zweiten Zeile das Doppelte der ersten subtrahiert wurde. Die Kontrolle besteht darin, daß $-1$ auch die Summe der Zahlen vor dem Doppelstrich ist.

### Notation der Umformungen

Will man die Rechnung später noch einmal nachsehen, schreibt man auf, welche Umformungen man macht. Dazu gibt es viele verschiedene Notationen, von denen drei vorgestellt werden.

Ⓐ  Multiplikation mit Konstanten und Addition von Vielfachen einer Zeile zu einer anderen wie im Beispiel unten, Vertauschen von Zeilen durch Verbindung mit Pfeilen.

Ⓑ  Steht in der Notationsspalte bei der durch ein Kästchen markierten Zeile der Faktor $a$ und bei einer anderen darunter (oder darüber) der Faktor $b$, so wird die andere Zeile durch das $a$-fache der markierten plus das $b$-fache der anderen ersetzt.

Ⓒ  Es wird eine PASCAL-ähnliche Schreibweise benutzt, wobei die Zeilen durch römische Zahlen gekennzeichnet werden. Vertauschung der ersten beiden Zeilen z.B. wird als $I \leftrightarrow II$ beschrieben.

| | | | | Ⓐ | | Ⓑ | Ⓒ |
|---|---|---|---|---|---|---|---|
| 2 | 4 | 6 | 12 | : 2 | | ½ | $I := I/2$ |
| 1 | 3 | 7 | 16 | | | | |
| 3 | 3 | $-2$ | $-9$ | | | | |
| ☐1 | 2 | 3 | 6 | ⊖1 | ⊖3 | $-1$  $-3$ | |
| 1 | 3 | 7 | 16 | ← | $\vert$ | 1 | $II := II - I$ |
| 3 | 3 | $-2$ | $-9$ | | ← | 1 | $III := III - 3I$ |
| 0 | ☐1 | 4 | 10 | ③ | | 3 | |
| 0 | $-3$ | $-11$ | $-27$ | ← | | 1 | $III := III + 3II$ |
| 0 | 0 | ☐1 | 3 | | | | |

## 3. Beispiele

**Beispiel 10:** Die Lösung von $A\vec{x} = \vec{0}$ mit $A = \begin{pmatrix} 3 & 1 & 5 \\ 1 & 3 & 4 \\ 0 & 8 & 7 \end{pmatrix}$

Es handelt sich um ein <u>homogenes</u> System, das mit dem Gauß-Algorithmus gelöst wird. Dazu wird von der ersten das Dreifache der zweiten Zeile subtrahiert.

$$\begin{pmatrix} 3 & 1 & 5 \\ 1 & 3 & 4 \\ 0 & 8 & 7 \end{pmatrix} \Leftrightarrow \begin{pmatrix} 0 & -8 & -7 \\ 1 & 3 & 4 \\ 0 & 8 & 7 \end{pmatrix}$$

Da die dritte Zeile das Negative der ersten ist, kann man sie weglassen.

Jetzt wird auf drei verschiedene Arten weitergerechnet.

Ⓐ Zeilenvertauschen, Division der (neuen) zweiten Zeile durch $-8$ und Subtraktion des Dreifachen der zweiten von der ersten Zeile:

$$\begin{pmatrix} 1 & 3 & 4 \\ 0 & -8 & -7 \end{pmatrix} \Leftrightarrow \begin{pmatrix} 1 & 3 & 4 \\ 0 & 1 & 7/8 \end{pmatrix} \Leftrightarrow \begin{pmatrix} 1 & 0 & 11/8 \\ 0 & 1 & 7/8 \end{pmatrix}$$

mit $x_3 = t$ kann man die Lösung ablesen:

$$x_1 = -11/8 t \qquad x_2 = -7/8 t, \qquad x_3 = t, \qquad t \in \mathbb{R}.$$

Wenn man es lieber ganzzahlig hat, ersetzt man $t = 8s$ und erhält

$$x_1 = -11s, \qquad x_2 = -7s, \qquad x_3 = 8s \qquad s \in \mathbb{R}.$$

Ⓑ Wenn man nicht gerne mit Brüchen rechnet, kann man die erste Zeile mit 3 und die zweite mit 8 multiplizieren und dann die erste zur zweiten addieren:

$$\begin{pmatrix} 0 & -24 & -21 \\ 8 & 24 & 32 \end{pmatrix} \Leftrightarrow \begin{pmatrix} 0 & -24 & -21 \\ 8 & 0 & 11 \end{pmatrix}$$

Wenn man jetzt die Zeilen durch $-24$ und 8 dividiert, kann man wie bei Ⓐ die Lösung ablesen.

Trick Ⓒ Da die Matrix den Rang 2 hat, berechnet man mit der Dimensionsformel (siehe S. 65) die Dimension des Lösungsraums dim ker $A$=1. Es reicht also, einen nichttrivialen Vektor im Kern von $A$ zu bestimmen. Nach der Interpretation des LGS auf Seite 64 sucht man einen Vektor $\vec{x}_0$, der auf den Zeilen von $A$ senkrecht steht. Eine Möglichkeit ist das Kreuzprodukt der Zeilen:

$$\vec{x}_0 = \begin{pmatrix} 1 \\ 3 \\ 4 \end{pmatrix} \times \begin{pmatrix} 0 \\ 8 \\ 7 \end{pmatrix} = \begin{pmatrix} -11 \\ -7 \\ 8 \end{pmatrix}.$$

Alle Lösungen sind also durch $\vec{x} = t\vec{x}_0$, $t \in \mathbb{R}$ gegeben.

Diesen Trick kann man oft bei der Bestimmung von Eigenvektoren bei $3 \times 3$-Matrizen benutzen.

## 1.5. LINEARE GLEICHUNGSSYSTEME

**Beispiel 11:** Das LGS $\begin{pmatrix} 3+i & -4i & | & 2+i \\ 2 & -2i & | & 2-i \end{pmatrix}$

Dieses komplexe 2 × 2-System löst man am besten mit der Cramerschen Regel.

$$\det A = \begin{vmatrix} 3+i & -4i \\ 2 & -2i \end{vmatrix} = -6i + 2 + 8i = 2 + 2i$$

$$\det A_1 = \begin{vmatrix} 2+i & -4i \\ 2-i & -2i \end{vmatrix} = -4i + 2 + 8i + 4 = 6 + 4i$$

$$\det A_2 = \begin{vmatrix} 3+i & 2+i \\ 2 & 2-i \end{vmatrix} = 7 - i - 4 - 2i = 3 - 3i$$

Damit ist die Lösung $\vec{z} = \begin{pmatrix} z_1 \\ z_2 \end{pmatrix}$

$$z_1 = \frac{6+4i}{2+2i} = \frac{(6+4i)(2-2i)}{8} = \frac{1}{8}(20 - 4i) = \frac{1}{2}(5 - i)$$

$$z_2 = \frac{3-3i}{2+2i} = \frac{(3-3i)(2-2i)}{8} = -\frac{12i}{8} = -\frac{3}{2}i$$

**Beispiel 12:** Die Lösung von $A\vec{x} = \vec{b}$ mit
$A = \begin{pmatrix} 3 & 0 & 0 & -6 & 9 \\ 0 & 0 & -2 & -8 & 2 \\ 1 & 0 & 1 & 2 & 2 \end{pmatrix}$ und $\vec{b}_1 = \begin{pmatrix} 12 \\ -14 \\ 11 \end{pmatrix}$ und $\vec{b}_2 = \begin{pmatrix} 3 \\ 2 \\ 1 \end{pmatrix}$

Es wird die tabellarische Schreibweise, eine Kontrollspalte $K$ und die Notation © für die Operationen verwendet.

| $x_1$ | $x_2$ | $x_3$ | $x_4$ | $x_5$ | $\vec{b}_1$ | $\vec{b}_2$ | $K$ | |
|---|---|---|---|---|---|---|---|---|
| 3 | 0 | 0 | −6 | 9 | 12 | 3 | 21 | $I \leftrightarrow III$ |
| 0 | 0 | −2 | −8 | 2 | −14 | 2 | −20 | $II := II/(-2)$ |
| 1 | 0 | 1 | 2 | 2 | 11 | 1 | 18 | |
| 1 | 0 | 1 | 2 | 2 | 11 | 1 | 18 | |
| 0 | 0 | 1 | 4 | −1 | 7 | −1 | 10 | |
| 3 | 0 | 0 | −6 | 9 | 12 | 3 | 21 | $III := III - 3I$ |
| 1 | 0 | 1 | 2 | 2 | 11 | 1 | 18 | $I := I - II$ |
| 0 | 0 | 1 | 4 | −1 | 7 | −1 | 10 | |
| 0 | 0 | −3 | −12 | 3 | −21 | 0 | −33 | $III := III + 3II$ |
| 1 | 0 | 0 | −2 | 3 | 4 | 2 | 8 | |
| 0 | 0 | 1 | 4 | −1 | 7 | −1 | 10 | |
| 0 | 0 | 0 | 0 | 0 | 0 | −3 | −3 | |

Die letzte Zeile sagt nun, daß das LGS für die rechte Seite $\vec{b}_2$ <u>unlösbar</u> ist. Bei der rechten Seite $\vec{b}_1$ fällt die letzte Zeile weg und man kann die Lösung ablesen:

bei $x_1$ und $x_3$ stehen die Einsen. Diese Variablen werden durch die restlichen festgelegt: man wählt $x_2 = t$, $x_4 = u$ und $x_5 = v$ und erhält

$$x_1 = 4 + 2x_4 - 3x_5 = 4 + 2u - 3v, \qquad x_3 = 7 - 4x_4 + x_5 = 7 - 4u + v$$

Die Gesamtlösung bildet einen dreidimensionalen affinen Unterraum des $\mathbb{R}^5$:

$$\vec{x} = \begin{pmatrix} x_1 \\ x_2 \\ x_3 \\ x_4 \\ x_5 \end{pmatrix} = \begin{pmatrix} 4 + 2u - 3v \\ t \\ 7 - 4u + v \\ u \\ v \end{pmatrix} = \begin{pmatrix} 4 \\ 0 \\ 7 \\ 0 \\ 0 \end{pmatrix} + t \begin{pmatrix} 0 \\ 1 \\ 0 \\ 0 \\ 0 \end{pmatrix} + u \begin{pmatrix} 2 \\ 0 \\ -4 \\ 1 \\ 0 \end{pmatrix} + v \begin{pmatrix} -3 \\ 0 \\ 1 \\ 0 \\ 1 \end{pmatrix}, \quad t, u, v \in \mathbb{R}.$$

**Beispiel 13:** Die Lösung von $A\vec{x} = \vec{b}$ mit $A = \begin{pmatrix} \cos\varphi & -r\sin\varphi \\ \sin\varphi & r\cos\varphi \end{pmatrix}$ und $\vec{b} = \begin{pmatrix} r \\ 0 \end{pmatrix}$

Die Determinante von $A$ ist

$$\det A = r\cos^2\varphi + r\sin^2\varphi = r.$$

Für $r \neq 0$ ist das LGS also eindeutig lösbar und wird, weil es Funktionen enthält, mit der Cramerschen Regel gelöst.

$$\det A_1 = \begin{vmatrix} r & -r\sin\varphi \\ 0 & r\cos\varphi \end{vmatrix} = r^2\cos\varphi$$

$$\det A_2 = \begin{vmatrix} \cos\varphi & r \\ \sin\varphi & 0 \end{vmatrix} = -r\sin\varphi$$

Damit ist für $r \neq 0$ die eindeutige Lösung

$$x_1 = \frac{\det A_1}{\det A} = \frac{r^2\cos\varphi}{r} = r\cos\varphi \quad \text{und} \quad x_2 = \frac{\det A_2}{\det A} = \frac{-r\sin\varphi}{r} = -\sin\varphi$$

Für $r = 0$ lautet das LGS als erweiterte Matrix

$$\begin{pmatrix} \cos\varphi & 0 & | & 0 \\ \sin\varphi & 0 & | & 0 \end{pmatrix}$$

Da $\sin\varphi$ und $\cos\varphi$ nicht gleichzeitig Null werden, muß $x_1 = 0$ sein. $x_2$ ist frei wählbar.

Die Lösung ist also

$$\vec{x} = \begin{pmatrix} \cos\varphi \\ -\sin\varphi \end{pmatrix} \quad \text{für } r \neq 0 \quad \text{und} \quad \vec{x} = t \begin{pmatrix} 0 \\ 1 \end{pmatrix}, \quad t \in \mathbb{R} \quad \text{für } r = 0.$$

## 1.6 Vekторräume

**1. + 2. Definitionen und Berechnung**

Da der Fall endlichdimensionaler Räume im Mittelpunkt steht, werden alle Vektoren mit einem Pfeil geschrieben, was eigentlich nur im $\mathbb{R}^n$ und $\mathbb{C}^n$ üblich ist.

**Vektorraum**

Ein reeller Vektorraum (kurz: VR) ist eine Menge, in der Addition und Multiplikation erklärt sind und in der folgende Rechenregeln gelten. *(reeller Vektorraum)*
$\vec{u}, \vec{v}$ und $\vec{w}$ sind Elemente des Vektorraums, $\alpha$ und $\beta$ reelle Zahlen.

- $\vec{u} + \vec{v} = \vec{v} + \vec{u}, \quad \vec{u} + (\vec{v} + \vec{w}) = (\vec{v} + \vec{u}) + \vec{w}$
- Es gibt einen Nullvektor $\vec{0}$ mit $\vec{v} + \vec{0} = \vec{v}$.
- Zu $\vec{v}$ gibt es einen Vektor $-\vec{v}$ mit $\vec{v} + (-\vec{v}) = \vec{0}$.
- $(\alpha + \beta)\vec{v} = \alpha\vec{v} + \beta\vec{v}, \quad (\alpha\beta)\vec{v} = \alpha(\beta\vec{v}), \quad \alpha(\vec{v} + \vec{w}) = \alpha\vec{v} + \alpha\vec{w}, \quad 1 \cdot \vec{v} = \vec{v}$

Die Elemente des Vektorraums heißen Vektoren. Die Elemente des Grundkörpers $\mathbb{R}$ oder $\mathbb{C}$ heißen Skalare. *(Vektor, Skalar)*

Läßt man auch komplexe Faktoren zu, hat man einen komplexen Vektorraum.

**Beispiel 1:** $\mathbb{R}^n$ und $\mathbb{C}^n$

Wichtigstes Beispiel für einen Vektorraum ist der $n$-dimensionale euklidische Raum $\mathbb{R}^n$, der aus allen $n$-Tupeln von reellen Zahlen besteht. Der dreidimensionale Raum $\mathbb{R}^3$ z.B. besteht aus allen Punkten mit drei Koordinaten $(x, y, z)$. Dem Punkt $(x, y, z)$ entspricht der Vektor $\vec{r} = (x, y, z)^\top$.
Läßt man komplexe Koordinaten zu, erhält man analog den $\mathbb{C}^n$.

**Beispiel 2:** Polynome

Der Raum aller Polynome höchstens $n$-ten Grades mit reellen oder komplexen Koeffizienten bildet einen $(n+1)$-dimensionalen reellen oder komplexen VR (s.u.). Die Addition von Vektoren ist die Addition von Polynomen. Dem Nullvektor entspricht das Nullpolynom. Daß die Axiome von oben erfüllt sind, ist unmittelbar klar.

**Beispiel 3:** Stetige Funktionen, $C(I)$

Ist $I$ ein Intervall, betrachtet man den Raum $C(I)$ aller stetigen Funktionen auf $I$. Das ist mit der gleichen Begründung wie in Beispiel 2 ein VR.

### Unterraum

**Unterraum**
**Teilraum**

Ist $V$ ein VR und $U \subseteq V$ eine Teilmenge, die selbst einen Vektorraum bildet, heißt $U$ Unterraum, Untervektorraum oder Teilraum von $V$.

Ist $V$ ein VR und $U \subseteq V$, so ist $U$ genau dann ein Untervektorraum, wenn $U$ mit je zwei Elementen $\vec{x}$ und $\vec{y}$ auch $\vec{x} + \vec{y}$ und alle reellen Vielfachen von $\vec{x}$ enthält.

Diese Eigenschaft heißt Abgeschlossenheit gegen Summen und Vielfache

Stets hat $V$ die trivialen Unterräume $V$ und $\{\vec{0}\}$.

**Beispiel 4:** Ist $A$ eine Matrix, so ist $\{\vec{x}|\, A\vec{x} = \vec{0}\}$ ein Unterraum.

Aus $A\vec{x} = \vec{0}$ und $A\vec{y} = \vec{0}$ folgt ja $A(\vec{x} + \vec{y}) = A\vec{x} + A\vec{y} = \vec{0} + \vec{0} = \vec{0}$ und $A(\alpha \vec{x}) = \alpha A\vec{x} = \alpha \vec{0} = \vec{0}$.

Der Unterraum in diesem Beispiel heißt Kern von $A$, vgl. S. 87.

Ein weiteres Beispiel für einen Unterraum ist oben angegeben: Der Raum aller Polynome $n$-ten Grades auf $\mathbb{R}$ ist ein Unterraum von $C(\mathbb{R})$, dem Raum aller stetigen reellen Funktionen, da Addition und Skalarmultiplikation nicht aus den Polynomen hinausführt.

**affiner Unterraum**

Ist $U \subseteq V$ ein Unterraum und $\vec{a} \in V$, so nennt man $W = \{\vec{r}|\, \vec{r} = \vec{a} + \vec{u},\, u \in U\}$ einen affinen Unterraum. $U$ heißt die Richtung von $V$.

Will man den Unterschied betonen, sagt man statt Unterraum dann auch linearer Unterraum. Ein linearer Unterraum ist ein Spezialfall des affinen Unterraums, der die Null enthält.

**Hyperebene**

Ein $(n-1)$-dimensionaler affiner Unterraum eines $n$-dimensionalen Raumes wird als Hyperebene bezeichnet.

| Dimension von $U$ | (linearer) Unterraum | affiner Unterraum |
|---|---|---|
| 0 | $\{\vec{0}\}$ | $\{\vec{a}\}$ |
| 1 | Gerade durch null | Gerade |
| 2 | Ebenen durch null | Ebene |
| $n-1$ | Hyperebene durch null | Hyperebene |

**Übersicht über lineare und affine Unterräume.**

## 1.6. VEKTORRÄUME

**linear anhängig und unabhängig**

Sind $\vec{a}_1$ bis $\vec{a}_k$ Vektoren und $\alpha_1$ bis $\alpha_k$ reelle Zahlen, so nennt man den Ausdruck $\alpha_1\vec{a}_1 + \cdots \alpha_k\vec{a}_k$ Linearkombination. Die Zahlen $\alpha_j$ heißen Koeffizienten. Man beachte, daß eine Linearkombination immer (auch in unendlichdimensionalen VR) eine endliche Summe ist. — Linearkombination, Koeffizient

Die Vektoren $\vec{v}_1$ bis $\vec{v}_k$ sind linear abhängig (l.a.), wenn es Koeffizienten $\alpha_1$ bis $\alpha_k$ gibt mit $\alpha_1\vec{v}_1 + \cdots + \alpha_k\vec{v}_k = \vec{0}$, wobei nicht alle $\alpha_i = 0$ sind. Andernfalls sind die Vektoren linear unabhängig (l.u.). — linear (un)abhängig

Sind also $\vec{v}_1$ bis $\vec{v}_k$ linear unabhängig und ist $\alpha_1\vec{v}_1 + \cdots + \alpha_k\vec{v}_k = \vec{0}$, so folgt $\alpha_1 = \alpha_2 = \cdots = \alpha_k = 0$. — Kriterien für lineare Abhängigkeit

- Ein Vektor ist linear abhängig, wenn er der Nullvektor ist.

- Zwei Vektoren $\vec{u}$ und $\vec{v}$ sind linear abhängig, wenn sie auf einer Geraden durch Null liegen bzw. wenn einer ein Vielfaches des anderen ist. Die Vektoren heißen dann kollinear.

- Drei Vektoren $\vec{u}$, $\vec{v}$ und $\vec{w}$ sind linear abhängig, wenn sie auf einer Ebene durch den Nullpunkt liegen bwz. wenn einer sich als Linearkombination der beiden anderen darstellen läßt. Im $\mathbb{R}^3$ hat man das Kriterium mit dem Spatprodukt:

$$\vec{v}_1, \vec{v}_2, \vec{v}_3 \text{ l.a.} \quad \Leftrightarrow \quad (\vec{v}_1, \vec{v}_2, \vec{v}_3) = \det(\vec{v}_1, \vec{v}_2, \vec{v}_3) = 0$$

Drei linear abhängige Vektoren heißen komplanar.

- $k$ Vektoren $\vec{v}_1$ bis $\vec{v}_k$ sind linear abhängig, wenn der Rang der Matrix mit den Spaltenvektoren $\vec{v}_1$ bis $\vec{v}_k$ kleiner als $k$ ist, siehe S. 83.

- Kriterium für $n$ Vektoren des $\mathbb{R}^n$ oder $\mathbb{C}^n$:
  $\vec{v}_1$ bis $\vec{v}_n$ sind linear abhängig $\Leftrightarrow \det(\vec{v}_1, \ldots, \vec{v}_n) = 0$.

**Beispiel 5:** Lineare Abhängigkeit von $\vec{u} = \begin{pmatrix} 0 \\ 1 \\ 1 \end{pmatrix}$, $\vec{v} = \begin{pmatrix} -1 \\ 0 \\ 1 \end{pmatrix}$ und $\vec{w} = \begin{pmatrix} -1 \\ -1 \\ 0 \end{pmatrix}$

Die drei Vektoren des $\mathbb{R}^3$ sind linear abhängig $\Leftrightarrow \det(\vec{u}, \vec{v}, \vec{w}) = 0$. Wegen

$$\det(\vec{u}, \vec{v}, \vec{w}) = \begin{vmatrix} 0 & -1 & -1 \\ 1 & 0 & -1 \\ 1 & 1 & 0 \end{vmatrix} = -\begin{vmatrix} -1 & -1 \\ 1 & 0 \end{vmatrix} + \begin{vmatrix} -1 & -1 \\ 0 & -1 \end{vmatrix} = -1 + 1 = 0$$

(Entwicklung nach der ersten Spalte) ist dies der Fall; es ist $\vec{u} - \vec{v} + \vec{w} = \vec{0}$.

## Spann, lineare Hülle

**Spann**
**lineare Hülle**

Die Menge aller Linearkombinationen einer Menge $M$ von Vektoren heißt <u>Spann</u> von $M$ oder <u>lineare Hülle</u> von $M$. Schreibweise: spann($M$) oder sp$M$.

Der Spann einer Menge $M$ bildet immer einen Unterraum, der als der <u>von $M$ aufgespannte</u> Unterraum bezeichnet wird. Spannen die Vektoren $\vec{v}_1$ bis $\vec{v}_k$ den Unterraum $U$ auf, so heißen die Vektoren <u>Erzeugendensystem</u> für $U$.

**Erzeugendensystem**

**Beispiel 6:** Beispiele für "Spann" bzw. "lineare Hülle"

- Der Spann der $n$ Koordinateneinheitsvektoren des $\mathbb{R}^n$ ist gerade der $\mathbb{R}^n$.

- Der Spann der <u>Monome</u> $1$, $x$, $x^2,\ldots, x^n$ ist der Raum der Polynome höchstens $n$-ten Grades.

- Der Spann von $\begin{pmatrix}1\\2\end{pmatrix}$, $\begin{pmatrix}3\\6\end{pmatrix}$ und $\begin{pmatrix}-2\\-4\end{pmatrix}$ ist die Gerade $\{\vec{r}|\,\vec{r}=t\begin{pmatrix}1\\2\end{pmatrix},\,t\in\mathbb{R}\}$.

## Basis und Dimension

**Basis**

Die Vektoren $\vec{b}_1$ bis $\vec{b}_n$ bilden eine <u>Basis</u> des Vektorraums $V$, wenn sich jeder Vektor $\vec{v}\in V$ in eindeutiger Weise als Linearkombination der Basisvektoren $\vec{b}_1$ bis $\vec{b}_n$ schreiben läßt:

$$\vec{v} = \alpha_1\vec{b}_1 + \alpha_2\vec{b}_2 + \cdots \alpha_n\vec{b}_n$$

**Dimension**

Wenn es eine Basis aus $n$ Vektoren gibt (dann hat auch jede andere Basis $n$ Elemente), nennt man den Raum <u>$n$-dimensional</u>. Schreibweise: dim $V = n$.

---

$V$ ist $n$-dimensional.

$\Leftrightarrow$ Je $n$ linear unabhängige Vektoren bilden eine Basis.

$\Leftrightarrow$ Eine (und damit jede) Basis hat $n$ Elemente.

$\Leftrightarrow$ Es gibt $n$ linear unabhängige Vektoren mit $V = $ span $(\vec{v}_1,\ldots,\vec{v}_n)$.

$\Leftrightarrow$ Es gibt $n$ linear unabhängige Vektoren, aber jeweils $n+1$ Vektoren sind linear abhängig.

---

**Kriterium:**
**Basis**

**Charakterisierung einer Basis** als minimales Erzeugendensystem

$\vec{v}_1,\ldots,\vec{v}_k$ ist eine Basis für $U$, falls gilt:

i) $\vec{v}_1,\ldots,\vec{v}_k$ spannen $U$ auf, d.h. $\vec{v}_1$ bis $\vec{v}_k$ sind ein Erzeugendensystem für $U$.

ii) keine echte Teilmenge von $\vec{v}_1$ bis $\vec{v}_k$ spannt $U$ auf.

## 1.6. VEKTORRÄUME

Der Unterraum, der nur aus dem Nullvektor besteht, hat die Dimension Null.

**Beispiel 7:** Beispiele für Basen

- Die Koordinateneinheitsvektoren $\vec{e}_1 = (1, 0, \ldots, 0)^\top$, $\vec{e}_2 = (0, 1, 0, \ldots, 0)^\top$ usw. bis $\vec{e}_n = (0, 0, 0, \ldots, 1)^\top$ sind eine Basis des $n$-dimensionalen Raumes $\mathbb{R}^n$, die kanonische Basis oder Standardbasis.

- Die Monome $1, x, x^2, \ldots, x^n$ sind eine Basis des $(n+1)$-dimensionalen Raumes der Polynome höchstens $n$-ten Grades.

- Die Monome $1, x, x^2, x^3, \ldots$ bilden eine Basis des unendlichdimensionalen Raumes aller Polynome.

- Der Lösungsraum eines inhomogenen LGS ist ein affiner Unterraum.

  Der Lösungsraum eines homogenen LGS ist ein (linearer) Unterraum.

  Zum Beispiel hat das zugehörige homogene System von Beispiel 12 im letzten Abschnitt auf Seite 77 einen dreidimensionalen Lösungsraum. Eine Basis davon ist

  $$\vec{w}_1 = (0, 1, 0, 0, 0)^\top, \quad \vec{w}_2 = (2, 0, -4, 1, 0)^\top \quad \text{und} \quad \vec{w}_3 = (-3, 0, 1, 0, 1)^\top$$

kanonische Basis
Standardbasis

**Rang einer Matrix**

Der Rang einer Matrix ist der Rang der zugehörigen linearen Abbildung, (S. 87). Verwandte Begriffe: Der Zeilenrang ist die Maximalzahl linear unabhängiger Zeilenvektoren der Matrix, der Spaltenrang die Maximalzahl linear unabhängiger Spaltenvektoren der Matrix. Schreibweise: rg $A$ oder rank $A$.

Rang
Zeilenrang
Spaltenrang

Damit sind Spalten- und Zeilenrang die Dimensionen der von den Spalten- bzw. Zeilenvektoren aufgespannten Räume.

Rang = Zeilenrang = Spaltenrang

**Bestimmung des Ranges einer Matrix:**

Die Matrix $A$ hat den Rang $k$

⇔ Es gibt $k$ l.u. Zeilenvektoren, aber keine $k + 1$.

⇔ Es gibt $k$ l.u. Spaltenvektoren, aber keine $k + 1$.

⇔ Es gibt eine $k \times k$-Untermatrix mit nichtverschwindender Determinante, aber keine $(k+1) \times (k+1)$ Untermatrix mit dieser Eigenschaft.

Eine $k \times k$-Untermatrix entsteht dadurch, daß man beliebige Zeilen und Spalten streicht, so daß eine Matrix mit $k$ Zeilen und $k$ Spalten übrigbleibt.

⇔ Die Dimension des Bildes der Abbildung $\vec{x} \to A\vec{x}$ ist $k$

**Rangbestimmung**

Zur Bestimmung des Ranges kann man die Matrix umformen.

---

Folgende Umformungen ändern den Rang einer Matrix nicht:

- Transponieren
- Addition von Vielfachen einer Zeile (Spalte) zu einer anderen Zeile (Spalte).
- Multiplikation einer Zeile (Spalte) mit einer Zahl $\alpha \neq 0$.

Hat die Matrix $A$ Zeilenstufenform, so ist der Rang die Anzahl der Nicht-Null-Zeilen in $A$.

---

**Beispiel 8:** Rang von $A = \begin{pmatrix} 1 & 2 & 3 & 4 & 5 \\ 2 & 3 & 4 & 5 & 6 \\ 3 & 4 & 5 & 6 & 7 \end{pmatrix}$ und $B = \begin{pmatrix} 1 & 0 & 3 & 0 & 5 \\ 0 & 0 & 4 & 0 & 6 \\ 0 & 0 & 0 & 0 & 7 \end{pmatrix}$

---

Bei der ersten Matrix subtrahiert man zunächst die zweite von der dritten Zeile und dann die erste von der zweiten Zeile.

$$\operatorname{rg} A = \operatorname{rg} \begin{pmatrix} 1 & 2 & 3 & 4 & 5 \\ 1 & 1 & 1 & 1 & 1 \\ 1 & 1 & 1 & 1 & 1 \end{pmatrix} = \operatorname{rg} \begin{pmatrix} 1 & 2 & 3 & 4 & 5 \\ 1 & 1 & 1 & 1 & 1 \\ 0 & 0 & 0 & 0 & 0 \end{pmatrix} = 2$$

Die zweite Zeile wurde von der dritten subtrahiert, und offensichtlich bleiben zwei linear unabhängige Zeilen übrig.

Bei der zweiten Matrix $B$ ist der Rang höchstens drei, da es nur drei Zeilen gibt. Streicht man die zweite und vierte Spalte, erhält man eine $3 \times 3$-Untermatrix.

$$\operatorname{rg} \begin{pmatrix} 1 & 0 & 3 & 0 & 5 \\ 0 & 0 & 4 & 0 & 6 \\ 0 & 0 & 0 & 0 & 7 \end{pmatrix} = \operatorname{rg} \begin{pmatrix} 1 & 3 & 5 \\ 0 & 4 & 6 \\ 0 & 0 & 7 \end{pmatrix} = 3$$

Der Rang ist drei, da die übrigbleibende Diagonalmatrix die nichtverschwindende Determinante $1 \cdot 4 \cdot 7 = 28$ hat.

**Rechenregeln**

---

- Die Nullmatrix hat den Rang Null, $E_n$ den Rang $n$.
- $\operatorname{rg} (AB) \leq \min\{\operatorname{rg} A, \operatorname{rg} B\}$
- Ist $A$ invertierbar, so ist $\operatorname{rg} (AB) = \operatorname{rg} B$ und $\operatorname{rg} (BA) = \operatorname{rg} B$ (soweit diese Produkte möglich sind).
- Bilden die Spalten der $n \times n$-Matrix $A$ eine Basis, und ist $B$ invertierbar, so ist der Rang von $AB$ und der Rang von $BA$ jeweils $n$, und die Spalten beider Matrizen sind ebenfalls Basen.

## 1.6. VEKTORRÄUME

**Beispiel 9:** Der Rang von $AB$ für $A = \begin{pmatrix} 1 & 2 \\ 2 & 4 \end{pmatrix}$ und $B = \begin{pmatrix} 2 & -6 \\ -1 & 3 \end{pmatrix}$

Sowohl $A$ als auch $B$ haben jeweils eine linear unabhängige Spalte oder Zeile und damit den Rang eins. Andere Begründung: Der Rang ist kleiner als zwei, da es keine $2 \times 2$-Untermatrix mit nichtverschwindender Determinante gibt, aber größer gleich eins, da es $1 \times 1$-Untermatrizen mit Determinante ungleich Null gibt.

Wegen $AB = 0$ (Nullmatrix) ist der Rang von $AB$ gleich Null.

**Kriterium für die Lösbarkeit eines linearen Gleichungssystem**

Das lineare LGS $A\vec{x} = \vec{b}$ ist genau dann lösbar, wenn der Rang der erweiterten Matrix $(A \,|\, \vec{b})$ gleich dem Rang von $A$ ist.

### Beispiele

**Beispiel 10:** Liegt $\vec{u} = (4, 3, 5, 1)^\top$ im Spann von $\vec{v}_1 = (2, 3, -1, 0)^\top$ und $\vec{v}_2 = (0, -3, 7, 1)^\top$?

$\vec{u}$ liegt dann im von $\vec{v}_1$ und $\vec{v}_2$ aufgespannten Unterraum, wenn $\vec{u}$ eine Linearkombination dieser beiden Vektoren ist, d.h. wenn es Zahlen $\alpha$ und $\beta$ gibt mit $\alpha \vec{v}_1 + \beta \vec{v}_2 = \vec{u}$. Das bedeutet, daß das Gleichungssystem mit der Systemmatrix $A = (\vec{v}_1, \vec{v}_2)$ und der rechten Seite $\vec{u}$ lösbar ist.

Hier wird folgendes Kriterium benutzt: Das LGS ist lösbar, wenn der Rang der Matrix $A = (\vec{v}_1, \vec{v}_2)$ gleich dem Rang der erweiterten Matrix $(\vec{v}_1, \vec{v}_2 \,|\, \vec{u})$ ist.

Der Rang von $A$ ist offensichtlich zwei, da $\vec{v}_1$ und $\vec{v}_2$ linear unabhängig sind. Zur Berechnung des Ranges der erweiterten Matrix werden geeignete Vielfache der letzten und der vorletzten Zeile von den anderen subtrahiert:

$$\mathrm{rg} \begin{pmatrix} 4 & 2 & 0 \\ 3 & 3 & -3 \\ 5 & -1 & 7 \\ 1 & 0 & 1 \end{pmatrix} = \mathrm{rg} \begin{pmatrix} 0 & 2 & -4 \\ 0 & 3 & -6 \\ 0 & -1 & 2 \\ 1 & 0 & 1 \end{pmatrix} = \mathrm{rg} \begin{pmatrix} 0 & 0 & 0 \\ 0 & 0 & 0 \\ 0 & -1 & 2 \\ 1 & 0 & 1 \end{pmatrix} = 2$$

Da der Rang zwei ist, liegt $\vec{u}$ im Spann von $\vec{v}_1$ und $\vec{v}_2$.

**Beispiel 11:** Der Rang von $A = \begin{pmatrix} 2 & 6i \\ -i & 3 \end{pmatrix}$

Der Rang ist sicherlich größer gleich eins. Da der Rang wegen $\det A = 0$ kleiner als zwei ist (die erste Zeile ist das $2i$-fache der zweiten), und die Matrix nicht die Nullmatrix ist, ist der Rang eins.

**Beispiel 12:** Ist $\vec{v}_1 = \begin{pmatrix} 3 \\ 0 \\ 1 \end{pmatrix}$, $\vec{v}_2 = \begin{pmatrix} 0 \\ 3 \\ 1 \end{pmatrix}$ und $\vec{v}_3 = \begin{pmatrix} 1 \\ 3 \\ 0 \end{pmatrix}$ eine Basis des $\mathbb{R}^3$ ?

Drei Vektoren des $\mathbb{R}^3$ bilden eine Basis, falls sie linear unabhängig sind. Das ist genau dann der Fall, wenn $\det(\vec{v}_1, \vec{v}_2, \vec{v}_3) \neq 0$ ist:

Wegen $\begin{vmatrix} 3 & 0 & 1 \\ 0 & 3 & 3 \\ 1 & 1 & 0 \end{vmatrix} = -3 - 9 = -12 \neq 0$ bilden die Vektoren eine Basis.

**Beispiel 13:** Die Dimension des von den Vektoren $\vec{v}_1$, $\vec{v}_2$ und $\vec{u}$ aus Beispiel 10 aufgespannten Unterraums

Da der Rang der Matrix mit diesen Vektoren als Spalten den Rang zwei hat, ist die Dimension zwei.

**Beispiel 14:** Lineare Unabhängigkeit der Funktionen $f_\alpha(x) = e^{\alpha x}$ in $C(\mathbb{R})$

Zu beweisen ist: ist mit $\alpha_i \neq \alpha_j$
$$\lambda_1 e^{\alpha_1 x} + \lambda_2 e^{\alpha_2 x} + \cdots + \lambda_k e^{\alpha_k x} = 0,$$
so folgt
$$\lambda_1 = \lambda_2 = \cdots = \lambda_k = 0.$$
Die Null in der ersten Gleichung ist die Null des Vektorraums, d.h. die Nullfunktion. Das bedeutet, daß die Gleichung für alle $x$ erfüllt ist.

Daß dies richtig ist, beweist man über vollständige Induktion.

Der <u>Induktionsanfang</u> ist klar: eine Funktion $e^{\alpha x}$ ist linear unabhängig, da sie nicht die Nullfunktion ist.

Im <u>Induktionsschritt</u> nimmt man an, daß die obige Aussage für jede Summe mit $n-1$ Summanden gilt.

Zu zeigen ist, daß dann auch bei $n$ Summanden $\lambda_1 = \lambda_2 = \cdots = \lambda_n = 0$ folgt.

Der Beweis davon benutzt das Wachstumsverhalten der Exponentialfunktionen bei $\infty$. Nachdem man die $\alpha_i$ eventuell umnummeriert hat, darf man annehmen, daß $\alpha_1$ die größte der Zahlen $\alpha_1$ bis $\alpha_n$ ist. Dann klammert man in der Linearkombination den Faktor $e^{\alpha_1 x}$ aus:

$$\lambda_1 e^{\alpha_1 x} + \lambda_2 e^{\alpha_2 x} + \cdots + \lambda_k e^{\alpha_k x} = 0 \quad \Rightarrow \quad e^{\alpha_1 x}\left(\lambda_1 + \lambda_2 e^{(\alpha_2 - \alpha_1)x} + \cdots + e^{(\alpha_n - \alpha_1)x}\right) = 0$$

Nach dem Kürzen durch $e^{\alpha_1 x}$ hat man, daß die Klammer für alle $x \in \mathbb{R}$ Null ist. Daher gilt das auch, wenn man den Grenzwert für $x \to \infty$ nimmt. Weil $\alpha_i - \alpha_1$ stets negativ ist und für $\alpha < 0$ der $\lim_{x \to \infty} e^{\alpha x} = 0$ ist, verschwinden alle Summanden bis auf den ersten und man erhält $\lambda_1 = 0$. Übrig bleibt dann eine Summe mit $n-1$ Summanden, für die nach der Induktionsvoraussetzung gilt: $\lambda_2 = \cdots = \lambda_n = 0$.

Mit derselben Methode läßt sich auch die lineare Unabhängigkeit der Monome $x^k$, $k = 0, 1, 2, \ldots$ beweisen.

## 1.7 Lineare Abbildungen

### 1.+ 2. Definitionen und Berechnung

Sind $V$ und $W$ Vektorräume, so nennt man eine Abbildung $L : V \to W$ <u>linear</u>, falls für alle $\vec{v}_1, \vec{v}_2 \in V$ und $\alpha \in \mathbb{R}$ gilt

$$L(\vec{v}_1 + \vec{v}_2) = L(\vec{v}_1) + L(\vec{v}_2) \quad \text{und} \quad L(\alpha \vec{v}_1) = \alpha L(\vec{v}_1)$$

*lineare Abbildung*

Ist $L : V \to \mathbb{R}$, nennt man $V$ auch <u>Linearform</u>. Weitere Bezeichnungen:

*Linearform*

- $L$ surjektiv: <u>Epimorphismus</u>
- $L$ bijektiv: <u>Isomorphismus</u>
- $L : V \to V$: <u>Endomorphismus</u>, lineare Selbstabbildung
- $L : V \to V$ bijektiv: <u>Automorphismus</u>

*Epi-, Iso-, Auto-, Endo- morphismus*

Der <u>Kern</u> oder <u>Nullraum</u> einer linearen Abbildung $L : V \to W$ ist der Unterraum von $V$, der alle Elemente enthält, die auf den Nullvektor von $W$ abgebildet werden. Schreibweise: Kern $L$, $N(L)$, ker $L$ oder $K(L)$. Das <u>Bild</u> von $L$ ist der Unterraum von $W$, der aus allen Elementen von $W$ besteht, die als Bild eines Elements von $V$ unter $L$ vorkommen. Schreibweise: $R(L)$. Der <u>Rang</u> von $L$ (rg $L$) ist die Dimension des Bildes von $L$.

*Kern Nullraum*

*Rang*

**Zusammenhang zwischen linearen Abbildungen und Matrizen**

*lineare Abbildungen und Matrizen*

- Ist $L : \mathbb{R}^n \to \mathbb{R}^m$ eine lineare Abbildung, so läßt sich $L$ eindeutig als Abbildung $\vec{x} \to A\vec{x}$ schreiben. Die Matrix $A$ enthält in den Spalten die Bilder der Koordinateneinheitsvektoren des $\mathbb{R}^n$.

- Umgekehrt ist für jede Matrix $A \in \mathbb{M}(m,n)$ die Abbildung $L_A : \mathbb{R}^n \to \mathbb{R}^m$, $L(\vec{x}) = A\vec{x}$ linear.

- Sind $L : \mathbb{R}^n \to \mathbb{R}^m$ und $M : \mathbb{R}^m \to \mathbb{R}^p$ lineare Abbildungen mit den Matrizen $A$ und $B$, so ist die <u>Komposition</u> $M \circ L$ eine lineare Abbildung von $\mathbb{R}^n$ nach $\mathbb{R}^p$, der die Produktmatrix $BA$ entspricht.

- Der inversen Abbildung entspricht die Matrix $A^{-1}$.

- Der identischen Abbildung, die jeden Vektor $\vec{x}$ auf sich selbst abbildet, entspricht die Einheitsmatrix $E_n$. Der Nullabbildung, die alles auf $\vec{0}$ abbildet, entspricht die Nullmatrix $0$.

Dieser Zusammenhang erlaubt es, die linearen Abbildungen zwischen dem $\mathbb{R}^n$ und dem $\mathbb{R}^m$ mit den $m \times n$-Matrizen $\mathbb{M}_{m,n}$ zu identifizieren.

## Beispiel 1: Beispiele linearer Abbildungen

- Ist $A$ eine $m \times n$-Matrix, so ist die Abbildung $L_A : \mathbb{R}^n \to \mathbb{R}^m$, $L(\vec{x}) = A\vec{x}$ linear.

- Ist $\vec{a}$ ein fester Vektor des $\mathbb{R}^n$ und $(\cdot,\cdot)$ ein Skalarprodukt (vgl. Abschnitt 8) auf dem $\mathbb{R}^n$, so ist die Abbildung $\vec{x} \to (\vec{x},\vec{a})$ eine Linearform. Es läßt sich zeigen, daß alle Linearformen diese Gestalt haben.

- Die Abbildung $\vec{x} = (x_1, \ldots, x_n)^\top \to x_i$, die einem Vektor die $i$-te Koordinate zuordnet, ist eine Linearform. Sie ist als Skalarprodukt mit dem $i$-ten Koordinateneinheitsvektor $\vec{e}_i$ schreibbar.

- Ist $\vec{a} \in \mathbb{R}^n$ ein Einheitsvektor, so ist die Abbildung $\vec{x} \to (\vec{x} \cdot \vec{a})\vec{a}$ linear und heißt Projektion von $\vec{x}$ auf den durch $\vec{a}$ aufgespannten Unterraum. Der Kern dieser Abbildung besteht aus den zu $\vec{a}$ senkrechten Vektoren.

[Randnotiz: Projektion]

- Viele Differentialoperatoren wie $f \to \operatorname{grad} f$, $\vec{v} \to \operatorname{rot} \vec{v}$, $\vec{v} \to \operatorname{div} \vec{v}$ und $f \to \Delta f$ (siehe Kapitel 4.8) sind linear. Weitere Beispiel findet man auf den Seiten 90 und 93.

## Koordinaten eines Vektors bezüglich einer Basis

Faßt man die $n$ Vektoren $\vec{v}_1$ bis $\vec{v}_n$ des $\mathbb{R}^n$ zu einer Matrix $V = (\vec{v}_1, \ldots, \vec{v}_n)$ zusammen, so gilt:
$\vec{v}_1$ bis $\vec{v}_n$ bilden eine Basis des $\mathbb{R}^n$ $\Leftrightarrow$ $V$ ist invertierbar.

Diese Tatsache erlaubt es, die invertierbaren Matrizen mit den Basen zu identifizieren.

Ist $\vec{v}_1$ bis $\vec{v}_n$ eine Basis des Vektorraums $\mathbb{R}^n$, so hat $\vec{x} \in \mathbb{R}^n$ eine eindeutige Darstellung als Linearkombination der Basisvektoren:

$$\vec{x} = \alpha_1 \vec{v}_1 + \alpha_2 \vec{v}_2 + \cdots + \alpha_n \vec{v}_n.$$

[Randnotiz: Koordinaten]

Die Zahlen $\alpha_1$ bis $\alpha_n$ sind die Koordinaten von $\vec{x}$ bezüglich der Basis $\vec{v}_1$ bis $\vec{v}_n$. Man kann sie zum Koordinatenvektor $\vec{a} = (\alpha_1, \ldots, \alpha_n)^\top$ zusammenfassen.

Die Darstellung von $\vec{x}$ ist

$$\vec{x} = V\vec{a}.$$

Die Koordinaten hängen natürlich von der Basis ab. Gibt man einen Vektor in der Form $\vec{x} = (x_1, \ldots, x_n)^\top$ an, so sind die Zahlen $x_i$ die Koordinaten bezüglich der Standardbasis, die zur Matrix $E_n$ gehört.

## 1.7. LINEARE ABBILDUNGEN

### Ermittlung der Koordinaten bzgl. einer Basis

① Fasse die Basisvektoren zu einer Matrix zusammen, z.B. $\vec{v}_1$ bis $\vec{v}_n$ zu $V$. Diese Matrizen sind invertierbar.

② Darstellungsgleichungen für $\vec{x}$ werden nach der gesuchten Größe aufgelöst. Dabei beachte man sorgfältig, ob die Matrizenmultiplikationen von links oder von rechts erfolgen.

**Anwendungen:**

- Aus $\vec{x} = V\vec{a}$ folgt:
  der Koordinatenvektor $\vec{a}$ von $\vec{x}$ bzgl. $V$ ist $\vec{a} = V^{-1}\vec{x}$.

- Ist $\vec{w}_1$ bis $\vec{w}_n$ eine zweite Basis, die zur Matrix $W$ zusammengefaßt wird, gilt:
  Ist $\vec{a}$ Koordinatenvektor von $\vec{x}$ bzgl. $V$ und $\vec{b}$ der Koordinatenvektor von $\vec{x}$ bzgl. $W$, so errechnet man den Übergang dazwischen aus

$$\vec{x} = V\vec{a} = W\vec{b} \quad \Rightarrow \quad \vec{a} = V^{-1}W\vec{b}$$

- Werden die Basisvektoren $\vec{v}_1$ bis $\vec{v}_n$ durch $C\vec{v}_1$ bis $C\vec{v}_n$ ersetzt ($C$ regulär), so berechnet man den Koordinatenvektor $\vec{b}$ bzgl. dieser neuen Basis aus $\vec{x} = V\vec{a} = CV\vec{b}$ als

$$\vec{b} = V^{-1}C^{-1}V\vec{a} \quad \text{und} \quad \vec{a} = V^{-1}CV\vec{b}.$$

**Beispiel 2:** Darstellung von $\begin{pmatrix} 1 \\ 3 \end{pmatrix}$ in der Basis $\vec{v}_1 = \begin{pmatrix} 3 \\ 8 \end{pmatrix}$ und $\vec{v}_2 = \begin{pmatrix} -2 \\ -5 \end{pmatrix}$

Bezüglich der Basis $\vec{v}_1, \vec{v}_2$ mit der Matrix $V = \begin{pmatrix} 3 & -2 \\ 8 & -5 \end{pmatrix}$ hat der gegebene Vektor die Koordinaten

$$\begin{pmatrix} \alpha_1 \\ \alpha_2 \end{pmatrix} = \vec{a} = V^{-1}\vec{x} = \begin{pmatrix} 3 & -2 \\ 8 & -5 \end{pmatrix}^{-1} \begin{pmatrix} 1 \\ 3 \end{pmatrix} = \begin{pmatrix} -5 & 2 \\ -8 & 3 \end{pmatrix} \begin{pmatrix} 1 \\ 3 \end{pmatrix} = \begin{pmatrix} 1 \\ 1 \end{pmatrix}$$

Die Matrixinversion wurde nach der Cramerschen Regel vorgenommen.

Probe: $\alpha_1 \vec{v}_1 + \alpha_2 \vec{v}_2 = 1 \begin{pmatrix} 3 \\ 8 \end{pmatrix} + 1 \begin{pmatrix} -2 \\ -5 \end{pmatrix} = \begin{pmatrix} 1 \\ 3 \end{pmatrix}$.

Aufstellen einer Matrix

**Aufstellen der Matrix einer linearer Abbildung**

Gegeben ist eine lineare Abbildung $L : \mathbb{R}^n \to \mathbb{R}^m$. Gesucht ist eine Matrixdarstellung von $L$.

Man bestimmt die Bilder der Koordinateneinheitsvektoren $\vec{e}_1$ bis $\vec{e}_n$ unter $L$. Die Matrix von $L$ ist $(L(\vec{e}_1), \ldots, L(\vec{e}_n))$.

**Beispiel 3:** Die Matrix von $\vec{x} \to \vec{a} \times \vec{x}$ mit $\vec{a} = \begin{pmatrix} 2 \\ 3 \\ 4 \end{pmatrix}$

Zunächst werden die Bilder von $\vec{e}_1$, $\vec{e}_2$ und $\vec{e}_3$ bestimmt.

$$\begin{pmatrix} 2 \\ 3 \\ 4 \end{pmatrix} \times \begin{pmatrix} 1 \\ 0 \\ 0 \end{pmatrix} = \begin{pmatrix} 0 \\ 4 \\ -3 \end{pmatrix}, \quad \begin{pmatrix} 2 \\ 3 \\ 4 \end{pmatrix} \times \begin{pmatrix} 0 \\ 1 \\ 0 \end{pmatrix} = \begin{pmatrix} -4 \\ 0 \\ 2 \end{pmatrix}, \quad \begin{pmatrix} 2 \\ 3 \\ 4 \end{pmatrix} \times \begin{pmatrix} 0 \\ 0 \\ 1 \end{pmatrix} = \begin{pmatrix} 3 \\ -2 \\ 0 \end{pmatrix}$$

Die Matrixdarstellung ist $\vec{a} \times \vec{x} = A\vec{x}$ mit der schiefsymmetrischen Matrix

$$A = \begin{pmatrix} 0 & -4 & 3 \\ 4 & 0 & -2 \\ -3 & 2 & 0 \end{pmatrix}.$$

allgemeiner Fall

Ist die Abbildung $L$ zwischen allgemeinen endlichdimensionalen Vektorräumen $V$ und $W$ gegeben, geht man so vor:

① Wähle eine Basis $\vec{v}_1$ bis $\vec{v}_n$ in $V$ und eine Basis $\vec{w}_1$ bis $\vec{w}_m$ in $W$.

② Bestimme für jedes Basiselement $\vec{v}_i$ die Koordinaten des Bilds $L(\vec{v}_i)$ bezüglich der Basis $\vec{w}_1$ bis $\vec{w}_m$.

③ Die $i$-te Spalte der Abbildungsmatrix $A$ besteht aus den so bestimmten Koordinaten von $L(\vec{v}_i)$ bzgl. $\vec{w}_1$ bis $\vec{w}_m$.

Mit der so gefundenen Matrix $A$ gilt: Ist $\vec{a}$ der Koordinatenvektor von $\vec{x} \in V$ bezüglich der Basis $\vec{v}_1$ bis $\vec{v}_n$, so ist $\vec{b} = A\vec{a}$ der Koordinatenvektor bezüglich der Basis $w_1$ bis $w_m$ von $\vec{y} = L\vec{x} \in W$.

**Beispiel 4:** Matrix der Ableitungsabbildung $D$ im Raum der Polynome höchstens dritten Grades

Wegen $(f + g)' = f' + g'$ und $(\alpha f)' = \alpha f'$ ist die Abbildung $f \to f'$ eine lineare Abbildung. Da die Ableitung eines Polynoms wieder ein Polynom mit um eins vermindertem Grad ist, ist die Ableitungsabbildung für jedes $k \in \mathbb{N}$ eine lineare Selbstabbildung im Raum der Polynome vom Höchstgrad $k$.

## 1.7. LINEARE ABBILDUNGEN

① Als Basis wählt man am einfachsten die Monome und nummeriert die Basiselemente von Null ab: $\vec{v}_0 = 1$, $\vec{v}_1 = x$, $\vec{v}_2 = x^2$ und $\vec{v}_3 = x^3$. Da es sich um eine Selbstabbildung handelt, wählt man $\vec{w}_k = \vec{v}_k = x^k$.

② Jetzt werden die Koordinaten der Ableitungen der Basiselemente bestimmt: wegen $D(\vec{v}_k) = (x^k)' = kx^{k-1} = k\vec{v}_{k-1}$ und $D(\vec{v}_0) = 0$ sind alle Koordinaten von $D(\vec{v}_0)$ null und die Koordinaten von $D(\vec{v}_k)$ an der $(k-1)$-sten Stelle gleich $k$ und null sonst.

③ Die Matrix enthält in den Spalten die Koordinaten:
$$A = \begin{pmatrix} 0 & 1 & 0 & 0 \\ 0 & 0 & 2 & 0 \\ 0 & 0 & 0 & 3 \\ 0 & 0 & 0 & 0 \end{pmatrix}$$

Ist also $f = \sum_{k=0}^{3} \alpha_k x^k$ und $\vec{a}$ der Vektor $(\alpha_0, \alpha_1, \alpha_2, \alpha_3)^\top$, so sind die Koordinaten von $f'$ durch $A\vec{a}$ gegeben.

**Beispiel:** Für $f(x) = 3 + 4x^2 - 5x^3$ ist $\vec{a} = (3, 0, 4, -5)^\top$. Aus $A\vec{a} = (0, 8, -15, 0)^\top$ erhält man $f' = 8x - 15x^2$.

### Basiswechsel

Basiswechsel

Wenn man die Darstellungsmatrix einer linearen Abbildung $L: \mathbb{R}^n \to \mathbb{R}^m$ bezüglich eines Paares von Basen hat und sie bezüglich eines anderen Paares von Basen ermitteln will, geht man wie bei der Bestimmung von Koordinaten auf Seite 89 vor:

① Fasse die Basisvektoren zu Matrizen zusammen, z.B. $\vec{v}_1$ bis $\vec{v}_n$ zu $V$. Diese Matrizen sind invertierbar.

② Darstellungsgleichungen für $A$ werden nach der gesuchten Größe aufgelöst.

### Anwendungen:

Im $\mathbb{R}^n$ seien die Basen $V$ und $U$ gegeben, im $\mathbb{R}^m$ die Basen $W$ und $Z$. Bezüglich $V$ und $W$ habe die lineare Abbildung $L$ die Matrix $A$.
$\vec{x} \in \mathbb{R}^n$ hat die Darstellungen $\vec{x} = V\vec{a} = U\vec{b}$, für $\vec{y} \in \mathbb{R}^m$ ist $\vec{y} = W\vec{c} = Z\vec{d}$.

- Geht man zu den Basen $U$ im $\mathbb{R}^n$ und $Z$ im $\mathbb{R}^m$ über, so ist mit $\vec{a} = V^{-1}U\vec{b}$ und $\vec{c} = W^{-1}Z\vec{d}$
$$\vec{y} = L(\vec{x}) \Leftrightarrow A\vec{a} = \vec{c} \Leftrightarrow AV^{-1}U\vec{b} = W^{-1}Z\vec{d} \Leftrightarrow Z^{-1}WAV^{-1}U\vec{b} = \vec{d}$$

Bezüglich der Basen $U$ und $Z$ ist die Matrix von $L$ also $A' = Z^{-1}WAV^{-1}U$.

- Ist $L : \mathbb{R}^n \to \mathbb{R}^n$ eine Selbstabbildung, die in der kanonischen Basis $V = W = E_n$ die Matrix $A$ hat, so ist bei einem Basiswechsel zu $U = Z$

$$\vec{y} = L(\vec{x}) \Leftrightarrow \vec{y} = A\vec{x} \Leftrightarrow U\vec{c} = AU\vec{a} \Leftrightarrow \vec{c} = U^{-1}AU\vec{b}.$$

In der Basis $U$ hat man also die Darstellungsmatrix $U^{-1}AU$.

---

**Beispiel 5:** Sei $\vec{v}_1 = \begin{pmatrix} 3 \\ 8 \end{pmatrix}$, $\vec{v}_2 = \begin{pmatrix} -2 \\ -5 \end{pmatrix}$, $\vec{w}_1 = \begin{pmatrix} 1 \\ 2 \end{pmatrix}$ und $\vec{w}_2 = \begin{pmatrix} 1 \\ 3 \end{pmatrix}$.
Man bestimme die Matrix $M$ der linearen Abbildung $L$ mit $L(\vec{v}_1) = \vec{w}_1$ und $L(\vec{v}_2) = \vec{w}_2$

---

Zusammenfassen der Vektoren zu Matrizen:

$$V = (\vec{v}_1, \vec{v}_2) = \begin{pmatrix} 3 & -2 \\ 8 & -5 \end{pmatrix}, \qquad W = (\vec{w}_1, \vec{w}_2) = \begin{pmatrix} 1 & 1 \\ 2 & 3 \end{pmatrix}$$

**1. Möglichkeit**

Hat man im $\mathbb{R}^2$ die Basen $V$ und $W$ gegeben, so hat die Abbildung nach der Regel über das Aufstellen von Matrizen die Matrix $A = E_2 = \begin{pmatrix} 1 & 0 \\ 0 & 1 \end{pmatrix}$. Mit $U = Z = E_2$ erhält man aus der allgemeinen Formel die Matrix bezüglich der kanonischen Basen:

$$M = Z^{-1} W A V^{-1} U = E_2^{-1} W E_2 V^{-1} E_2 = W V^{-1}.$$

Jetzt muß man $V$ invertieren (am besten mit der Cramerschen Regel) und $W$ damit multiplizieren:

$$V = \begin{pmatrix} 3 & -2 \\ 8 & -5 \end{pmatrix} \quad \Rightarrow \quad V^{-1} = \frac{1}{1} \begin{pmatrix} -5 & 2 \\ -8 & 3 \end{pmatrix}$$

$$W = \begin{pmatrix} 1 & 1 \\ 2 & 3 \end{pmatrix} \quad \Rightarrow \quad M = WV^{-1} = \begin{pmatrix} -13 & 5 \\ -34 & 13 \end{pmatrix}$$

**2. Möglichkeit**

Hier faßt man die beiden Gleichungen $M\vec{v}_1 = \vec{w}_1$ und $M\vec{v}_2 = \vec{w}_2$ zusammen: Die Bestimmungsgleichung für $A$ ist dann wie oben

$$MV = W \quad \Leftrightarrow \quad M = WV^{-1}.$$

## 1.7. LINEARE ABBILDUNGEN

### 3. Beispiele

**Beispiel 6:** Die Lösungen von $y'' + 3y' + 2y = -2e^{-x}$

Die Lösung der linearen Differentialgleichung mit konstanten Koeffizienten wird im Beispiel 2 in Kapitel 6.7 berechnet:

$$y = C_1 e^{-x} + C_2 e^{-2x} - 2xe^{-x}.$$

In der Begriffen dieses Kapitels:

$$D : C^2(\mathbb{R}) \to C(\mathbb{R}) \qquad D(y) = y'' + 3y' + 2y$$

ist eine lineare Abbildung vom Raum $C^2(\mathbb{R})$ der zweimal stetig differenzierbaren Funktionen in die stetigen Funktionen auf $\mathbb{R}$. Der Kern von $D$ ist zweidimensional; eine Basis wird durch das Fundamentalsystem $y_1 = e^{-x}$, $y_2 = e^{-2x}$ gegeben. Die allgemeine Lösung ist die Summe einer partikulären Lösung $y_p = -2xe^{-x}$ der inhomogenen Gleichung und der allgemeinen Lösung der homogenen Gleichung, die als Linearkombination der beiden Basiselemente geschrieben wird.

**Beispiel 7:** Matrizen von Drehungen

Die Matrix einer Drehung um den Winkel $\alpha$ wird aufgestellt, indem die Bilder der Koordinateneinheitsvektoren ermittelt werden.

$$A\vec{e}_1 = \vec{v}_1 = \begin{pmatrix} \cos\alpha \\ \sin\alpha \end{pmatrix}$$

$$A\vec{e}_2 = \vec{v}_2 = \begin{pmatrix} -\sin\alpha \\ \cos\alpha \end{pmatrix}$$

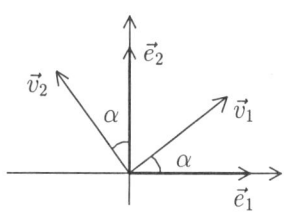

Drehung um den Winkel $\alpha$

Damit ist die Matrix einer Drehung um den Winkel $\alpha$

$$D_\alpha = \begin{pmatrix} \cos\alpha & -\sin\alpha \\ \sin\alpha & \cos\alpha \end{pmatrix}$$

**Beispiel 8:** Matrizen von Spiegelungen an Geraden

Eine Spiegelung an einer Geraden $g$ ist dann eine lineare Selbstabbildung des $\mathbb{R}^2$, wenn die Gerade durch den Nullpunkt geht. (Beweis: Wegen $L(\vec{0}) = L(0 \cdot \vec{0}) = 0 \cdot L(\vec{0}) = \vec{0}$ wird der Nullpunkt bei einer linearen Abbildung <u>immer</u> auf den Nullpunkt abgebildet. Das wird er bei der Spiegelung an einer Geraden, die nicht durch Null geht, nicht. Daß es im anderen Fall wirklich eine lineare Abbildung ist, wird unten bewiesen).

Konstruiert wird die Matrix $S_g$ dieser Abbildung.

Der Einfachheit halber beschreiben wir die Gerade $g$ durch $g : \vec{x} = t\vec{a}$, $t \in \mathbb{R}$ mit einem Einheitsvektor $\vec{a}$. Zunächst wird zu einem beliebigen Punkt $P$ mit Ortsvektor $\vec{p}$ der Spiegelpunkt $Q$ konstruiert:

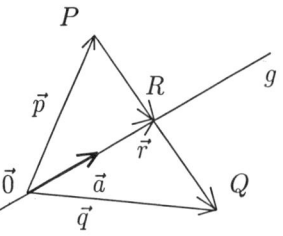

Von $\vec{p}$ ausgehend ist der Ortsvektor des Fußpunkts $R$ des Lots von $P$ auf die Gerade $g$ gegeben durch

$$\vec{r} = (\vec{p} \cdot \vec{a})\vec{a}.$$

$\vec{r}$ ist ja gerade die orthogonale Projektion von $\vec{p}$ auf den durch $\vec{a}$ aufgespannten Unterraum, vgl. S. 97.

Den Spiegelpunkt $Q$ erhält man nun, indem man von $R$ aus den Verbindungsvektor $\vec{PR}$ noch einmal abträgt: mit

$$\vec{PR} = \vec{r} - \vec{p} = (\vec{p} \cdot \vec{a})\vec{a} - \vec{p}$$

erhält man den Spiegelpunkt $Q$ aus

$$\vec{q} = L(\vec{p}) = \vec{r} + (\vec{r} - \vec{p}) = 2(\vec{p} \cdot \vec{a})\vec{a} - \vec{p}$$

Das ist wirklich eine lineare Abbildung:

$$L(\alpha \vec{p}) = 2(\alpha \vec{p} \cdot \vec{a})\vec{a} - \alpha \vec{p} = \alpha \big(2(\vec{p} \cdot \vec{a})\vec{a} - \vec{p}\big) = \alpha L(\vec{p})$$

$$L(\vec{p}+\vec{s}) = 2\big((\vec{p}+\vec{s}) \cdot \vec{a}\big)\vec{a} - (\vec{p}+\vec{s}) = \big(2(\vec{p} \cdot \vec{a})\vec{a} - \vec{p}\big) + \big(2(\vec{s} \cdot \vec{a})\vec{a} - \vec{s}\big) = L(\vec{p}) + L(\vec{s})$$

Die Matrix $S_g$ erhält man nun aus den Bildern der Koordinateneinheitsvektoren. Mit $\vec{a} = \begin{pmatrix} a_1 \\ a_2 \end{pmatrix}$ ist

$$L(\vec{e}_1) = 2a_1 \begin{pmatrix} a_1 \\ a_2 \end{pmatrix} - \begin{pmatrix} 1 \\ 0 \end{pmatrix} = \begin{pmatrix} 2a_1^2 - 1 \\ 2a_1 a_2 \end{pmatrix} \qquad L(\vec{e}_2) = 2a_2 \begin{pmatrix} a_1 \\ a_2 \end{pmatrix} - \begin{pmatrix} 0 \\ 1 \end{pmatrix} = \begin{pmatrix} 2a_1 a_2 \\ 2a_2^2 - 1 \end{pmatrix}$$

Die Spiegelungsmatrix ist also

$$S_g = \begin{pmatrix} 2a_1^2 - 1 & 2a_1 a_2 \\ 2a_1 a_2 & 2a_2^2 - 1 \end{pmatrix}$$

Spezialfälle:

Bei der Spiegelung an der ersten Winkelhalbierenden ist $a_1 = a_2 = \frac{1}{\sqrt{2}}$, bei der Spiegelung an der $x_1$-Achse ist $a_1 = 1$ und $a_2 = 0$. Die entsprechenden Matrizen sind

$$\begin{pmatrix} 0 & 1 \\ 1 & 0 \end{pmatrix} \quad \text{und} \quad \begin{pmatrix} 1 & 0 \\ 0 & -1 \end{pmatrix}.$$

## 1.8 Skalarprodukt

Wie im zweiten Abschnitt wird zunächst alles für reelle Vektorräume formuliert. Die Unterschiede zu komplexen Räumen werden auf Seite 99 aufgezählt.

### 1. + 2. Definitionen und Berechnung

Ein Skalarprodukt auf einem reellen Vektorraum ist eine positiv definite symmetrische bilineare Abbildung. Darunter versteht man eine Zuordnung $\vec{v}, \vec{w} \mapsto (\vec{v}, \vec{w})$ mit folgenden Eigenschaften: — Skalarprodukt

- $(\alpha\vec{v}, \vec{w}) = \alpha(\vec{v}, \vec{w})$, $(\vec{u} + \vec{v}, \vec{w}) = (\vec{u}, \vec{w}) + (\vec{v}, \vec{w})$ (Linearität)
- $(\vec{v}, \vec{w}) = (\vec{w}, \vec{v})$ (Symmetrie)
- Für alle $\vec{v}$ ist $(\vec{v}, \vec{v}) \geq 0$ und $(\vec{v}, \vec{v}) = 0 \Leftrightarrow \vec{v} = \vec{0}$ (positive Definitheit)

Schreibweisen für das Skalarprodukt:

$(\vec{v}, \vec{w}) = <\vec{v}, \vec{w}> = [\vec{v}, \vec{w}]$, auf dem $\mathbb{R}^n$ auch $\vec{v} \cdot \vec{w} = \vec{v}^\top \vec{w}$, auf $\mathbb{C}^n$ auch $\vec{v}^* \vec{w}$

Ein Vektorraum mit einem Skalarprodukt wird als euklidischer Vektorraum bezeichnet. — euklidischer Vektorraum

Ist das Skalarprodukt von $\vec{v}$ und $\vec{w}$ Null, so heißen $\vec{v}$ und $\vec{w}$ orthogonal oder senkrecht. — orthogonal, senkrecht

Ist $U$ ein Unterraum von $V$, so ist die Menge aller Vektoren in $V$, die auf allen Vektoren von $U$ senkrecht stehen, ein Unterraum. Bezeichnung: $U^\perp := \{\vec{v} \mid (\vec{v}, \vec{u}) = 0 \text{ für alle } \vec{u} \in U\}$ ist das orthogonale Komplement zu $U$. Andere Bezeichnung: Orthogonalraum. — orthogonales Komplement, Orthogonalraum

Ist $\vec{v}_1$ bis $\vec{v}_k$ eine Basis (oder ein Erzeugendensystem) von $U$, so liegt $\vec{w}$ genau dann in $U^\perp$, wenn $\vec{w}$ auf allen $\vec{v}_i$ senkrecht steht, d.h.

$$\vec{v}_1 \cdot \vec{w} = \cdots = \vec{v}_k \cdot \vec{w} = 0.$$

Der Orthogonalraum eines Vektors $\vec{v} \neq \vec{0}$ im $\mathbb{R}^2$ ist der Spann des auf Seite 27 definierten orthogonalen Komplements $\vec{v}^R$.

**Beispiel 1:** Gesucht ist der Orthogonalraum $U^\perp$ des von $\vec{v}_1 = (1, 2, 3, 4, 5)^\top$, $\vec{v}_2 = (2, 3, 4, 5, 6)^\top$ und $\vec{v}_3 = (3, 4, 5, 6, 7)^\top$ aufgespannten Unterraums $U \subseteq \mathbb{R}^5$.

Für einen Vektor $\vec{x} = (x_1, x_2, x_3, x_4, x_5)^\top$ bedeutet $\vec{x} \cdot \vec{v}_i = 0$, daß folgende Gleichungen gelten:

$$x_1 + 2x_2 + 3x_3 + 4x_4 + 5x_5 = 0$$

$$2x_1 + 3x_2 + 4x_3 + 5x_4 + 6x_5 = 0$$
$$3x_1 + 4x_2 + 5x_3 + 6x_4 + 7x_5 = 0$$

In Matrixschreibweise bedeutet das gerade, daß $\vec{x}$ im Kern der Matrix $A$ aus Beispiel 13 liegt. Das Gleichungssystem wird mit dem Gauß'schen Eliminationsverfahren gelöst. Die ersten Umformungen sind dieselben wie in Beispiel 13 bei der Bestimmung des Rangs von $A$.

$$\begin{pmatrix} 1 & 2 & 3 & 4 & 5 \\ 2 & 3 & 4 & 5 & 6 \\ 3 & 4 & 5 & 6 & 7 \end{pmatrix} \Leftrightarrow \begin{pmatrix} 1 & 2 & 3 & 4 & 5 \\ 1 & 1 & 1 & 1 & 1 \\ 1 & 1 & 1 & 1 & 1 \end{pmatrix} \Leftrightarrow \begin{pmatrix} 1 & 2 & 3 & 4 & 5 \\ 1 & 1 & 1 & 1 & 1 \\ 0 & 0 & 0 & 0 & 0 \end{pmatrix}$$

$$\Leftrightarrow \begin{pmatrix} 1 & 2 & 3 & 4 & 5 \\ 0 & -1 & -2 & -3 & -4 \end{pmatrix} \Leftrightarrow \begin{pmatrix} 1 & 0 & -1 & -2 & -3 \\ 0 & 1 & 2 & 3 & 4 \end{pmatrix}$$

Daraus liest man die allgemeine Lösung mit den Parametern $r = x_3$, $s = x_4$ und $t = x_5$ ab:

$$\vec{x} = \begin{pmatrix} x_1 \\ x_2 \\ x_3 \\ x_4 \\ x_5 \end{pmatrix} = \begin{pmatrix} x_3 + 2x_4 + 3x_5 \\ -2x_3 - 3x_4 - 4x_5 \\ x_3 \\ x_4 \\ x_5 \end{pmatrix} = r \begin{pmatrix} 1 \\ -2 \\ 1 \\ 0 \\ 0 \end{pmatrix} + s \begin{pmatrix} 2 \\ -3 \\ 0 \\ 1 \\ 0 \end{pmatrix} + t \begin{pmatrix} 3 \\ -4 \\ 0 \\ 0 \\ 1 \end{pmatrix}$$

Die letzten drei Vektoren bilden eine Basis des gesuchten Unterraums $U^\perp$.

**Norm**    Jedes Skalarprodukt $(\cdot, \cdot)$ definiert eine Norm auf den Vektorraum: $||\vec{v}|| = (\vec{v}, \vec{v})^{1/2}$

**Eigenschaften von Norm und Skalarprodukt**

$$||\vec{v}|| \geq 0, \quad ||\vec{v}|| = 0 \Leftrightarrow \vec{v} = \vec{0} \quad \text{Positivität}$$

$$||\alpha \vec{v}|| = |\alpha| \, ||\vec{v}|| \quad \text{positive Homogenität}$$

$$||\vec{v} + \vec{w}|| \leq ||\vec{v}|| + ||\vec{w}||, \quad \big|||\vec{v}|| - ||\vec{w}||\big| \leq ||\vec{v} - \vec{w}|| \quad \text{Dreiecksungleichungen}$$

$$|(\vec{v}, \vec{w})| \leq ||\vec{v}|| \, ||\vec{w}|| \quad \text{Cauchy-Schwarzsche Ungleichung}$$

$$(\vec{v}, \vec{w}) = \frac{1}{4}\big((\vec{v}+\vec{w}, \vec{v}+\vec{w}) - (\vec{v}-\vec{w}, \vec{v}-\vec{w})\big) = \frac{1}{4}\big(||\vec{v}+\vec{w}||^2 - ||\vec{v}-\vec{w}||^2\big) \quad \text{Polarformel}$$

Die Polarformel dient dazu, Aussagen über Skalarprodukte zweier verschiedener Vektoren (linke Seite) auf Aussagen über Normen (rechte Seite) zurückzuführen.

**Beispiel 2:** Beispiele für Skalarprodukte

- Wichtigstes Beispiel ist das Standardskalarprodukt auf dem $\mathbb{R}^n$. Die zugehörige Norm ist der Betrag des Vektors.
  Im Standardskalarprodukt gilt $(A\vec{x}, \vec{y}) = (\vec{x}, A^\top \vec{y})$.

## 1.8. SKALARPRODUKT

- Ist $A$ eine symmetrische positiv definite Matrix (siehe nächster Abschnitt), so definiert die Zuordnung $\vec{x}, \vec{y} \to \vec{x}^\top A \vec{y}$ ein Skalarprodukt auf dem $\mathbb{R}^n$.

  Es läßt sich zeigen, daß alle Skalarprodukte auf dem $\mathbb{R}^n$ so entstehen. Im Standardskalarprodukt ist gerade $A = E_n$.

- Auf dem Raum der auf $[a,b]$ stetigen Funktionen $C([a,b])$ definiert die Zuordnung $f, g \to \int_a^b f(t)g(t)\, dt$ ein Skalarprodukt.

### Orthonormalsysteme, Orthogonale Projektion

Ist $\{\vec{b}_1, \vec{b}_2, \ldots\}$ eine Menge von Vektoren, die paarweise aufeinander senkrecht stehen, spricht man von einem Orthogonalsystem. Ist außerdem die Norm jedes Vektors eins (alle Vektoren sind Einheitsvektoren), hat man ein Orthonormalsystem, ONS.

*Orthogonalsystem*
*Orthonormalsystem*
*ONS*

Eine Orthonormalbasis ONB ist eine Basis, die ein Orthogonalsystem ist. Dieser Begriff ist wichtig, weil man beliebige Vektoren bezüglich einer ONB entwickeln kann:

*Orthonormalbasis*
*ONB*

Ist $\{\vec{v}_1, \ldots, \vec{v}_n\}$ eine Orthonormalbasis von $V$, so ist für jedes $\vec{x} \in V$

$$\vec{x} = (\vec{x}, \vec{v}_1)\vec{v}_1 + (\vec{x}, \vec{v}_2)\vec{v}_2 + \cdots + (\vec{x}, \vec{v}_n)\vec{v}_n = \sum_{j=1}^{n} (\vec{x}, \vec{v}_j)\vec{v}_j$$

Ist $U \subseteq V$, so läßt sich jeder Vektor $\vec{x} \in V$ zerlegen in eine Anteil $\vec{x}_1$, der in $U$ liegt, und einen Anteil $\vec{x}_2$, der auf $U$ senkrecht steht.

Die Abbildung $\vec{x} \to \vec{x}_1$ heißt orthogonale Projektion auf den Unterraum $U$.

*orthogonale Projektion*
*Konstruktion*

① Bestimme eine ONB $\vec{v}_1$ bis $\vec{v}_k$ des Unterraums $U$.

Das läßt sich eventuell mit dem unten beschriebenen Gram-Schmidt'schen Orthogonalisierungsverfahren erreichen.

② Die Projektion $\vec{x}_1 = P\vec{x}$ des Vektors $\vec{x} \in V$ ist dann

$$\vec{x}_1 = P\vec{x} = (\vec{x}, \vec{v}_1)\vec{v}_1 + (\vec{x}, \vec{v}_2)\vec{v}_2 + \cdots + (\vec{x}, \vec{v}_k)\vec{v}_k = \sum_{j=1}^{k} (\vec{x}, \vec{v}_j)\vec{v}_j$$

③ Es ist $\vec{x} = \vec{x}_1 + \vec{x}_2$ mit $\vec{x}_2 = \vec{x} - \vec{x}_1$.

Gram-Schmidtsches Orthogonalisierungsverfahren

## Gram-Schmidtsches Orthogonalisierungsverfahren

Das Gram-Schmidtsche Orthogonalisierungsverfahren dient dazu, zu einer Menge $\vec{v}_1$ bis $\vec{v}_k$ Vektoren $\vec{w}_1$ bis $\vec{w}_k$ zu bestimmen, die erstens ein Orthonormalsystem bilden und zweitens denselben Raum wie $\vec{v}_1$ bis $\vec{v}_k$ aufspannen. Manchmal wird es auch als Schmidt'sches Orthogonalisierungsverfahren bezeichnet. Das Verfahren beruht darauf, vom jeweils nächsten Vektor die Projektionen der schon konstruierten Vektoren zu subtrahieren, so daß ein zu diesen senkrechter Vektor übrigbleibt.

① Wähle $\vec{v}_1 \neq \vec{0}$ aus, setze $\vec{u}_1 = \vec{v}_1$ und bilde $\vec{w}_1 = \dfrac{1}{|\vec{v}_1|}\vec{v}_1$.

② Hat man bereits $\vec{w}_1$ bis $\vec{w}_{j-1}$ konstruiert, bilde

$$\vec{u}_j = \vec{v}_j - (\vec{v}_j, \vec{w}_1)\vec{w}_1 - \cdots - (\vec{v}_j, \vec{w}_{j-1})\vec{w}_{j-1} = \vec{v}_j - \sum_{i=1}^{j-1}(\vec{v}_j, \vec{w}_i)\vec{w}_i.$$

Rechentechnisch ist es oft einfacher, die $\vec{u}_i$ statt der $\vec{w}_i$ zu verwenden:

$$\vec{u}_j = \vec{v}_j - \frac{(\vec{v}_j, \vec{u}_1)}{(\vec{u}_1, \vec{u}_1)}\vec{u}_1 - \cdots - \frac{(\vec{v}_j, \vec{u}_{j-1})}{(\vec{u}_{j-1}, \vec{u}_{j-1})}\vec{u}_{j-1} = \vec{v}_j - \sum_{i=1}^{j-1}\frac{(\vec{v}_j, \vec{u}_i)}{|\vec{u}_i|^2}\vec{u}_i.$$

Da die $u_j$ ohnehin noch normiert werden, darf man $u_j$ auch durch ein Vielfaches ersetzen. Damit kann man gelegentlich die Verwendung von Brüchen umgehen.

③ Setze $\vec{w}_j = \dfrac{1}{|\vec{u}_j|}\vec{u}_j$ und mache bei ② weiter. Wenn man mit den $u_j$ rechnet, kann dieser Schritt auch erst am Schluß erfolgen.

④ Ist $\vec{u}_j = \vec{0}$, so war $\vec{v}_j$ von $\vec{v}_1$ bis $\vec{v}_{j-1}$ linear abhängig. In diesem Fall streicht man einfach $\vec{v}_j$ aus der Ausgangsmenge und macht mit dem nächsten Vektor weiter.

Waren die $\vec{v}_i$ linear unabhängig, tritt dieser Fall nicht ein.

**Beispiel 3:** Eine ONB für den Spann von $\vec{v}_1 = (1,2,1)^\mathsf{T}$ und $\vec{v}_2 = (4,2,4)^\mathsf{T}$

① Aus $\vec{v}_1 = \vec{u}_1 = (1,2,1)^\mathsf{T}$ erhält man $\vec{u}_1 \cdot \vec{u}_1 = 6$ und $\vec{w}_1 = \dfrac{1}{\sqrt{6}}(1,2,1)^\mathsf{T}$.

② $\vec{u}_2 = \begin{pmatrix}4\\2\\4\end{pmatrix} - \dfrac{\begin{pmatrix}4\\2\\4\end{pmatrix}\cdot\begin{pmatrix}1\\2\\1\end{pmatrix}}{6}\begin{pmatrix}1\\2\\1\end{pmatrix} = \begin{pmatrix}4\\2\\4\end{pmatrix} - \dfrac{12}{6}\begin{pmatrix}1\\2\\1\end{pmatrix} = \begin{pmatrix}2\\-2\\2\end{pmatrix}$

## 1.8. SKALARPRODUKT

③ $\vec{w}_2 = \frac{1}{\sqrt{3}}(1,-1,1)^\top$

$\vec{w}_1$ und $\vec{w}_2$ bilden eine ONB für den von $\vec{v}_1$ und $\vec{v}_2$ aufgespannten Unterraum.

### Komplexe Vektorräume

Alle in diesem Kapitel gemachten Aussagen und Definitionen gelten auch in komplexen Vektorräumen, wenn man jedesmal $\mathbb{R}$ durch $\mathbb{C}$ und $\mathbb{R}^n$ durch $\mathbb{C}^n$ ersetzt.

Komplexe Vektorräume

$$\text{Es ist } (\vec{v},\vec{w}) = \vec{w}^*\vec{v} = \sum_{k=1}^{n} v_i \overline{w_i} \text{ und } |\vec{v}| = (\vec{v},\vec{v})^{1/2} = \sqrt{|v_1|^2 + \cdots + |v_n|^2}$$

Die einzigen Unterschiede treten an folgenden Stellen auf:

- Statt einer symmetrischen hat man jetzt eine hermitesche Bilinearform:

  $(\vec{u},\vec{v}) = \overline{(\vec{v},\vec{u})}$ und $(\lambda\vec{u},\vec{v}) = \lambda(\vec{u},\vec{v})$, aber $(\vec{u},\lambda\vec{v}) = \overline{\lambda}(\vec{u},\vec{v})$

- Die Polarformel gilt nicht.

- Das orthogonale Komplement eines Vektors im $\mathbb{C}^2$: $\begin{pmatrix} a \\ b \end{pmatrix}^R = \begin{pmatrix} -\overline{b} \\ \overline{a} \end{pmatrix}$

- Es ist im (komplexen) Standardskalarprodukt $(A\vec{x},\vec{y}) = (\vec{x}, A^*\vec{y})$ (adjungierte Matrix).

### 3. Beispiele

**Beispiel 4:** Orthogonale Projektion von $\vec{x} = (1,2,3)^\top$ auf den Unterraum aus Beispiel 3

Mit der in Beispiel 3 konstuierten Orthonormalbasis $\vec{w}_1, \vec{w}_2$ ist die Projektion

$$P\vec{x} = (\vec{x},\vec{w}_1)\vec{w}_1 + (\vec{x},\vec{w}_2)\vec{w}_2 =$$

$$\frac{1}{6}\left[\begin{pmatrix}1\\2\\3\end{pmatrix}\cdot\begin{pmatrix}1\\2\\1\end{pmatrix}\right]\begin{pmatrix}1\\2\\1\end{pmatrix} + \frac{1}{3}\left[\begin{pmatrix}1\\2\\3\end{pmatrix}\cdot\begin{pmatrix}1\\-1\\1\end{pmatrix}\right]\begin{pmatrix}1\\-1\\1\end{pmatrix} = \frac{8}{6}\begin{pmatrix}1\\2\\1\end{pmatrix} + \frac{2}{3}\begin{pmatrix}1\\-1\\1\end{pmatrix} = \begin{pmatrix}2\\2\\2\end{pmatrix}$$

Mit den Methoden aus Abschnitt 7 erhält man, daß $P$ durch $P\vec{x} = \frac{1}{2}\begin{pmatrix} 1 & 0 & 1 \\ 0 & 2 & 0 \\ 1 & 0 & 1 \end{pmatrix}\vec{x}$ gegeben ist.

**Beispiel 5:** Das Skalarprodukt von $\vec{v} = \begin{pmatrix} 1+i \\ 2+i \end{pmatrix}$ und $\vec{w} = \begin{pmatrix} 2i \\ 2-i \end{pmatrix}$

Da es sich um komplexe Vektoren handelt, muß man die komplexe Form des Skalarprodukts verwenden:

$$(\vec{v}, \vec{w}) = \vec{w}^*\vec{v} = (-2i, 2+i)\begin{pmatrix} 1+i \\ 2+i \end{pmatrix} = (-2i+2) + (3+4i) = 5+2i.$$

**Beispiel 6:** Gesucht ist eine Orthonormalbasis für den von $\vec{v}_1 = (1, i, 0, 0)^\top$, $\vec{v}_2 = (0, 1, i, 0)^\top$ und $\vec{v}_3 = (0, 0, 1, i)^\top$ aufgespannten Unterraum des $\mathbb{C}^4$.

Es wird das Gram-Schmidt'sche Orthogonalisierungsverfahren verwendet.

① Es ist $\vec{u}_1 = \vec{v}_1$ und wegen $|\vec{u}_1| = \sqrt{2}$ ist $\vec{w}_1 = \frac{1}{\sqrt{2}}(1, i, 0, 0)^\top$

② Jetzt muß das Skalarprodukt $(\vec{v}_2, \vec{u}_1) = \vec{u}_1^*\vec{v}_2$ berechnet werden:

$$\vec{u}_1^*\vec{v}_2 = (1, -i, 0, 0)\begin{pmatrix} 0 \\ 1 \\ i \\ 0 \end{pmatrix} = -i.$$

Wegen $(\vec{u}_1, \vec{u}_1) = |\vec{u}_1|^2 = 2$ errechnet sich $\vec{u}_2$ als

$$\vec{u}_2 = \vec{v}_2 - \frac{(\vec{v}_2, \vec{u}_1)}{|\vec{u}_1|^2}\vec{u}_1 = \begin{pmatrix} 0 \\ 1 \\ i \\ 0 \end{pmatrix} - \frac{-i}{2}\begin{pmatrix} 1 \\ i \\ 0 \\ 0 \end{pmatrix} = \frac{1}{2}\begin{pmatrix} i \\ 1 \\ 2i \\ 0 \end{pmatrix}.$$

③ Verdoppeln von $u_2$ gibt $\vec{u}_2 = (i, 1, 2i, 0)^\top$, $|\vec{u}_2|^2 = 6$ und $\vec{w}_2 = \frac{1}{\sqrt{6}}(i, 1, 2i, 0)^\top$.

② Das Skalarprodukt von $\vec{v}_3$ mit $\vec{u}_1$ ist offensichtlich Null.

$$(\vec{v}_3, \vec{u}_2) = \vec{u}_2^*\vec{v}_3 = (-i, 1, -2i, 0)\begin{pmatrix} 0 \\ 0 \\ 1 \\ i \end{pmatrix} = -2i.$$

$$\vec{u}_3 = \vec{v}_3 - \frac{(\vec{v}_3, \vec{u}_1)}{|\vec{u}_1|^2}\vec{u}_1 - \frac{(\vec{v}_3, \vec{u}_2)}{|\vec{u}_2|^2}\vec{u}_2 = \begin{pmatrix} 0 \\ 0 \\ 1 \\ i \end{pmatrix} - 0\begin{pmatrix} 1 \\ i \\ 0 \\ 0 \end{pmatrix} - \frac{-2i}{6}\begin{pmatrix} i \\ 1 \\ 2i \\ 0 \end{pmatrix} = \frac{1}{3}\begin{pmatrix} -1 \\ i \\ 1 \\ 3i \end{pmatrix}$$

③ Es ist $\vec{w}_3 = \frac{1}{\sqrt{12}}(-1, i, 1, 3i)^\top$.

$\vec{w}_1$, $\vec{w}_2$ und $\vec{w}_3$ sind die gesuchte Orthonormalbasis.

## 1.9 Eigenwerte und Eigenvektoren

Alles in diesem Abschnitt bezieht sich auf quadratische reelle oder komplexe $n \times n$-Matrizen.

Statt $E_n$ ($n \times n$-Einheitsmatrix) wird kurz $E$ geschrieben.

### 1. Definitionen

**Eigenwerte und Eigenvektoren**

Ist $A$ eine Matrix, so heißt $p(\lambda) = \det(A - \lambda E)$ charakteristisches Polynom von $A$. Eine (komplexe) Zahl $\lambda$ heißt Eigenwert(EW) von $A$, wenn $\lambda$ Nullstelle des charakteristischen Polynoms ist.

charakteristisches Polynom<br>Eigenwert<br>EW

Ist $\lambda$ Eigenwert von $A$ und $\vec{x}$ ein Vektor $\vec{x} \neq \vec{0}$ mit $(A - \lambda E)\vec{x} = \vec{0}$, so heißt $\vec{x}$ Eigenvektor EV von $A$ zum Eigenwert $\lambda$.

Eigenvektor<br>EV

Das bedeutet, daß $\vec{x} \neq \vec{0}$ genau dann Eigenvektor zum Eigenwert $\lambda$ ist, wenn gilt

$$A\vec{x} = \lambda \vec{x}$$

Ist $\lambda$ $k$-fache Nullstelle von $p$, so ist $o(\lambda) = k$ die algebraische Vielfachheit von $\lambda$.

Die geometrische Vielfachheit oder Vielfachheit $\nu(\lambda)$ ist die Dimension des Kerns von $A - \lambda E$, also die Dimension des Eigenraums von $A$ zu $\lambda$.

algebraische und geometrische Vielfachheit<br>Eigenraum

Andere Bezeichnungen: Manchmal sagt man Ordnung statt algebraischer Vielfachheit und Vielfachheit statt geometrischer Vielfachheit.

Ist $\lambda$ Eigenwert von $A$, so ist $1 \leq \nu(\lambda) \leq o(\lambda) \leq n$. Im Fall $\nu(\lambda) < o(\lambda)$ existieren zu $\lambda$ Hauptvektoren (HV) höherer Stufe.

Hauptvektor<br>HV

Ein Vektor $\vec{x}$ heißt Hauptvektor $k$-ter Stufe zu $\lambda$, wenn gilt

$$(A - \lambda E)^k \vec{x} = \vec{0}, \quad \text{aber} \quad (A - \lambda E)^{k-1} \vec{x} \neq \vec{0}.$$

Wegen $(A - \lambda E)^0 \vec{x} = E\vec{x} = \vec{x}$ sind die Eigenvektoren gerade die Hauptvektoren erster Stufe. Ist $\vec{x}$ Hauptvektor $k$-ter Stufe, so ist $(A - \lambda E)\vec{x}$ Hauptvektor $(k-1)$-ster Stufe.

Der Hauptraum ist der Spann aller Hauptvektoren. Seine Dimension ist $o(\lambda)$, d.h. es gibt insgesamt soviele l.u. Hauptvektoren wie die Nullstellenordnung von $\lambda$.

Hauptraum

Insbesondere gilt bei einer einfachen Nullstelle des charakteristischen Polynoms: Es gibt einen eindimensionalen Eigenraum und keine Hauptvektoren höherer Stufe.

diagonalisier-
bar

Eine reelle Matrix heißt (reell) diagonalisierbar, wenn

i) das charakteristische Polynom nur reelle Nullstellen hat

ii) für jede Nullstelle algebraische und geometrische Vielfachheit übereinstimmen.

Das bedeutet, daß der $\mathbb{R}^n$ eine Basis aus Eigenvektoren von $A$ hat bzw. daß es keine Hauptvektoren höherer Stufe gibt.

Entsprechen heißt eine komplexe Matrix (komplex) diagonalisierbar, wenn für jede Nullstelle die geometrische und algebraische Vielfachheit übereinstimmen.

Spektrum

Das Spektrum von $A$ ist die Menge der Eigenwerte $\sigma(A) = \{\lambda_1, \ldots, \lambda_k\}$, die Resolventenmenge ist $\rho(A) = \mathbb{C}\backslash\sigma(A)$. Ist $\lambda \in \rho(A)$, so heißt die dann existierende Matrix $(A - \lambda E)^{-1}$ Resolvente.

orthogonal

Eine Matrix heißt orthogonal, wenn ihre Spalten ein Orthonormalbasis bilden; d.h. die Skalarprodukte verschiedener Spalten sind stets Null und der Betrag jedes Spaltenvektors ist eins. Äquivalent dazu ist

$$A^\top = A^{-1} \quad \text{oder} \quad A^\top A = A\,A^\top = E_n.$$

unitär

Im komplexen Fall heißt eine Matrix unitär, wenn gilt

$$A^* = A^{-1} \quad \text{oder} \quad A^* A = A\,A^* = E_n.$$

Die Bedeutung orthogonaler und unitärer Matrizen liegt darin, daß für beliebige Vektoren $\vec{v}$ und $\vec{w}$ und einer orthogonalen oder unitären Matrix $A$ gilt

$$|A\vec{v}| = |\vec{v}| \quad \text{und} \quad (A\vec{v}, A\vec{w}) = (\vec{v}, \vec{w})$$

Eine orthogonale Transformation ändert also Winkel und Längen nicht.

### Symmetrische Matrizen und quadratische Formen

quadratische
Form

Eine quadratische Form auf dem $\mathbb{R}^n$ ist eine Abbildung der Form

$$\vec{x} = (x_1, \ldots, x_n)^\top \to Q(\vec{x}) = \sum_{i,j=1}^{n} c_{ij}\, x_i\, x_j$$

Die $c_{ij}$ sind dabei reelle Zahlen mit $c_{ij} = c_{ji}$. Mit der symmetrischen Matrix $C = (c_{ij})_{i,j=1\ldots n}$ schreibt sich das als

$$Q(\vec{x}) = \vec{x}^\top C \vec{x},$$

Andersherum ist $Q$ die zu $C$ gehörende quadratische Form. Die Untersuchung quadratischer Formen ist wichtig bei der Untersuchung von lokalen Extrema von Funktionen auf dem $\mathbb{R}^n$, vgl. Kapitel 4.5. Dort ist die symmetrische Matrix

## 1.9. EIGENWERTE UND EIGENVEKTOREN

durch die Hessematrix einer zweimal stetig differenzierbaren Funktion gegeben. In diesem Abschnitt findet man auch weitere Kriterien und Rechenmethoden zur Untersuchung der Definitheit einer quadratischen Form oder Matrix, z.B. das Hurwitz-Kriterium.

Eine symmetrische Matrix heißt genau dann positiv/negativ (semi)definit oder indefinit, falls das für die entsprechende quadratische Form gilt.

Die quadratische Form heißt                                                                                   Definitheit

**positiv definit** , wenn für $\vec{x} \neq \vec{0}$ stets $Q(\vec{x}) > 0$ ist
$\Leftrightarrow$ für alle Eigenwerte $\lambda$ von $C$ ist $\lambda > 0$.

**positiv semidefinit** , wenn für stets $Q(\vec{x}) \geq 0$ ist
$\Leftrightarrow$ für alle Eigenwerte $\lambda$ von $C$ ist $\lambda \geq 0$.

**negativ definit** , wenn für $\vec{x} \neq \vec{0}$ stets $Q(\vec{x}) < 0$ ist
$\Leftrightarrow$ für alle Eigenwerte $\lambda$ von $C$ ist $\lambda < 0$.

**negativ semidefinit** , wenn für stets $Q(\vec{x}) \leq 0$ ist
$\Leftrightarrow$ für alle Eigenwerte $\lambda$ von $C$ ist $\lambda \leq 0$.

**definit** , falls $Q$ negativ oder positiv definit ist.

**indefinit** , falls es $\vec{x}$ und $\vec{y}$ gibt mit $Q(\vec{x}) < 0 < Q(\vec{y})$
$\Leftrightarrow$ die Matrix $C$ hat positive und negative EW.

**(Gefährliche) Schreibweise:** $C$ positiv definit: $C > 0$, $C$ positiv semidefinit:   Schreibweise
$C \geq 0$, $C$ negativ (semi)definit: $C < 0$ ($C \leq 0$).

### 2. Berechnung

**Berechnung von Eigenwerten und Eigenvektoren**

Grundsätzlich geht man so vor:

① Aufstellen des charakteristischen Polynoms $p(\lambda) = \det(A - \lambda E)$

② Ermittlung der Eigenwerte als Nullstellen von $p$ (Hornerschema)

③ Zu jedem EW werden die zugehörigen EV bestimmt (Gaußalgorithmus).

④ Falls bei einem EW $\lambda$ die geometrische kleiner als die algebraische Vielfachheit ist, kann man Hauptvektoren bestimmen.

> **zu ①: Aufstellen des charakteristischen Polynoms**

Das charakteristische Polynom wird als Determinante derjenigen Matrix berechnet, die entsteht, wenn in $A$ von den Hauptdiagonalelementen jeweils $\lambda$ abgezogen wird. Im allgemeinen lohnen sich Umformungen mit den Zeilen oder Spalten nur selten: zwar kann man sich kleinere Zahlen beim Rechnen erzeugen, dafür nimmt die Anzahl der $\lambda$ in der Matrix aber zu. Hat man eine Zeile oder Spalte mit vielen Nullen, lohnt sich (wie immer) Entwickeln. Wenn man Produkte nicht sofort ausmultipliziert, kann man manchmal im nächsten Schritt Rechnungen einsparen.

Kontrolle  Als Alternative oder zur Kontrolle kann man benutzen: $p$ hat immer die Form

$$p(\lambda) = (-1)^n \lambda^n + (-1)^{n-1}\operatorname{spur} A\, \lambda^{n-1} + \cdots + \det A.$$

Spur  Die Spur einer Matrix $A$ (spur $A$) ist die Summe der Elemente auf der Hauptdiagonalen.

Für $n = 2$ und $n = 3$ ist das ausgeschrieben:

> $$p(\lambda) = \lambda^2 - \operatorname{spur} A\, \lambda + \det A \qquad (n=2)$$
>
> $$p(\lambda) = -\lambda^3 + \operatorname{spur} A\, \lambda^2 - c_2 \lambda + \det A \qquad (n=3)$$
>
> $c_2$ ist für $A = \begin{pmatrix} a & b & c \\ d & e & f \\ g & h & j \end{pmatrix}$ definiert als $c_2 = \begin{vmatrix} a & b \\ d & e \end{vmatrix} + \begin{vmatrix} a & c \\ g & j \end{vmatrix} + \begin{vmatrix} e & f \\ h & j \end{vmatrix}.$

> **Beispiel 1:** $A = \begin{pmatrix} 1 & 2 & 3 \\ 4 & 3 & -2 \\ 0 & 0 & 5 \end{pmatrix}$

$\operatorname{spur} A = 1 + 3 + 5 = 9$, $c_2 = \begin{vmatrix} 1 & 2 \\ 4 & 3 \end{vmatrix} + \begin{vmatrix} 1 & 3 \\ 0 & 5 \end{vmatrix} + \begin{vmatrix} 3 & -2 \\ 0 & 5 \end{vmatrix} = -5 + 5 + 15 = 15$,

$\det A = 5 \begin{vmatrix} 1 & 2 \\ 4 & 3 \end{vmatrix} = -25$ und damit $p(\lambda) = -\lambda^3 + 9\lambda^2 - 15\lambda - 25$.

Wenn man will, stellt man lieber die Nullstellen von $-p$ fest (da $-p(\lambda)$ mit $+\lambda^3$ beginnt), rät (da die Summe der Koeffizienten bei den geraden und ungeraden Potenzen beidesmal 16 ist) die Nullstelle $\lambda_1 = -1$ und dividiert mit dem Hornerschema:

$$\begin{array}{r|rrrr} & 1 & -9 & 15 & 25 \\ -1 & - & -1 & 10 & -25 \\ \hline & 1 & -10 & 25 & 0 \end{array}$$

Das Restpolynom $\lambda^2 - 10\lambda + 25$ hat die doppelte Nullstelle $\lambda_{2,3} = 5$. Es ist also

$$\lambda_1 = -1, \quad \lambda_2 = \lambda_3 = 5.$$

## 1.9. EIGENWERTE UND EIGENVEKTOREN

Einfacher ist es so: Beim Ausrechnen von $p(\lambda) = \begin{vmatrix} 1-\lambda & 2 & 3 \\ 4 & 3-\lambda & -2 \\ 0 & 0 & 5-\lambda \end{vmatrix}$ entwickelt man nach der letzten Zeile und erhält mit der $p$-$q$-Formel

$$p(\lambda) = (5-\lambda)\begin{vmatrix} 1-\lambda & 2 \\ 4 & 3-\lambda \end{vmatrix} = (5-\lambda)(\lambda^2 - 4\lambda - 5) = -(\lambda+1)(\lambda-5)^2$$

### zu ②: Ermittlung der Eigenwerte

Hat man in ① $p(\lambda)$ bestimmt, sucht man wie in Abschnitt 1 beschrieben die Nullstellen. Hilfsmittel ist oft das Hornerschema.

Bei einigen Matrizen geht es schneller, da man ① und ② in einem Schritt erledigen kann:

Ist $A$ eine Diagonalmatrix oder eine (obere oder untere) Dreiecksmatrix, so stehen die Eigenwerte von $A$ in der Hauptdiagonalen.

### zu ③: Bestimmung der Eigenvektoren

Ist $\lambda$ ein EW von $A$, so sind die EV die Elemente aus dem Kern von $A - \lambda E$, die nicht der Nullvektor sind. Gesucht sind also Lösungen des homogenen LGS

$$(A - \lambda E)\vec{x} = \vec{0}.$$

Die Bestimmung erfolgt in der Regel mit den Gaußschen Eliminationsverfahren. Die Dimension des Lösungsraums ist mindestens eins und höchstens so groß wie $o(\lambda)$, die algebraische Vielfachheit von $\lambda$.

Zum Abschluß empfiehlt es sich, eine Probe zu machen: Man rechnet die Gleichung $A\vec{x} = \lambda\vec{x}$ nach. Dabei kann man so vorgehen: Man schreibt alle gefundenen EV nebeneinander in eine Matrix $B$ und berechnet $AB$. Die Spalten dieser Produktmatrix müssen dann die Form "Eigenwert * Eigenvektor" haben; d.h. es müssen die entsprechenden Vielfachen der Spalten von $B$ sein.

Probe

### Beispiel 1: Fortsetzung

Zu $\lambda_1 = -1$ bildet man $A - \lambda_1 E = A + E$ und bestimmt den Kern:

$$\begin{pmatrix} 2 & 2 & 3 \\ 4 & 4 & -2 \\ 0 & 0 & 6 \end{pmatrix} \Leftrightarrow \begin{pmatrix} 2 & 2 & 3 \\ 4 & 4 & -2 \\ 0 & 0 & 1 \end{pmatrix} \Leftrightarrow \begin{pmatrix} 2 & 2 & 0 \\ 4 & 4 & 0 \\ 0 & 0 & 1 \end{pmatrix} \Leftrightarrow \begin{pmatrix} 1 & 1 & 0 \\ 0 & 0 & 0 \\ 0 & 0 & 1 \end{pmatrix}$$

Daraus liest man einen EV $(1, -1, 0)^\top$ ab.

Zu $\lambda_{2,3} = 5$ rechnet man analog mit $A - 5E$:

$$\begin{pmatrix} -4 & 2 & 3 \\ 4 & -2 & -2 \\ 0 & 0 & 0 \end{pmatrix} \Leftrightarrow \begin{pmatrix} -4 & 2 & 3 \\ 0 & 0 & 1 \\ 0 & 0 & 0 \end{pmatrix} \Leftrightarrow \begin{pmatrix} -4 & 2 & 0 \\ 0 & 0 & 1 \\ 0 & 0 & 0 \end{pmatrix}$$

Da $A - 5E$ der Rang zwei hat, gibt es also nur einen eindimensionalen Eigenraum, obwohl $\lambda = 5$ doppelter Eigenwert ist. Einen EV liest man als $(1, 2, 0)^\top$ ab.

Die Probe macht man für beide EV gleichzeitig mit dem Falk-Schema:

$$\begin{array}{c|cc}
 & 1 & 1 \\
 & -1 & 2 \quad \leftarrow \text{Eigenvektoren} \\
 & 0 & 0 \\
\hline
\begin{array}{ccc} 1 & 2 & 3 \end{array} & -1 & 5 \\
\text{Matrix } A \rightarrow \begin{array}{ccc} 4 & 3 & -2 \end{array} & 1 & 10 \quad \leftarrow \text{Eigenwert} * \text{Eigenvektor} \\
\begin{array}{ccc} 0 & 0 & 5 \end{array} & 0 & 0
\end{array}$$

**zu ④: Bestimmung von Hauptvektoren**

Diesen Schritt braucht man nur, wenn die algebraische Vielfachheit $o(\lambda)$, also die Nullstellenordnung von $\lambda$, größer ist als die geometrische Vielfachheit $\nu(\lambda)$, also die Dimension des Eigenraums zu $\lambda$.

Man bestimmt nun nacheinander die Hauptvektoren zweiter, dritter usw. Stufe, bis die Dimension des verallgemeinerten Hauptraums $o(\lambda)$ ist.

Hauptvektoren höherer als erster Stufe sind nie eindeutig bestimmt. Das liegt daran, daß für einen HV $\vec{v}$ $k$-ter Stufe und einen HV $\vec{w}$ kleinerer als $k$-ter Stufe die Linearkombination $\vec{v} + \alpha \vec{w}$ ein HV $k$-ter Stufe ist.

① Bilde $(A - \lambda E)^2$ und bestimme den Kern. Der besteht genau aus dem Spann der EV (HV 1. Stufe) und der HV 2. Stufe. Man ergänzt nun eine Basis des Eigenraums zu einer Basis des Hauptraums zweiter Stufe.

Die ergänzenden Vektoren sind HV 2. Stufe

② Wenn man noch nicht genug HV hat, bildet man $(A - \lambda E)^3$, bestimmt den Kern und ergänzt eine Basis des Kerns von $(A - \lambda E)^2$ zu einer von $(A - \lambda E)^3$. Die ergänzenden Vektoren sind HV 3. Stufe.

③ Nach demselben Verfahren werden sukzessive weiter Hauptvektoren bestimmt. Das Verfahren bricht spätestens nach dem $o(\lambda)$-sten Schritt ab.

Die Basisergänzung in ① und ② kann man umgehen, indem man HV sucht, die auf den bereits gefundenen HV kleinerer Stufe senkrecht stehen und daher von ihnen l.u. sind:

## 1.9. EIGENWERTE UND EIGENVEKTOREN

① Bilde $B = (A - \lambda E)^2$ und ergänze $B$ um <u>Zeilen</u>, die aus den bereits gefundenen HV 1. Stufe (den EV) besteht.

Der Kern der so erweiterten Matrix besteht aus HV 2. Stufe.

② Bilde $B = (A - \lambda E)^3$ und ergänze $B$ um <u>Zeilen</u>, die aus den bereits gefundenen HV 1. und 2. Stufe besteht.

Der Kern der so erweiterten Matrix besteht aus HV 3. Stufe.

**Beispiel 1:** Fortsetzung

Da $\nu(5) = 1$ und $o(5) = 2$ ist, braucht man nur einen HV zweiter Stufe.

① Zunächst bildet man $B = (A - 5E)^2 = \begin{pmatrix} 24 & -12 & -16 \\ -24 & 12 & 16 \\ 0 & 0 & 0 \end{pmatrix}$.

Da der Rang von $B$ offensichtlich eins ist, hat der Kern nach der Dimesionsformel (S. 65) die Dimension zwei. Wenn man jetzt den Kern von $B$ bestimmt, benutzt man clevererweise, daß man schon weiß, daß der EV $v_1 = (1, 2, 0)^\top$ im Kern liegt. Ein zweiter davon linear unabhängiger Vektor im Kern ist z.B. $\vec{v}_2 = (2, 0, 3)$, und das ist der gesuchte Hauptvektor.

Bei der alternativen Methode muß man mehr rechnen und weniger denken:

① In der Matrix $B$ oben läßt man die zweite und dritte Zeile weg und ergänzt um die Zeile $(1, 2, 0)$.

$\begin{pmatrix} 1 & 2 & 0 \\ 24 & -12 & -16 \end{pmatrix} \Leftrightarrow \begin{pmatrix} 1 & 2 & 0 \\ 0 & -60 & -16 \end{pmatrix} \Leftrightarrow \begin{pmatrix} 1 & 2 & 0 \\ 0 & 1 & 4/15 \end{pmatrix} \Leftrightarrow \begin{pmatrix} 1 & 0 & -8/15 \\ 0 & 1 & 4/15 \end{pmatrix}$

Daraus liest man $(8/15, -4/15, 1)^\top$ oder $(8, -4, 15)$ als HV ab.

**Besonderheiten bei reellen Matrizen**

- Da auch reelle Polynome nichtreelle Nullstellen haben können, kann eine reelle Matrix $A$ auch nichtreelle komplexe EW haben. In diesem Fall kann man zu $A$ komplexe EV bestimmen.

- Ist $\lambda = a + ib$ einen nichtreeller EW, so ist auch $\overline{\lambda} = a - ib$ EW, und zwar mit derselben algebraischen und geometrischen Vielfachheit wie $\lambda$.

- Ist $\vec{x}$ EV zum nichtreellen EW $\lambda = a + ib$, so ist $\overline{\vec{x}}$ Ev zu EW $\overline{\lambda} = a - ib$.

**Beispiel 2:** Eigenwerte und -vektoren von $A = \begin{pmatrix} 4 & 1 \\ -2 & 2 \end{pmatrix}$

① Es ist $p(\lambda) = \det \begin{pmatrix} 4-\lambda & 1 \\ -2 & 2-\lambda \end{pmatrix} = (4-\lambda)(2-\lambda) + 2 = \lambda^2 - 6\lambda + 10$.
Alternativ:
$$\text{spur } A = 6, \quad \det A = 10 \quad \Rightarrow \quad p(\lambda) = \lambda^2 - 6\lambda + 10$$

② Die $p$-$q$-Formel gibt $\lambda_{1,2} = 3 \pm i$.

③ Da $A$ eine reelle Matrix ist, braucht man nur zu einem der EW einen EV zu bestimmen, da man den anderen durch komplexes Konjugieren erhält. Da $A - \lambda E$ gebildet wird und man mit positivem Realteil meist leichter rechnet, wird ein EV zu $\lambda_2 = 3 - i$ bestimmt.
$$A - \lambda_2 E = A - (3-i)E = \begin{pmatrix} 1+i & 1 \\ -2 & -1+i \end{pmatrix}$$
Die zweite Zeile ist das $(-1+i)$-fache der ersten Zeile und kann weggelassen werden. Aus der ersten Zeile liest man einen Eigenvektor $\vec{v}_2 = (1, -1-i)^\top$ ab.
Damit ist $\vec{v}_1 = (1, -1+i)^\top$ EV zum EW $\lambda_1 = 3 + i$.

**Besonderheiten bei symmetrischen und hermiteschen Matrizen**

- Symmetrische und hermitesche Matrizen haben stets nur reelle Eigenwerte.
- Für jeden EW stimmen algebraische und geometrische Vielfachheit überein.
- Eigenvektoren zu verschiedenen EW stehen senkrecht aufeinander.
- Es gibt eine Orthonormalbasis des $\mathbb{R}^n$ bzw. $\mathbb{C}^n$ aus Eigenvektoren.
  Das bedeutet, daß diese Matrizen immer diagonalisierbar sind und daß sich jeder Vektor in der Basis der EW entwickeln läßt.
- Schiefsymmetrische und schiefhermitesche Matrizen haben stets rein imaginäre EW, d.h. der Realteil ist immer null. Ist die Raumdimension ungerade, so haben (reelle) schiefsymmetrische Matrizen immer null als EW und sind damit nicht invertierbar.
- Ist $A$ eine symmetrische [hermitesche] Matrix, so gibt es eine ONB aus Eigenvektoren. Faßt man diese zu einer Matrix $C$ zusammen, so ist $C$ eine orthogonale [unitäre] Matrix, d.h. es ist $CC^\top = E_n$ [$CC^* = E_n$]. Es ist
$$C^\top A C = C^{-1} A C = D, \quad [C^* A C = C^{-1} A C = D]$$
  wobei $D$ eine Diagonalmatrix ist, die auf der Hauptdiagonale die EW von $A$ enthält.

## 1.9. EIGENWERTE UND EIGENVEKTOREN

**Eigenschaften des Spektrums**

Ist $A$ eine Matrix mit den Eigenwerten $\lambda_1, \lambda_2\ldots$, so gilt:

- Die Eigenwerte von $A + \mu E$ sind $\lambda_1 + \mu, \lambda_2 + \mu, \ldots$

- Die Eigenwerte von $\alpha A$ sind $\alpha\lambda_1, \alpha\lambda_2, \ldots$

- Die Eigenwerte von $A^k$, $k \in \mathbb{N}$ sind $\lambda_1^k, \lambda_2^k, \ldots$

- $A$ invertierbar $\Leftrightarrow$ 0 ist kein Eigenwert von $A$.

  In diesem Fall gilt die letzte Aussage auch für $k \in \mathbb{Z}$. Insbesondere hat $A^{-1}$ die Eigenwerte $\frac{1}{\lambda_1}, \frac{1}{\lambda_2}, \ldots$

- Weder für die Eigenwerte von $A+B$ noch für die von $AB$ gibt es einfache Regeln.

**Beispiel 3:** Eigenwerte und -vektoren von $A = \begin{pmatrix} 3 & 2 \\ 2 & 6 \end{pmatrix}$

① und ② Es ist

$$p(\lambda) = \begin{vmatrix} 3-\lambda & 2 \\ 2 & 6-\lambda \end{vmatrix} = \lambda^2 - 9\lambda + 14 = (\lambda - 2)(\lambda - 7)$$

und damit $\lambda_1 = 2$ und $\lambda_2 = 7$.

③ Zu $\lambda_1 = 2$ bildet man $A - 2E = \begin{pmatrix} 1 & 2 \\ 2 & 4 \end{pmatrix}$ und liest einen EV $\vec{v}_1 = \begin{pmatrix} -2 \\ 1 \end{pmatrix}$ ab.

Einen EV zu $\lambda_2 = 7$ kann man analog berechnen. Alternativ kann man auch die Tatsache benutzen, daß bei symmetrischen Matrizen die EV zu verschiedenen EW senkrecht zueinander stehen. Man erhält einen EV zu $\lambda_2 = 7$ als orthogonales Komplement zu $\vec{v}_1$ als $\vec{v}_2 = \vec{v}_1^R = \begin{pmatrix} -1 \\ -2 \end{pmatrix}$.

Normiert man $\vec{v}_1$ und $\vec{v}_2$ und schreibt sie dann in eine Matrix $C$, erhält man

$$C = \frac{1}{\sqrt{5}} \begin{pmatrix} -2 & -1 \\ 1 & -2 \end{pmatrix}.$$

Da die Spalten von $C$ ein ONS bilden, ist $C$ eine orthogonale Matrix, also $C^\top = C^{-1}$. Mit $D = \begin{pmatrix} 2 & 0 \\ 0 & 7 \end{pmatrix}$ hat man die Gleichung

$$AC = CD.$$

Diese Gleichung liest man so, wie in Abschnitt 4 beschrieben ist. In $C$ stehen die EV von A. Das Produkt $AC$ ist also spaltenweise das Produkt von $A$ mit seinen EV. Auf der anderen Seite steht das Produkt der Eigenvektormatrix $C$ mit der Diagonalmatrix $D$. Das ist in Abschnitt 4 bereits als eine Matrix bestimmt worden, deren Spalten aus Vielfachen der Spalten von $C$ besteht, wobei die Faktoren die Diagonalelemente von $D$ sind.

Insgesamt bedeutet die Gleichung also "Matrix mal EV = EW mal EV".

Aus der Orthogonalität von $C$ erhält man nun

$$AC = CD \quad \Leftrightarrow \quad C^{-1}AC = D \quad \Leftrightarrow \quad C^{T}AC = D.$$

Die vorletzte Gleichung bedeutet nach den in Abschnitt 7 über Basiswechsel gemachten Aussagen, daß die zu $A$ gehörende Abbildung in der Basis, die aus den orthonormierten EW von $A$ besteht, eine besonders einfache Gestalt hat, nämlich durch die Diagonalmatrix $D$ gegeben wird.

Nach all den theoretischen Erklärungen kann man das auch ausrechnen:

$$\begin{aligned} C^{-1}AC &= C^{T}AC = \frac{1}{\sqrt{5}}\begin{pmatrix} -2 & 1 \\ -1 & -2 \end{pmatrix}\begin{pmatrix} 3 & 2 \\ 2 & 6 \end{pmatrix}\frac{1}{\sqrt{5}}\begin{pmatrix} -2 & -1 \\ 1 & -2 \end{pmatrix} \\ &= \frac{1}{5}\begin{pmatrix} -4 & 2 \\ -7 & -14 \end{pmatrix}\begin{pmatrix} -2 & -1 \\ 1 & -2 \end{pmatrix} \\ &= \frac{1}{5}\begin{pmatrix} 10 & 0 \\ 0 & 35 \end{pmatrix} = \begin{pmatrix} 2 & 0 \\ 0 & 7 \end{pmatrix} \end{aligned}$$

## 3. Beispiele

Weitere Beispiele zu Definitheit finden sich in Kapitel 4.4, weitere Beispiele zu Eigenwerten und -vektoren in Kapitel 6.12

**Beispiel 4:** Eigenwerte und -vektoren von $A = \begin{pmatrix} 2 & -1 & 2 \\ 1 & 2 & -2 \\ -2 & 2 & 2 \end{pmatrix}$

$A$ läßt sich zerlegen in

$$A = B + 2E = \begin{pmatrix} 0 & -1 & 2 \\ 1 & 0 & -2 \\ -2 & 2 & 0 \end{pmatrix} + 2\begin{pmatrix} 1 & 0 & 0 \\ 0 & 1 & 0 \\ 0 & 0 & 1 \end{pmatrix}.$$

Der schiefsymmetrische Teil $B$ hat rein imaginäre EW $\pm \mu i$, und, da die Raumdimension ungerade ist, den EW Null.

$A$ hat daher EW der Form $\lambda_{1,2} = 2 \pm \mu$ und $\lambda_3 = 2$.

Diese Vorbemerkung soll als Beispiel für die Verwendung der Rechenregeln für das Spektrum dienen und wird in der folgenden Rechnung nicht benutzt.

## 1.9. EIGENWERTE UND EIGENVEKTOREN

① Das charakteristische Polynom wird nach der Sarrus-Regel berechnet.

$$p(\lambda) = \begin{vmatrix} 2-\lambda & -1 & 2 \\ 1 & 2-\lambda & -2 \\ -2 & 2 & 2-\lambda \end{vmatrix}$$
$$= (2-\lambda)^3 - 4 + 4 + 4(2-\lambda) + (2-\lambda) + 4(2-\lambda)$$
$$= (2-\lambda)^3 + 9(2-\lambda)$$

Alternativ ist

$$\text{spur } A = 2+2+2 = 6,\ c_2 = \begin{vmatrix} 2 & -2 \\ 2 & 2 \end{vmatrix} + \begin{vmatrix} 2 & 2 \\ -2 & 2 \end{vmatrix} + \begin{vmatrix} 2 & -1 \\ 1 & 2 \end{vmatrix} = 8+8+5 = 21$$

$\det A = 8-4+4+8+2+8 = 26$ und damit $p(\lambda) = -\lambda^3 + 6\lambda^2 - 21\lambda + 26$

② Die EW erhält man durch Faktorisieren von $p$:

$$p(\lambda) = (2-\lambda)((2-\lambda)^2 + 9) \quad \Rightarrow \quad \lambda_{1,2} = 2 \pm 3i,\ \lambda_3 = 2.$$

③ Der EV zu $\lambda_3 = 2$ ist ein nichttrivialer Vektor im Kern von $A - 2E = \begin{pmatrix} 0 & -1 & 2 \\ 1 & 0 & -2 \\ -2 & 2 & 0 \end{pmatrix}$. Statt des Gauß'schen Eliminationsverfahrens benutzen wir hier den in Abschnitt 5 auf Seite 76 beschriebenen Trick: Der Eigenraum eines einfachen Eigenwerts ist immer eindimensional. Daher hat $A-2E$ nach der Dimensionsformel (S. 65) den Rang zwei und man erhält eine Basis des Kerns als Kreuzprodukt der (offensichtlich linear unabhängigen) ersten beiden Zeilen:

$$\vec{v}_3 = \begin{pmatrix} 0 \\ -1 \\ 2 \end{pmatrix} \times \begin{pmatrix} 1 \\ 0 \\ -2 \end{pmatrix} = \begin{pmatrix} 2 \\ 2 \\ 1 \end{pmatrix}$$

Bei der Bestimmung der Eigenvektoren zu den komplexen Eigenwerten spart der Trick noch mehr Rechenarbeit: einen Eigenvektor zu $\lambda_1 = 2 + 3i$ erhält man so als

$$\vec{v}_1 = \begin{pmatrix} -3i \\ -1 \\ 2 \end{pmatrix} \times \begin{pmatrix} 1 \\ -3i \\ -2 \end{pmatrix} = \begin{pmatrix} 2+6i \\ 2-6i \\ -8 \end{pmatrix}.$$

Einen Eigenvektor zu $\lambda_2 = \overline{\lambda_1} = 2 - 3i$ erhält man, da $A$ eine reelle Matrix ist, durch Konjugieren von $\vec{v}_1$, also

$$\vec{v}_2 = \begin{pmatrix} 2-6i \\ 2+6i \\ -8 \end{pmatrix}.$$

Bei der Verwendung dieses Tricks wird **dringend** zu einer Probe geraten!

**Beispiel 5:** Eigenwerte und -vektoren von $A = \begin{pmatrix} -3 & 4 \\ 0 & -3 \end{pmatrix}$

Da es sich um eine obere Dreiecksmatrix handelt, sind die Diagonalelemente die Eigenwerte und es ist $\lambda_1 = \lambda_2 = -3$.

Die EV erhält man als nichttriviale Lösungen von $(A+3E)\vec{x} = \vec{0}$. Wegen $A+3E = \begin{pmatrix} 0 & 4 \\ 0 & 0 \end{pmatrix}$ sind alle EV Vielfache von $\begin{pmatrix} 1 \\ 0 \end{pmatrix}$.

Es ist also $\nu(-3) = 1$ und $o(-3) = 2$ und es gibt HV 2. Stufe. Da der verallgemeinerte Hauptraum die Dimension 2 haben muß, kann es nur der ganze $\mathbb{R}^2$ sein und man wählt als HV irgendeinen von $\begin{pmatrix} 1 \\ 0 \end{pmatrix}$ l.u. Vektor, z.B. $\vec{e}_2 = \begin{pmatrix} 0 \\ 1 \end{pmatrix}$.

**Beispiel 6:** Eigenwerte und -vektoren von $A = \begin{pmatrix} 0 & 0 & 1 & 0 \\ 0 & 0 & 0 & 1 \\ 1 & 0 & 0 & 0 \\ 0 & 1 & 0 & 0 \end{pmatrix}$

Da $A$ symmetrisch ist, sind sicher alle EW reell.

① $A - \lambda E$ wird nach der ersten Spalte entwickelt, die entstehenden Determinanten nach der zweiten Spalte:

$$p(\lambda) = \begin{vmatrix} -\lambda & 0 & 1 & 0 \\ 0 & -\lambda & 0 & 1 \\ 1 & 0 & -\lambda & 0 \\ 0 & 1 & 0 & -\lambda \end{vmatrix} = -\lambda \begin{vmatrix} -\lambda & 0 & 1 \\ 0 & -\lambda & 0 \\ 1 & 0 & -\lambda \end{vmatrix} + \begin{vmatrix} 0 & 1 & 0 \\ -\lambda & 0 & 1 \\ 1 & 0 & -\lambda \end{vmatrix}$$

$$= \lambda^2 \begin{vmatrix} -\lambda & 1 \\ 1 & -\lambda \end{vmatrix} - \begin{vmatrix} -\lambda & 1 \\ 1 & -\lambda \end{vmatrix} = (\lambda^2 - 1) \begin{vmatrix} -\lambda & 1 \\ 1 & -\lambda \end{vmatrix} = (\lambda^2 - 1)^2$$

② Es ist also $\lambda_{1,2} = 1$ und $\lambda_{3,4} = -1$.

③ EV zu $\lambda_{1,2} = 1$ sind Elemente des Kerns von $A - E = \begin{pmatrix} -1 & 0 & 1 & 0 \\ 0 & -1 & 0 & 1 \\ 1 & 0 & -1 & 0 \\ 0 & 1 & 0 & -1 \end{pmatrix}$

Man erkennt, daß die erste und dritte und daß die zweite und vierte Zeile linear abhängig sind und man daher nur die ersten beiden Zeilen betrachten muß. Man kann direkt die EV $\vec{v}_1 = (1, 0, 1, 0)^\top$ und $\vec{v}_2 = (0, 1, 0, 1)^\top$ ablesen.

Analog erhält man zwei l.u. EV zu $\lambda_{3,4} = -1$ als Basis des Kerns von

$A + E = \begin{pmatrix} 1 & 0 & 1 & 0 \\ 0 & 1 & 0 & 1 \\ 1 & 0 & 1 & 0 \\ 0 & 1 & 0 & 1 \end{pmatrix}$ als $\vec{v}_3 = (1, 0, -1, 0)^\top$ und $\vec{v}_4 = (0, 1, 0, -1)^\top$.

# Kapitel 2

# Differentialrechnung

## 2.1 Aussagenlogik

**1. Definitionen**

In der Mathematik ist – anders als im richtigen Leben – jede Aussage wahr oder falsch. Dafür verwendet man die Symbole $w$ und $f$. Sind zwei Aussagen $a$ und $b$ stets gleichzeitig wahr oder falsch, so heißen sie äquivalent, $a \Leftrightarrow b$ (Bijunktion). Wegen der Verwechselungsgefahr mit Konvergenz und Abbildung werden hier die Schreibweisen $\Leftrightarrow$ und $\Rightarrow$ den alternativen Bezeichnungen $\leftrightarrow$ und $\rightarrow$ vorgezogen.

*wahr, falsch*

**Achtung:** Aussagen werden durch Folgepfeile oder Äquivalenzzeichen miteinander verbunden, nicht durch Gleichheitszeichen!

Eine Aussageform ist eine Aussage, die eine Variable enthält und je nach dem, was für diese Variable eingesetzt wird, wahr oder falsch ist, z.B. ist $x > 7$ für $x = 8$ wahr und für $x = 7$ falsch.

*Aussageform*

Die Aussage $\neg a$ (nicht $a$), ist genau dann wahr, wenn $a$ falsch ist und umgekehrt (Negation, Verneinung). $a \wedge b$ ($a$ und $b$) ist wahr, wenn beide Aussagen $a$ und $b$ wahr sind (Konjunktion), $a \vee b$ ($a$ oder $b$) ist wahr, wenn mindestens eine der Aussagen $a$ und $b$ wahr ist (Disjunktion).

*Verknüpfung von Aussagen*

Die Folgerung oder Subjunktion $a \Rightarrow b$ (oder $a \rightarrow b$) ist nur dann falsch, wenn aus einer wahren eine falsche Aussage folgt.

Folgt aus der Aussage $a$ die Aussage $b$, d.h. gilt $a \Rightarrow b$, so heißt $b$ notwendig für $a$ und $a$ hinreichend für $b$.

*notwendig, hinreichend*

Diese (und andere) Verknüpfungen von Aussagen lassen sich durch Wahrheitswerttabellen definieren, die alle möglichen Kombinationen der Wahrheitswerte enthalten.

| $a$ | $b$ | $\neg a$ | $a \wedge b$ | $a \vee b$ | $a \Rightarrow b$ | $a \Leftrightarrow b$ | $\neg b$ | $a \wedge \neg b$ | $\neg(a \Rightarrow b)$ |
|---|---|---|---|---|---|---|---|---|---|
| $w$ | $w$ | $f$ | $w$ | $w$ | $w$ | $w$ | $f$ | $f$ | $f$ |
| $w$ | $f$ | $f$ | $f$ | $w$ | $f$ | $f$ | $w$ | $w$ | $w$ |
| $f$ | $w$ | $w$ | $f$ | $w$ | $w$ | $f$ | $f$ | $f$ | $f$ |
| $f$ | $f$ | $w$ | $f$ | $f$ | $w$ | $w$ | $w$ | $f$ | $f$ |

Mit solchen Tabellen lassen sich auch die Rechenregeln beweisen: z.B. wird in den letzten drei Spalten $\neg(a \Rightarrow b) \Leftrightarrow (a \wedge \neg b)$ bewiesen.

**Quantoren $\exists$, $\forall$**

Der Quantor $\exists$ bedeutet "es existiert (mindestens) ein", $\exists x \in M : x > 2$ bedeutet also, daß die Menge $M$ mindestens ein Element $x$ mit $x > 2$ enthält. Der Quantor $\exists!$ bedeutet "es existiert genau ein". Der Quantor $\forall$ bedeutet "für alle". $\forall x \in M : x > 2$ heißt demnach, daß die Ungleichung $x > 2$ für alle Elemente $x$ der Menge $M$ gilt. Andere Schreibweisen:

**Schreibweisen**

$$\forall x \in M \sim \underset{x \in M}{\forall} \sim \bigwedge x \in M \sim \bigwedge_{x \in M} \qquad \exists x \in M \sim \underset{x \in M}{\exists} \sim \bigvee x \in M \sim \bigvee_{x \in M}$$

Der Zusammenhang zwischen diesen Quantoren ist so gegeben: für eine Aussageform $P(x)$ gilt

$$\underset{x \in M}{\exists} P(x) \Leftrightarrow \neg \underset{x \in M}{\forall} \neg P(x) \quad \text{und} \quad \underset{x \in M}{\forall} P(x) \Leftrightarrow \neg \underset{x \in M}{\exists} \neg P(x)$$

Bei nebeneinanderstehenden gleichen Quantoren darf man die Reihenfolge vertauschen, bei verschiedenen Quantoren nicht.

## 2. Berechnung

**Widerspruchsbeweis**

Um die Aussage $a \Rightarrow b$ zu beweisen, kann auch die dazu äquivalente Aussage $\neg b \Rightarrow \neg a$ gezeigt werden. Dieses Verfahren heißt Widerspruchsbeweis.

### Klammersetzung

**Klammersetzung**

Am stärksten bindet die Negation $\neg$, danach Konjunktion $\wedge$ und Disjunktion $\vee$, die untereinander gleichstark sind. Danach kommen Implikation $\Rightarrow$ und Äquivalenz $\Leftrightarrow$, die untereinander wiederum gleichstark sind.

Als Beispiel derselbe Ausdruck einmal voll geklammert und einmal nur, wo es absolut nötig ist:

$$(\neg(a \Leftrightarrow b)) \Leftrightarrow ((a \wedge (\neg b)) \vee (b \wedge (\neg a)))$$

$$\neg(a \Leftrightarrow b) \Leftrightarrow (a \wedge \neg b) \vee (b \wedge \neg a)$$

## 2.1. AUSSAGENLOGIK

**Rechenregeln**

Zur Verdeutlichung werden einige eigentlich unnötige Klammern gesetzt.

| | | |
|---|---|---|
| **Absorbtion** | $a \wedge w \Leftrightarrow a$ | $a \wedge f \Leftrightarrow f$ |
| | $a \vee w \Leftrightarrow w$ | $a \vee f \Leftrightarrow a$ |
| **Kommutativität** | $a \wedge b \Leftrightarrow b \wedge a$ | $a \vee b \Leftrightarrow b \vee a$ |
| **Assoziativität** | $a \wedge (b \wedge c) \Leftrightarrow (a \wedge b) \wedge c$ | $a \vee (b \vee c) \Leftrightarrow (a \vee b) \vee c$ |
| **Distributivität** | $a \vee (b \wedge c) \Leftrightarrow (a \vee b) \wedge (a \vee c)$ | |
| | $a \wedge (b \vee c) \Leftrightarrow (a \wedge b) \vee (a \wedge c)$ | |
| **Negation** | $\neg\neg a \Leftrightarrow a$ | $\neg(a \Rightarrow b) \Leftrightarrow a \wedge \neg b$ |
| **de Morgansche Regeln** | $\neg(a \wedge b) \Leftrightarrow (\neg a) \vee (\neg b)$ | $\neg(a \vee b) \Leftrightarrow (\neg a) \wedge (\neg b)$ |

**Verneinung von Aussagen mit Quantoren**

⓪ Sicherheitshalber kann man die Schreibweisen $\underset{x \in M}{\forall}$ und $\underset{x \in M}{\exists}$ verwenden.

① Vor die Aussage wird eine Verneinung $\neg$ gesetzt, hinter jeden Quantor wird eine doppelte Verneinung $\neg\neg$ gesetzt.

② Gemäß den Regeln wird $\neg\forall\neg$ durch $\exists$ und $\neg\exists\neg$ durch $\forall$ ersetzt. Die übrigbleibende Verneinung wird gemäß den Logikregeln verarbeitet.

Schritt ⓪ hat folgenden Sinn:

Bei der Negation der falschen Aussage

$$\exists x > 0 : x^2 = -1$$

entsteht

$$\neg \exists x > 0 : \neg\neg x^2 = -1,$$

und <u>nicht</u>

$$\neg \exists \neg\neg x > 0 : x^2 = -1.$$

Die erste (richtige) Form wird zu $\forall x > 0 : \neg x^2 = -1$, ergibt also die wahre Aussage $\forall x > 0 : x^2 \neq -1$. Die zweite (falsche) Form ergibt $\forall x \leq 0 : x^2 = -1$, was auch falsch ist und als Negation einer falschen Aussage doch wahr sein müßte. Bei der empfohlenen Schreibweise stehen die Negationen hinter dem Quantor von allein an der richtigen Stelle.

## 3. Beispiele

**Beispiel 1:** Verneinung der Definition der Stetigkeit von $f$ in $a$

Die Stetigkeit einer Funktion $f$ im Punkt $a$ ist definiert durch

$$\forall \epsilon > 0 \; \exists \delta > 0 \; \forall x \in M : \Big(|x-a| < \delta \Rightarrow |f(x) - f(a)| < \epsilon\Big)$$

⓪ $\qquad \forall_{\epsilon>0} \; \exists_{\delta>0} \; \forall_{x \in M} \Big(|x-a| < \delta \Rightarrow |f(x) - f(a)| < \epsilon\Big)$

① $\qquad \neg \forall_{\epsilon>0} \; \neg\neg \exists_{\delta>0} \; \neg\neg \forall_{x \in M} \; \neg\neg \Big(|x-a| < \delta \Rightarrow |f(x) - f(a)| < \epsilon\Big)$

② Für die Verneinung von $a \Rightarrow b$ gilt: $\neg(a \Rightarrow b) \Leftrightarrow (a \wedge \neg b)$. Damit ergibt sich als Verneinung der Stetigkeit

$$(\neg \forall_{\epsilon>0} \neg)\;(\neg \exists_{\delta>0} \neg)\;(\neg \forall_{x\in M} \neg)\;\neg\Big(|x-a| < \delta \Rightarrow |f(x) - f(a)| < \epsilon\Big), \quad \text{also}$$

$$\exists \epsilon > 0 \; \forall \delta > 0 \; \exists x \in M : |x-a| < \delta \wedge |f(x) - f(a)| \geq \epsilon$$

**Beispiel 2:** Negation von: $s$ ist das Supremum der Menge $A$.

① Die zu verneinende Aussage ist nach Abschnitt 2

$$s = \sup A \quad \Leftrightarrow \quad \Big(\forall_{x \in A} x \leq s\Big) \wedge \Big(\forall_{\epsilon > 0} \exists_{x \in A} x > s - \epsilon\Big)$$

② Bei der Negation dieser Aussage wird zunächst die Regel $\neg(a \wedge b) \Leftrightarrow \neg a \vee \neg b$ benutzt:

$$s \neq \sup A \quad \Leftrightarrow \quad \Big(\neg \forall_{x \in A} x \leq s\Big) \vee \Big(\neg \forall_{\epsilon > 0} \exists_{x \in A} x > s - \epsilon\Big)$$

Jetzt werden die zusätzlichen Negationszeichen eingesetzt:

$$\Leftrightarrow \quad \Big(\neg \forall_{x \in A} \neg\neg x \leq s\Big) \vee \Big(\neg \forall_{\epsilon > 0} \neg\neg \exists_{x \in A} \neg\neg x > s - \epsilon\Big)$$

③ Die Regeln $\neg \forall \neg \leftrightarrow \exists$ und $\neg \exists \neg \leftrightarrow \forall$ werden angewendet:

$$\Leftrightarrow \quad \Big(\exists_{x \in A} \neg x \leq s\Big) \vee \Big(\exists_{\epsilon > 0} \forall_{x \in A} \neg x > s - \epsilon\Big)$$

Die restlichen Negationen werden in den Ungleichheitszeichen verarbeitet:

$$\Leftrightarrow \quad \Big(\exists_{x \in A} x > s\Big) \vee \Big(\exists_{\epsilon > 0} \forall_{x \in A} x \leq s - \epsilon\Big)$$

Wenn also $s$ nicht das Supremum von $A$ ist, dann ist entweder $s$ keine obere Schranke von $A$ (der erste Term) oder $s$ ist nicht die kleinste obere Schranke (der zweite Term).

## 2.2 Mengen

### 1. Definitionen

- Sind $A$ und $B$ Mengen, so ist die Vereinigung $A \cup B$ diejenige Menge, die alle Elemente enthält, die entweder in $A$ oder in $B$ (oder in beiden Mengen) liegen.

  Vereinigung

- Der Durchschnitt $A \cap B$ besteht aus denjenigen Elementen, die in beiden Mengen gleichzeitig liegen.

  Durchschnitt

- Das Komplement von $A$ wird mit $A^c$ oder $\complement A$ bezeichnet und enthält alle Elemente der Grundmenge, die nicht in $A$ liegen. Diese Grundmenge muß aus dem Zusammenhang klar sein, z.B. bei Intervallen ist die Grundmenge $\mathbb{R}$. Oft wird auch das Symbol $\overline{A}$ verwendet, das aber leicht mit dem Abschluß einer Menge (siehe Kapitel 4.1) verwechselt werden kann.

  Komplement

- Das relative Komplement $A \backslash B$ besteht aus allen Elementen von $A$, die nicht in $B$ liegen. Eine andere übliche Schreibweise ist $A - B$, eine andere Bezeichnung ist Differenz oder Differenzmenge.

  relatives Komplement

- Das Kreuzprodukt $A \times B$ ist die Menge aller Paare von Elementen $(a, b)$, wobei $a$ aus $A$ und $b$ aus $B$ ist.

  Kreuzprodukt

- Die leere Menge $\emptyset$ enthält keine Elemente.

  leere Menge

- Ist jedes Element von $A$ auch in $B$, so nennt man $A$ Teilmenge von $B$, $A \subseteq B$.

  Teilmenge

  Das Zeichen $A \subset B$ wird in verschiedenen Bedeutungen benutzt: manchmal bedeutet es dasselbe wie $A \subseteq B$, manchmal daß $A$ eine echte Teilmenge von $B$ ist, d.h. $A$ ist Teilmenge von $B$, aber von $B$ verschieden. Dafür wird i.a. das Symbol $A \subsetneq B$ benutzt. Zwei Mengen $A$ und $B$ sind gleich, wenn $A \subseteq B$ und $B \subseteq A$ ist.

  echte Teilmenge

### 2. Berechnung

Durch formale Definitionen lassen sich Aussagen über Mengen in Begriffe der Aussagenlogik übersetzen:

Übersetzungstabelle

$$A \cup B = \{x \mid x \in A \vee x \in B\} \qquad A \cap B = \{x \mid x \in A \wedge x \in B\}$$
$$A^c = \{x \mid x \notin A\} \qquad A \backslash B = \{x \mid x \in A \wedge x \notin B\}$$
$$A \times B = \{(x, y) \mid x \in A \wedge y \in B\}$$

Der leeren Menge entspricht die falsche, der Grundmenge die wahre Aussage. $A \subseteq B$ wird übersetzt mit $x \in A \Rightarrow x \in B$. Der Gleichheit $A = B$ entspricht $x \in A \Leftrightarrow x \in B$.

**Rechenregeln**

$$A \cup B = B \cup A \qquad\qquad A \cap B = B \cap A$$
$$A \cup (B \cup C) = (A \cup B) \cup C \qquad A \cap (B \cap C) = (A \cap B) \cap C$$
$$A \cup (B \cap C) = (A \cup B) \cap (A \cup C) \qquad A \cap (B \cup C) = (A \cap B) \cup (A \cap C)$$
$$(A \cup B)^c = A^c \cap B^c \qquad\qquad (A \cap B)^c = A^c \cup B^c$$
$$(A \backslash B) \cup C = (A \cup C) \cap (B^c \cup C) \qquad (A \backslash B) \cap C = A \backslash (B \cup C^c)$$
$$(A \backslash B) \backslash C = A \backslash (B \cup C) \qquad\qquad A \backslash B = A \cap B^c$$

Die Bezeichnungen sind (zeilenweise) **Kommutativ-, Assoziativ-** und **Distributivgesetz**. Die vierte Zeile heißt wieder **de Morgansche Regeln**.

Beweis von Rechenregeln für Mengen

Der Beweis von **Rechenregeln für Mengen** geht in drei Schritten vor sich:

① Übersetzung in Begriffe der Aussagenlogik mit Hilfe der Tabelle

② Anwendung der Rechenregeln der Aussagenlogik

③ Rückübersetzung

**Beispiel 1:** $(A \cup B) \cap C = (A \cap C) \cup (B \cap C)$

Das Distributivgesetz der Mengenlehre wird in ② mit Hilfe des Distributivgesetzes der Aussagenlogik bewiesen.

① $\quad x \in (A \cup B) \cap C \;\Leftrightarrow\; x \in A \cup B \land x \in C$
$\qquad\qquad\qquad\qquad\;\Leftrightarrow\; (x \in A \lor x \in B) \land x \in C$
② $\qquad\qquad\qquad\qquad\;\Leftrightarrow\; (x \in A \land x \in C) \lor (x \in B \land x \in C)$
③ $\qquad\qquad\qquad\qquad\;\Leftrightarrow\; x \in A \cap C \lor x \in B \cap C$
$\qquad\qquad\qquad\qquad\;\Leftrightarrow\; x \in (A \cap C) \cup (B \cap C)$

**Intervalle**

Intervalle sind Teilmengen von $\mathbb{R}$, die mit je zwei Zahlen auch alle dazwischenliegenden enthalten.

## 2.2. MENGEN

| Schreibweisen | Definition | Bezeichnung |
|---|---|---|
| $]a,b[$ oder $(a,b)$ | $\{x \in \mathbb{R} \mid a < x < b\}$ | offen |
| $[a,b[$ oder $[a,b)$ | $\{x \in \mathbb{R} \mid a \leq x < b\}$ | (rechts) halboffen |
| $]a,b]$ oder $(a,b]$ | $\{x \in \mathbb{R} \mid a < x \leq b\}$ | (links) halboffen |
| $[a,b]$ | $\{x \in \mathbb{R} \mid a \leq x \leq b\}$ | abgeschlossen |

Darüber hinaus gibt es noch das unbeschränkte Intervall $\mathbb{R}$ und die vier einseitig beschränkten Intervalle:

$$]-\infty, a] = (-\infty, a] = \{x \in \mathbb{R} \mid x \leq a\} \qquad [a, \infty[ = [a, \infty) = \{x \in \mathbb{R} \mid x \geq a\}$$

$$]-\infty, a) = (-\infty, a) = \{x \in \mathbb{R} \mid x < a\} \qquad (a, \infty[ = (a, \infty) = \{x \in \mathbb{R} \mid x > a\}$$

Für diese vier Intervalle sind auch (der Reihe nach) folgende Schreibweisen üblich: $\mathbb{R}_{\leq a}$, $\mathbb{R}_{\geq a}$, $\mathbb{R}_{<a}$ und $\mathbb{R}_{>a}$. Gelegentlich benutzt: $\mathbb{R}^+ = ]0, \infty[$, $\mathbb{R}^- = ]-\infty, 0[$.

Der Durchschnitt zweier offener Intervalle ist leer oder ein offenes Intervall. Für $a \in \mathbb{R}$ und $\delta > 0$ ist die $\delta$-Umgebung $U_\delta(a)$ das Intervall $]a-\delta, a+\delta[$.    $\delta$-Umgebung

### Teilmengen von $\mathbb{R}$

Im folgenden sei $M$ stets eine nichtleere Teilmenge der reellen Zahlen. Viele topologische Eigenschaften von Mengen wie Rand, Offenheit u. ä. sind auch in Kapitel 4.1 erklärt. Hier sind nur die besonderen Eigenschaften von Mengen in $\mathbb{R}$ erklärt.

Eine Menge $M \subset \mathbb{R}$ ist beschränkt, wenn es zwei Zahlen $C_1$ und $C_2$ gibt, so    beschränkt
daß für jedes $x \in M$ die Ungleichung $C_1 \leq x \leq C_2$ gilt. Äquivalent damit ist die Existenz einer Zahl $C$ mit $|x| \leq C$ für alle $x \in M$. Diese Formulierung definiert auch Beschänktheit in $\mathbb{C}$. Gilt für alle $x \in M$ $x \geq C_1$ bzw. $x \leq C_2$, so nennt man $M$ nach unten bzw. nach oben beschränkt.

Ist $M \subset \mathbb{R}$ nach oben beschränkt, so nennt man jede Zahl $C$ mit $x \leq C$ für alle $x \in M$ eine obere Schranke von M. Die kleinste obere Schranke (die in $\mathbb{R}$ stets existiert), heißt $\sup M$, Supremum von $M$. Analog ist $\inf M$, das Infimum von $M$    Supremum
als größte untere Schranke einer nach unten beschränkten Menge erklärt.    Infimum

Falls die Menge $M$ ein größtes Element besitzt, so nennt man es Maximum $\max M$, ein kleinstes heißt Minimum $\min M$. Es gilt:    Maximum
                                                                             Minimum

- Ist $M \subset \mathbb{R}$ abgeschlossen und beschränkt, so existieren Maximum und Minimum von $M$.

- Wenn $\max M$ existiert, dann ist $\sup M = \max M$.

- Ist $\sup M \in M$, so ist $\max M = \sup M$.

- Wenn $\min M$ existiert, dann ist $\inf M = \min M$.

- Ist $\inf M \in M$, so ist $\min M = \inf M$.

- $$\sup(-A) = -\inf A \qquad \inf(-A) = -\sup A$$
  $$\max(-A) = -\min A \qquad \min(-A) = -\max A$$
  Dabei ist $-A = \{x|\ -x \in A\}$.

- $a = \sup A$ gilt genau dann, wenn

    i) $\forall x \in A : x \leq a$, d.h. $a$ ist obere Schranke von $A$
    
    ii) $\forall \epsilon > 0\ \exists x \in A\ x > a - \epsilon$, d.h. $a - \epsilon$ ist keine obere Schranke mehr, egal wie klein man $\epsilon$ auch wählt.

- Beim Infimum ist entsprechend:
  $a = \inf A$ genau wenn $\forall x \in A : x \geq a$ und $\forall \epsilon > 0\ \exists x \in A\ x < a + \epsilon$

Der wesentliche Unterschied zwischen den Begriffen Maximum und Minimum einerseits und Supremum und Infimum andererseits ist, daß Maxima und Minima immer zur Menge gehören, Suprema und Infima i.allg. nicht. Andererseits existieren bei beschränkten Mengen Supremum und Infimum immer, Minimum und Maximum aber nicht.

**Beispiel 2:** $M = \{\frac{1}{n}|\ n \in \mathbb{N}\}$

Die Menge $M$ besteht aus allen Kehrwerten natürlicher Zahlen, also

$$M = \{1, \frac{1}{2}, \frac{1}{3}, \frac{1}{4}, \frac{1}{5}, \ldots\}$$

Daraus erkennt man $\max M = \sup M = 1$ und $\inf M = 0$. Ein Minimum hat $M$ nicht, da das Infimum nicht zur Menge gehört (Null ist ja kein Kehrwert einer natürlichen Zahl).

## 3. Beispiele

**Beispiel 3:** Beweis von $(A\backslash B)\backslash C = A\backslash(B \cup C)$

**1. Möglichkeit: Rechenregeln für Mengen**

Benutzt werden die Definition und die de Morganschen Regeln:

$(A\backslash B)\backslash C = (A\backslash B)\cap C^c = (A\cap B^c)\cap C^c = A\cap(B^c\cap C^c) = A\cap(B\cup C)^c = A\backslash(B\cup C)$

**2. Möglichkeit: Zurückführung auf Aussagenlogik**

Hier wird benutzt, daß $A = B$ genau dann gilt, wenn $x \in A \Leftrightarrow x \in B$ gilt.

$x \in (A\backslash B)\backslash C \;\Leftrightarrow\; x \in (A\backslash B) \wedge \neg x \in C \;\Leftrightarrow\; (x \in A \wedge \neg x \in B) \wedge \neg x \in C$

$\Leftrightarrow\; x \in A \wedge \neg x \in B \wedge \neg x \in C \;\Leftrightarrow\; x \in A \wedge \neg(x \in B \vee x \in C)$

$\Leftrightarrow\; x \in A \wedge x \in (B \cup C)^c \;\Leftrightarrow\; x \in A\backslash(B \cup C)$

## 2.3 Funktionen

### 1.+2. Definitionen + Berechnung

**Grundsätzliches**

Eine Funktion $f$ mit Definitionsbereich $D$ (oder $\mathbb{D}$) und Wertebereich $W$ (oder $\mathbb{W}$) ist eine Vorschrift, die jedem Element des Definitionsbereichs ein Element des Wertebereichs zuordnet.

Wenn man es genau nimmt, besteht die Funktion aus den drei Teilen $D$, $W$ und $f$, und zwei Funktionen stimmen nur dann überein, wenn alle drei Teile gleich sind.

Ist $f(x) = y$, so heißt $y$ Wert von $f$ an der Stelle $x$. Ist $C \subset W$, so ist die Menge aller $x \in D$ mit $f(x) \in C$ das Urbild von $C$ unter $f$ und wird mit $f^{-1}(C)$ bezeichnet.

Ist $f : M \to N$, so gilt
$$f(A \cap B) \subseteq f(A) \cap f(B) \qquad f(A \cup B) = f(A) \cup f(B)$$
$$f^{-1}(A \cap B) = f^{-1}(A) \cap f^{-1}(B) \qquad f^{-1}(A \cup B) = f^{-1}(A) \cup f^{-1}(B)$$

Es gibt verschiedene Möglichkeiten, Funktionen zu beschreiben. Üblich ist die Angabe von Definitions- und Wertebereich und der Abbildungsvorschrift. Oft wird auch nur diese angegeben und der Definitionsbereich ist die größte Teilmenge von $\mathbb{R}$ oder $\mathbb{C}$, auf der dies sinnvoll ist.

Eine andere Möglichkeit ist die Beschreibung durch Tabellen, was sinnvoll ist, wenn der Definitionsbereich nur endlich viele Elemente hat.

Der Graph der Funktion $f : D \to W$ ist eine Teilmenge von $D \times W$ und besteht aus allen Paaren $(x, y)$ mit $x \in D$ und $y = f(x)$.

Andere Bezeichnungen: Statt Definitionsbereich sagt man auch Urbildbereich, statt Wertebereich die Bezeichnung Wertevorrat. Gelegentlich versteht man unter Wertebereich auch die Teilmenge von $W$, die wirklich als Bild eines $x \in D$ vorkommt. Andere Bezeichnung dafür: Bild von $f$ oder Bild von $D$ unter $f$. Manchmal ist der Ausdruck Funktion für reell- oder komplexwertige Funktionen reserviert und sonst wird Abbildung verwendet (z.B. für vektorwertige Funktionen). [andere Bezeichnungen]

Nimmt man statt des Definitionsbereichs $D$ eine Teilmenge $D_1 \subset D$ und erklärt man eine Funktion $f_1 : D_1 \to W$ so, daß sie für $x \in D_1$ dieselben Werte wie $f$ hat, so nennt man $f_1$ Einschränkung von $f$ und $f$ Fortsetzung von $f_1$. Genauso kann man auch den Wertebereich oder beides einschränken. Benutzt werden diese Begriffe bei der Konstruktion und Beschreibung von Umkehrfunktionen (s.u.). z.B. ist $f(x) = x^2$ als Funktion von $\mathbb{R}$ nach $\mathbb{R}$ weder injektiv noch surjektiv. Schränkt man $f$ auf den Definitionsbereich $[0, \infty[$ und den Wertebereich $[0, \infty[$ ein, so ist die diese Einschränkung bijektiv und hat daher eine Umkehrfunktion (nämlich $\sqrt{x}$). Schränkt man $f$ auf den Definitionsbereich $]-\infty, 0]$ ein, erhält man eine andere Umkehrfunktion, nämlich $-\sqrt{x}$. Bei verschiedenen Einschränkungen des Sinus erhält man die verschiedenen Zweige des Arcussinus.

Eigenschaften von Funktionen, die mit Stetigkeit oder Differenzierbarkeit zu tun haben, findet man in den entsprechenden Abschnitten, besondere Eigenschaften komplexer Funktionen im Kapitel über Funktionentheorie (Kap. 7).

### Injektiv, surjektiv, bijektiv

**Verknüpfung** — Ist $f : M \to N$ und $g : N \to P$, so heißt die Funktion $g \circ f : M \to P$ mit der Abbildungsvorschrift $(g \circ f)(x) = g(f(x))$ Verknüpfung, Komposition, Verkettung oder Hintereinanderausführung von $f$ und $g$. $g \circ f$ wird als "$g$ nach $f$" gelesen und bedeutet eben, daß zuerst $f$ und danach $g$ angewandt wird.

**injektiv, surjektiv, bijektiv** — Eine Funktion $f : M \to N$ heißt

- injektiv, falls für $x_1 \neq x_2$ stets $f(x_1) \neq f(x_2)$ ist

- surjektiv, falls es für jedes $y \in N$ (mindestens) ein $x \in M$ gibt mit $f(x) = y$

- bijektiv, falls $f$ injektiv und surjektiv ist.

Die Funktion $f : M \to M$, die jedes Element von $M$ auf sich selbst abbildet, heißt identische Abbildung oder Identität und wird mit $\mathrm{Id}_M$ bezeichnet.

**Inverse** — $f : M \to N$ sei eine Funktion. Dann heißt eine Funktion $g : N \to M$

- Linksinverse zu $f$, falls $g \circ f = \mathrm{Id}_M$ ist,

- Rechtsinverse zu $f$, falls $f \circ g = \mathrm{Id}_N$ ist,

- Inverse zu $f$, falls $g$ Links- und Rechtsinverse ist.

$f$ heißt dann linksinvertierbar, rechtsinvertierbar oder invertierbar.

Die Inverse oder Umkehrfunktion zu $f$ wird mit $f^{-1}$ bezeichnet.

**Achtung:** Bei bekannten Funktionen wie trigonometrischen oder hyperbolischen Funktionen oder deren Umkehrfunktionen bedeuten Exponenten oft etwas anderes: man schreibt $\sin^2 x$ statt $(\sin x)^2$ und $\sin^{-1} x$ bedeutet $\frac{1}{\sin x}$ statt $\arcsin x$.

Eine Funktion $f$ ist genau dann linksinvertierbar, wenn $f$ injektiv ist, genau dann rechtsinvertierbar, wenn $f$ surjektiv ist, und Invertierbarkeit ist äquivalent zur Bijektivität.

## 2.3. FUNKTIONEN

Diese Eigenschaften lassen sich durch die Anzahl der Lösungen der Gleichung $f(x) = y$ für eine vorgegebenes $y$ beschrieben:

| Eigenschaften von $f$ | | Lösungen der Gleichung $f(x) = y$ |
|---|---|---|
| $f$ injektiv | $f$ linksinvertierbar | eine oder keine |
| $f$ surjektiv | $f$ rechtsinvertierbar | eine oder mehrere |
| $f$ bijektiv | $f$ invertierbar | genau eine |

Das bedeutet für eine injektive/ surjektive/ bijektive Funktion von $\mathbb{R}$ nach $\mathbb{R}$, daß jede Parallele zur $x$-Achse den Graphen höchstens einmal/ mindestens einmal/ genau einmal schneidet.

**Beispiel 1:** Eigenschaften von Funktionen

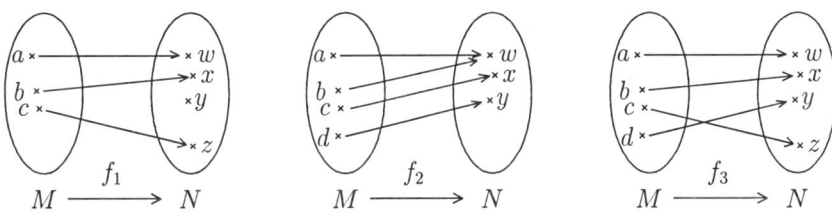

$f_1$ ist injektiv, da kein Element von $N$ Bild zweier Elemente von $M$ ist, aber nicht surjektiv, da $y \in N$ nicht Bild eines Elements von $M$ ist.

$f_2$ ist nicht injektiv, da $w \in N$ Bild von $a$ und $b$ ist, aber surjektiv, da jedes Element von $N$ Bild eines Elements von $M$ ist.

$f_3$ ist injektiv (keine zwei Elemente von $M$ haben dasselbe Bild) und surjektiv (jedes Element von $N$ kommt als Bild vor). $f_3$ ist damit bijektiv.

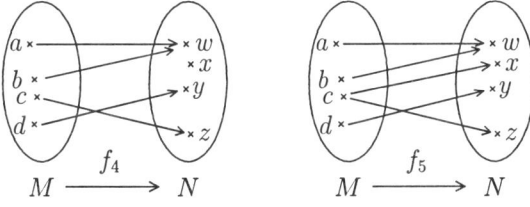

$f_4$ ist weder injektiv ($w \in N$ ist Bild von $a$ und $b$) noch surjektiv ($x \in N$ kommt nicht als Bild vor).

$f_5$ ist keine Funktion, da $c \in M$ zwei Bilder hat.

**Berechnung der Inversen**

Ist $f : M \to N$ eine invertierbare Funktion, so berechnet man die Umkehrfunktion $f^{-1}$ so:

Berechnung der Inversen

① Vertausche in $y = f(x)$ die Variablen $x$ und $y$: $x = f(y)$.

② Man löst diese Gleichung nach $y$ auf und erhält $y = g(x)$. Dann ist $g = f^{-1}$, der Definitionsbereich von $g$ ist das Bild von $f$ und der Definitionsbereich von $f$ ist das Bild von $g$.

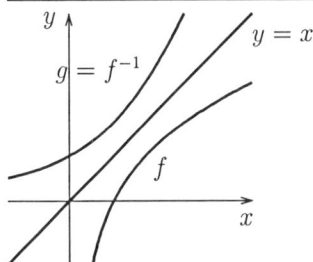

Dem Verfahren zur Inversion reeller Funktionen entspricht die Konstruktion des Graphen der Umkehrfunktion:
Der Graph der Umkehrfunktion zu $f$ entsteht aus dem Graphen von $f$ durch Spiegeln an der 1. Winkelhalbierenden.

**Beispiel 2:** $f(x) = \dfrac{x-2}{x-3}$

Der Definitionsbereich von $f$ ist $\mathbb{R}\backslash\{3\}$.

① Aufzulösen ist also $x = \dfrac{y-2}{y-3}$.

② Multiplikation mit dem Nenner gibt $xy - 3x = y - 2$, also $y(x-1) = 3x - 2$. Damit hat die Umkehrfunktion die Gestalt $g(x) = f^{-1}(x) = \dfrac{3x-2}{x-1}$. Der Definitionsbereich $\mathbb{R}\backslash\{1\}$ ist gleichzeitig der Wertebereich von $f$.

Bei mehreren Variablen $x_1$ bis $x_k$ und $y_1$ bis $y_k$ geht man analog vor. Dabei ist in der Regel ein (nichtlineares) Gleichungssystem mit $n$ Gleichungen für die $n$ Unbekannten $y_1$ bis $y_n$ zu lösen.

Lösung eines nichtlinearen Gleichungssystems

Die folgende Anleitung kann nur als Richtschnur dienen, da es kein allgemeines Verfahren zur Auflösung nichtlinearer Gleichungen gibt. Wenn das gegebene Gleichungssystem <u>linear</u> ist, löst man es leichter mit den in Kapitel 1.5 angegebenen Rechenverfahren.

① In den Gleichungen $y_1 = f_1(x_1, \ldots, x_n)$ bis $y_n = f_n(x_1, \ldots, x_n)$ werden die $x_k$ und $y_k$ vertauscht.

② Man nimmt eine Gleichung heraus und löst sie nach einem $y_j$ auf.

③ Man setzt diese $y_j$ in die restlichen Gleichungen ein und erhält $n-1$ Gleichungen für die restlichen $n-1$ Unbekannten $y_k$.

## 2.3. FUNKTIONEN

④ Schritte ② und ③ werden wiederholt, bis nur noch eine Gleichung übrig ist, die nach dem letzten $y_k$ aufgelöst wird.

⑤ Jetzt werden die Lösungen rückwärts in die aufgelösten Gleichungen eingesetzt, bis man alle Lösungen erhält.

**Beispiel 3:** $f: \mathbb{R}^+ \times \mathbb{R}^+ \times \mathbb{R}^+ \to \mathbb{R}^+ \times \mathbb{R}^+ \times \mathbb{R}^+$
$$f(x_1, x_2, x_3) = (\frac{x_1 x_2}{x_3}, \frac{x_1}{x_2}, x_1 x_2 x_3)$$

In Koordinaten heißt die Funktion also
$$y_1 = \frac{x_1 x_2}{x_3}, \quad y_2 = \frac{x_1}{x_2}, \quad y_3 = x_1 x_2 x_3$$

① Nachdem man die $x_k$ und die $y_k$ vertauscht hat, bleibt folgendes Gleichungssystem nach $y_1$ bis $y_3$ aufzulösen:
$$x_1 = \frac{y_1 y_2}{y_3}, \quad x_2 = \frac{y_1}{y_2}, \quad x_3 = y_1 y_2 y_3$$

② Die zweite Gleichung läßt sich gut nach $y_1$ auflösen: $y_1 = x_2 y_2$.

③ Wenn man dies in die erste und dritte Gleichung einsetzt, erhält man zwei Gleichungen, die nur noch $y_2$ und $y_3$ enthalten:
$$x_1 = \frac{x_2 y_2^2}{y_3}, \qquad x_3 = x_2 y_2^2 y_3$$

②' Die zweite dieser Gleichungen wird nach $y_3$ aufgelöst: $y_3 = \frac{x_3}{x_2 y_2^2}$.

③' In der ersten Gleichung steht dann nur noch $y_2$: $x_1 = \frac{x_2^2 y_2^4}{x_3}$.

④ Diese Gleichung wird nach $y_2$ aufgelöst: $y_2^4 = \frac{x_1 x_3}{x_2^2}$, also $y_2 = \sqrt[4]{\frac{x_1 x_3}{x_2^2}}$. Wegen des Definitionsbereichs von $f$ sind hier (und im weiteren) nur die positiven Wurzeln zu nehmen.

⑤ In ②' eingesetzt erhält man $y_3$: $y_3 = \frac{x_3}{x_2 y_2^2} = \frac{x_3}{x_2 \frac{\sqrt{x_1 x_3}}{x_2}} = \sqrt{\frac{x_3}{x_1}}$.

In ② erhält man schließlich $y_1$: $y_1 = x_2 y_2 = \sqrt[4]{x_1 x_2^2 x_3}$.

Damit ist die Umkehrfunktion $f^{-1}(x_1, x_2, x_3) = \left(\sqrt[4]{x_1 x_2^2 x_3}, \sqrt[4]{\frac{x_1 x_3}{x_2^2}}, \sqrt{\frac{x_3}{x_1}}\right)$.

Gleichzeitig haben wir ausgerechnet, daß der Bildbereich von $f$ ganz $\mathbb{R}^+ \times \mathbb{R}^+ \times \mathbb{R}^+$ ist, da dies offensichtlich der Definitionsbereich der Umkehrung ist.

Monotonie

### Monotonie

Sind $M$ und $N$ Teilmengen von $\mathbb{R}$, so heißt $f : M \to N$

- <u>monoton steigend</u>, falls aus $x_1 < x_2$ immer $f(x_1) \leq f(x_2)$ folgt,
- <u>streng monoton steigend</u>, falls aus $x_1 < x_2$ immer $f(x_1) < f(x_2)$ folgt,
- <u>monoton fallend</u>, falls aus $x_1 < x_2$ immer $f(x_1) \geq f(x_2)$ folgt,
- <u>streng monoton fallend</u>, falls aus $x_1 < x_2$ immer $f(x_1) > f(x_2)$ folgt.

Statt <u>monoton steigend</u> sagt man auch <u>nichtfallend</u>, statt <u>monoton fallend</u> auch <u>nichtsteigend</u>, statt <u>steigend</u> auch <u>wachsend</u>.

Streng monotone Funktionen sind injektiv. Ist $I \subset \mathbb{R}$ ein Intervall und $f : I \to \mathbb{R}$ stetig und injektiv, so ist f streng monoton.

Zusammenhang mit der Ableitung: Ist $f$ eine differenzierbare Funktion auf einem Intervall $I$, so gilt

- $f'(x) > 0$ für alle $x \in I \Rightarrow f$ streng monoton steigend
- $f'(x) \geq 0$ für alle $x \in I \Leftrightarrow f$ monoton steigend
- $f'(x) < 0$ für alle $x \in I \Rightarrow f$ streng monoton fallend
- $f'(x) \leq 0$ für alle $x \in I \Leftrightarrow f$ monoton fallend

### 3. Beispiele

**Beispiel 4:** Eine Linksinverse zu $f_1$ und eine Rechtsinverse zu $f_2$ aus Beispiel 1 auf Seite 123

Berechnung einer Linksinversen

Bei der <u>Berechnung einer Linksinversen</u> geht man so vor:

Eine Linksinverse $g$ einer injektiven Funktion $f : M \to N$ ist gegeben durch

$$g(x) = \begin{cases} y & \text{falls } f(y) = x \text{ ist} \\ y_0 & \text{sonst} \end{cases}$$

$y_0$ ist dabei ein beliebiges Element von $M$.

Die Injektivität von $f$ sichert dabei gerade, daß die Gleichung $f(y) = x$ für jedes $x$ höchstens eine Lösung $y$ hat.

Anschaulich bedeutet das, daß man alle Zuordnungspfeile umdreht und die übrigbleibenden Elemente von $N$ auf irgendein Element von $M$ abbildet.

$f_1$ wird durch folgende Tabelle beschrieben:

| $u$ | $a$ | $b$ | $c$ |
|---|---|---|---|
| $f_1(u)$ | $w$ | $x$ | $z$ |

Eine Linksinverse $g_1$ von $f_1$ läßt sich also durch die folgende Tabelle beschreiben (mit $y_0 = a$):

| $u$ | $w$ | $x$ | $y$ | $z$ |
|---|---|---|---|---|
| $g_1(u)$ | $a$ | $b$ | $a$ | $c$ |

## 2.3. FUNKTIONEN

Bei der Berechnung einer Rechtsinversen geht man so vor:

Berechnung einer Rechtsinversen

Eine Rechtsinverse $g$ einer surjektiven Funktion $f : M \to N$ ist so gegeben: zu $x \in N$ nimmt man irgendein $y \in M$ mit $f(y) = x$ und definiert $g(x) := y$.

Die Surjektivität von $f$ sichert dabei gerade, daß die Gleichung $f(y) = x$ für jedes $x$ immer mindestens eine Lösung $y$ hat.

Anschaulich bedeutet das, daß man von jedem Element von $N$ aus irgendeinen dort ankommenden Pfeil umdreht.

$f_2$ wird durch folgende Tabelle beschrieben: 

| $u$ | $a$ | $b$ | $c$ | $d$ |
|---|---|---|---|---|
| $g_1(u)$ | $w$ | $w$ | $x$ | $y$ |

Eine Rechtsinverse $g_2$ von $f_2$ enthält man also z.B. durch die Tabelle

| $u$ | $w$ | $x$ | $y$ |
|---|---|---|---|
| $g_2(u)$ | $a$ | $c$ | $d$ |

**Beispiel 5:** Bestimmung der Inversen von $f(x) = \begin{cases} x & x < -1 \\ 2x^2 & -1 \leq x < 0 \\ -x^4 & 0 \leq x \leq 1 \\ x+1 & x > 1 \end{cases}$

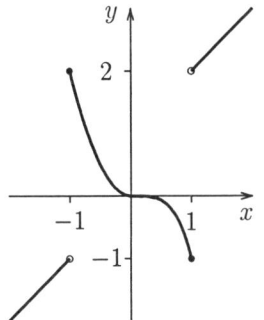

Hier ist man ohne eine Skizze verloren.
Man erkennt, daß jede Parallele zur $x$-Achse den Graphen der Funktion in genau einem Punkt schneidet. Daher ist $f$ bijektiv und man kann direkt die Umkehrfunktion angeben. Dazu notiert man in einer Tabelle die verschiedenen Definitionsbereiche der Teile von $f$ und kontrolliert gleichzeitig, daß sich der Wertevorrat $\mathbb{R}$ aus den einzelnen Wertebereichen zusammensetzt.

| $\mathbb{D}$ | $f$ | $\mathbb{W}$ | $f^{-1}$ |
|---|---|---|---|
| $\mathbb{D}_1 = ]-\infty, -1[$ | $x$ | $\mathbb{W}_1 = ]-\infty, -1[$ | $x$ |
| $\mathbb{D}_2 = [-1, 0[$ | $2x^2$ | $\mathbb{W}_2 = ]0, 2]$ | $-\sqrt{\dfrac{x}{2}}$ |
| $\mathbb{D}_3 = [0, 1]$ | $-x^4$ | $\mathbb{W}_3 = [-1, 0]$ | $\sqrt[4]{-x}$ |
| $\mathbb{D}_4 = ]1, \infty[$ | $x+1$ | $\mathbb{W}_4 = ]2, \infty[$ | $x - 1$ |

Daraus liest man die Form von $f^{-1}$ ab: $f^{-1}(x) = \begin{cases} x & x < -1 \\ \sqrt[4]{-x} & -1 \leq x \leq 0 \\ -\sqrt{\dfrac{x}{2}} & 0 < x \leq 2 \\ x - 1 & 2 < x \end{cases}$

Eigentlich ist aus der Skizze klar, daß $f$ bijektiv mit der Umkehrfunktion $g = f^{-1}$ ist. Da wir Mathematiker aber stolz darauf sind, auch scheinbar evidente Dinge beweisen zu können, hier eine Andeutung, wie ein strenger Beweis aussehen könnte.

**1. Möglichkeit**: man rechnet die Gleichungen $f \circ g = \mathrm{Id}_N$ und $g \circ f = \mathrm{Id}_M$ nach. Zum Beispiel heißt die erste Gleichung $f(g(y)) = y$ für alle $y \in N$. Dann beginnt man mit einer Fallunterscheidung nach den Definitionsbereichen der einzelnen Teilfunktionen von $g$. Diese Bereiche sind durch die Wertebereiche $\mathbb{W}_1$ bis $\mathbb{W}_4$ von $f$ gegeben.

Ist also z.B. $y \in \mathbb{W}_2 = ]0,2]$, dann ist $g(y) = -\sqrt{\frac{y}{2}}$. Jetzt muß man nachsehen, in welchen Teildefinitionsbereich von $f$ diese Zahl liegt. Man erhält, daß $g(y)$ im Intervall $[-1,0[$ liegen wird, also in $\mathbb{D}_2$. Daher ist $f(g(y)) = 2 \cdot (-\sqrt{\frac{y}{2}})^2 = 2\frac{y}{2} = y$.

Diese Rechnung führt man auch noch mit $\mathbb{W}_1$, $\mathbb{W}_3$ und $\mathbb{W}_4$ durch und eine analoge Rechnung für die Gleichung $g \circ f = \mathrm{Id}_M$.

**2. Möglichkeit:** man zeigt, daß die Gleichung $f(x) = y$ für jedes $y \in \mathbb{R}$ stets eine eindeutige Lösung $x$ hat, die durch $x = g(y) = f^{-1}(y)$ gegeben ist. Dazu teilt man $\mathbb{R}$ in vier disjunkte Bereiche $\mathbb{W}_1$ bis $\mathbb{W}_4$ auf und rechnet die Behauptung durch Fallunterscheidung nach. Dabei geht wesentlich ein, daß die Einschränkung von $f$ als Funktion von $\mathbb{D}_i$ nach $\mathbb{W}_i$ bijektiv ist (z.B. aus Monotonieüberlegungen).

**Beispiel 6:** Untersuchung auf Monotonie von $f(x) = \dfrac{x-2}{x-3}$

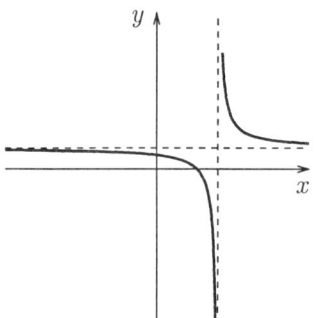

Der Definitionsbereich besteht aus den beiden Intervallen $I_1 = ]-\infty, 3[$ und $I_2 = ]3, \infty[$. Da $f$ auf seinem Definitionsbereich differenzierbar ist, untersucht man zunächst die Ableitung:

$$f'(x) = \frac{1 \cdot (x-3) - (x-2) \cdot 1}{(x-3)^2} = \frac{-1}{(x-3)^2} < 0.$$

Damit ist die Funktion sowohl auf $I_1$ wie auf $I_2$ streng monoton fallend.
Um festzustellen, ob $f$ insgesamt eine monotone Funktion ist, macht man am besten eine Skizze.

Jetzt erkennt man, daß $f$ insgesamt nicht monoton ist, da $f$ auf $I_1$ und $I_2$ streng monoton fällt, aber z.B. $f(0) = \frac{2}{3} < 2 = f(4)$ ist.

## 2.4 Vollständige Induktion

In diesem Abschnitt verwenden wir die Bezeichnung $\mathbb{N}$ für die natürlichen Zahlen $\mathbb{N} = \{1, 2, 3, \ldots\}$ und $\mathbb{N}_0$ für die natürlichen Zahlen einschließlich der Null.

In einigen Büchern werden die natürlichen Zahlen <u>einschließlich</u> der Null definiert und $\mathbb{N}^*$ für die positiven natürlichen Zahlen verwendet, also $\mathbb{N} = \{0, 1, 2, 3, \ldots\}$ und $\mathbb{N}^* = \{1, 2, 3, \ldots\}$.

### 1. + 2. Definitionen und Berechnung

Das Verfahren der <u>vollständigen Induktion</u> dient dazu, eine Folge von Aussagen zu beweisen. Dabei ist für jedes $n \in \mathbb{N}$ eine Aussage $A(n)$ gegeben. Der allgemeine Beweis geht dann in zwei Schritten vor sich:

> ① **Induktionsanfang**
> Die Aussage wird für $n = 1$ bewiesen, (oft durch eine direkte Rechnung).
>
> ② **Induktionsschritt**
> Für jedes $n \geq 1$ wird unter Benutzung der Aussage $A(n)$ die Aussage $A(n+1)$ bewiesen.

Der zweite Schritt könnte auch so aufgeschrieben werden:

> ② **Induktionsschritt**
> Für jedes $n \geq 2$ wird unter Benutzung der Aussage $A(n-1)$ die Aussage $A(n)$ bewiesen.

### Varianten

**Induktion mit anderem Anfang:** Der Induktionsanfang muß nicht zwingend bei $n = 1$, sondern kann bei jeder beliebigen ganzen Zahl sein. Wird als erstes eine Aussage für $n = -4$ bewiesen, und geht der Induktionsschritt für alle $n \geq -4$ durch, so hat man die Aussage für $n = -4, -3, -2, -1, 0, 1, \ldots$ bewiesen.

**Benutzung mehrerer Stufen:** Gelegentlich ist der Induktionsschluß vom Typ $A(n), A(n+1) \Rightarrow A(n+2)$. Dann hat man im Induktionsanfang zwei Aussagen direkt zu beweisen, also z.B. $A(1)$ und $A(2)$, um die Aussage für alle $n \in \mathbb{N}$ zu beweisen.

Diesen Induktionstyp findet man in Beispiel 4 und in Kapitel 6.10 in Beispiel 5.

## Rechenschema

Als Hilfe kann man folgendes Rechenschema verwenden, das für den Standardfall aufgeschrieben und in anderen Fällen entsprechend abzuändern ist:

---
**1. Induktionsanfang** $n = 1$
zu zeigen:     < hier steht $A(1)$ >
Beweis:     < hier steht der Beweis von $A(1)$ >

**2. Induktionsschritt** $A(n) \Rightarrow A(n+1)$
Voraussetzung:     < hier steht $A(n)$ >
zu zeigen:     < hier steht $A(n+1)$ >
Beweis:     < hier wird $A(n+1)$ unter Verwendung von $A(n)$ bewiesen >

---

Dabei erhält man $A(1)$, indem man in der allgemeinen Aussage $A(n)$ jedes $n$ durch 1 ersetzt, $A(n+1)$ durch Ersatz von $n$ durch $n+1$. Im Zweifelsfall nimmt man lieber $(n+1)$ statt $n+1$.

Oft ist es eine gute Strategie, die Aussage $A(n+1)$ umzuformen, bis man $A(n)$ erhält. Wenn dann alle Umformungen Äquivalenzumformungen waren, hat man den Beweis erbracht.

Das Beweisende kann man durch ein Symbol wie \\ oder □ kennzeichnen.

---
**Beispiel 1:** $\sum\limits_{k=n}^{2n} k = 3 \sum\limits_{k=1}^{n} k$

---

Im ersten Schritt, dem Induktionsanfang, werden einfach beide Seiten der zu beweisenden Gleichung ausgewertet.

**1. Induktionsanfang** $n = 1$
zu zeigen: $\sum\limits_{k=1}^{2} k = 3 \sum\limits_{k=1}^{1} k$
Beweis: $\sum\limits_{k=1}^{2} k = 1 + 2 = 3 = 3 \sum\limits_{k=1}^{1} k$    □

Im Induktionsschritt kann man ohne Probleme nach der "Grundtaktik" rechnen:

**2. Induktionsschritt** $A(n) \Rightarrow A(n+1)$
Voraussetzung: $\sum\limits_{k=n}^{2n} k = 3 \sum\limits_{k=1}^{n} k$
zu zeigen: $\sum\limits_{k=n+1}^{2n+2} k = 3 \sum\limits_{k=1}^{n+1} k$

## 2.4. VOLLSTÄNDIGE INDUKTION

**Beweis:**
$$\sum_{k=n+1}^{2n+2} k = 3\sum_{k=1}^{n+1} k$$
(Bekannte Teile werden abgespalten)
$$\Leftrightarrow \sum_{k=n}^{2n} k - n + (2n+1) + (2n+2) = 3\left(\sum_{k=1}^{n} k + (n+1)\right)$$
(Die Induktionsvoraussetzung wird benutzt)
$$\overset{\text{n.V.}}{\Leftrightarrow} \quad -n + (2n+1) + (2n+2) = 3(n+1)$$
$$\Leftrightarrow \quad 3n+3 = 3n+3 \quad \square$$

Bei dieser Rechnung ist es leicht: $A(n+1)$ wird äquivalent umgeformt, bis man $A(n)$ benutzen kann. Im nächsten Beispiel sind die Aussagen nicht äquivalent, sondern es ist nur die Schlußrichtung $A(n) \Rightarrow A(n+1)$ möglich. Das ist oft bei Beweisen von <u>Ungleichungen</u> der Fall.

> **Beispiel 2:** Zeigen Sie: für $n \geq 2$ ist $\sum_{k=1}^{n} \frac{1}{k^2} < 2 - \frac{1}{n}$

Da die Aussage für $n \geq 2$ formuliert ist, ist auch der Induktionsanfang $n = 2$.

**1. Induktionsanfang** $n = 2$

zu zeigen: $\sum_{k=1}^{2} \frac{1}{k^2} < 2 - \frac{1}{2}$

Beweis: $\sum_{k=1}^{2} \frac{1}{k^2} = 1 + \frac{1}{4} < \frac{3}{2} = 2 - \frac{1}{2}$ $\square$.

Im Induktionsschritt hat man folgende Situation:

**2. Induktionsschritt** $A(n) \Rightarrow A(n+1)$

Voraussetzung: $\sum_{k=1}^{n} \frac{1}{k^2} < 2 - \frac{1}{n}$

zu zeigen: $\sum_{k=1}^{n+1} \frac{1}{k^2} < 2 - \frac{1}{n+1}$

Beweis:
$$\sum_{k=1}^{n+1} \frac{1}{k^2} < 2 - \frac{1}{n+1}$$

Man versucht, auf beiden Seiten etwas Bekanntes zu erzeugen:

$$\Leftrightarrow \sum_{k=1}^{n} \frac{1}{k^2} + \frac{1}{(n+1)^2} < 2 - \frac{1}{n} + \frac{1}{n} - \frac{1}{n+1}$$

Nun möchte man gerne die Induktionsvoraussetzung benutzen. Das geht aber nicht mit einer Äquivalenzumformung, sondern man muß "rückwärts" denken: zu der wahren Aussage der Voraussetzung wird die übrigbleibende Ungleichung addiert, und daraus folgt die zu zeigende Zeile oben:

$$\left.\begin{array}{c}\sum_{k=1}^{n}\frac{1}{k^2}<2-\frac{1}{n}\\[1em]\frac{1}{(n+1)^2}\leq\frac{1}{n}-\frac{1}{n+1}\end{array}\right\}\Rightarrow\sum_{k=1}^{n}\frac{1}{k^2}+\frac{1}{(n+1)^2}<2-\frac{1}{n}+\frac{1}{n}-\frac{1}{n+1}$$

Daher geht die aufgeschriebene Rechung weiter mit

$$\underset{\Leftarrow}{\text{n.V.}}\quad\frac{1}{(n+1)^2}\leq\frac{1}{n}-\frac{1}{n+1}.$$

Man beachte, daß zu Beginn der Zeile $\Leftarrow$ steht! Der Rest ist einfach, man bringt beide Seiten auf einen Nenner:

$$\Leftrightarrow\quad\frac{n}{n(n+1)^2}\leq\frac{(n+1)^2-n(n+1)}{n(n+1)^2}$$

$$\Leftrightarrow\quad n\leq n+1.\quad\square$$

Eine Alternative ist es, den Beweis des Induktionsschritts als Ungleichungskette aufzuschreiben:

**2. Induktionsschritt** $A(n)\Rightarrow A(n+1)$

**Voraussetzung:** $\sum_{k=1}^{n}\frac{1}{k^2}<2-\frac{1}{n}$

**Behauptung:** $\sum_{k=1}^{n+1}\frac{1}{k^2}<2-\frac{1}{n+1}$

**Beweis:**

$$\begin{aligned}\sum_{k=1}^{n+1}\frac{1}{k^2}&=\sum_{k=1}^{n}\frac{1}{k^2}+\frac{1}{(n+1)^2}&&\text{Bekanntes abspalten}\\[0.5em]&\underset{<}{\overset{\text{n.V.}}{}}2-\frac{1}{n}+\frac{1}{(n+1)^2}&&A(n)\text{ benutzen}\\[0.5em]&=2-\frac{1}{n+1}+\frac{1}{n+1}-\frac{1}{n}+\frac{1}{(n+1)^2}&&\text{gewünschte rechte Seite erzeugen}\\[0.5em]&=2-\frac{1}{n+1}+\frac{n(n+1)-(n+1)^2+n}{n(n+1)^2}&&\text{zusammenfassen}\\[0.5em]&=2-\frac{1}{n+1}+\frac{n^2+n-n^2-2n-1+n}{n(n+1)^2}\\[0.5em]&=2-\frac{1}{n+1}-\frac{1}{n(n+1)^2}&&\text{Rest abschätzen}\\[0.5em]&<2-\frac{1}{n+1}\quad\square\end{aligned}$$

## 2.4. VOLLSTÄNDIGE INDUKTION

### 3. Beispiele

> **Beispiel 3:** Ist $f(x) = \ln(1 - \frac{x}{2})$, so ist $f^{(n)}(x) = -\frac{(n-1)!}{(2-x)^n}$ für $n \geq 1$.

**1. Induktionsanfang** $n = 1$
zu zeigen: $f'(x) = -\frac{(1-1)!}{(2-x)^1}$
Beweis: nach der Kettenregel ist

$$f'(x) = -\frac{1}{2}\frac{1}{1-\frac{x}{2}} = -\frac{1}{2-x} = -\frac{(1-1)!}{(2-x)^1}. \qquad \Box$$

**2. Induktionsschritt** $A(n) \Rightarrow A(n+1)$
Voraussetzung: $f^{(n)}(x) = -\frac{(n-1)!}{(2-x)^n}$
zu zeigen: $f^{(n+1)}(x) = -\frac{n!}{(2-x)^{n+1}}$
Beweis: Durch Ableiten erhält man:

$$\begin{aligned}
f^{(n+1)}(x) &= \left(f^{(n)}(x)\right)' \\
&\stackrel{\text{n.\,V.}}{=} \left(-\frac{(n-1)!}{(2-x)^n}\right)' \\
&= -(-n)\frac{(n-1)!}{(2-x)^{n+1}}(-1) \\
&= -\frac{n!}{(2-x)^{n+1}} \qquad \Box
\end{aligned}$$

Hier ist der Beweis einmal ganz ordentlich aufgeschrieben: Daß die $(n+1)$-ste Ableitung die Ableitung der $n$-ten ist, ist die induktive Definition einer höheren Ableitung. Die Stelle, an der die Voraussetzung über $A(n)$ eingeht, ist extra vermerkt.

> **Beispiel 4:** Man zeige: Ist $a_0 = 0$, $a_1 = 1$ und $a_{n+2} = a_n + a_{n+1}$, so ist
> $$a_n = \frac{1}{\sqrt{5}}\left[\left(\frac{1+\sqrt{5}}{2}\right)^n - \left(\frac{1-\sqrt{5}}{2}\right)^n\right].$$

Fibonacci-Zahlen

Es handelt sich um die <u>Fibonacci-Zahlen</u>, bei denen jede Zahl die Summe der beiden vorangehenden ist: $a_2 = 1$, $a_3 = 2$, $a_4 = 3$, $a_5 = 5$, $a_6 = 8$ usw.

Da die Definition von $a_{n+2}$ zwei vorhergehende Glieder benutzt, muß im Induktionsanfang die Behauptung für zwei Startterme nachgewiesen werden:

**1. Induktionsanfang** $n = 0$ und $n = 1$
**zu zeigen:** $a_0 = 0$ und $a_1 = 1$
**Beweis:** Man setzt $n = 0$ und $n = 1$ in die allgemeine Form der $a_n$ ein:

$$a_0 = \frac{1}{\sqrt{5}}\left[\left(\frac{1+\sqrt{5}}{2}\right)^0 - \left(\frac{1-\sqrt{5}}{2}\right)^0\right] = \frac{1}{\sqrt{5}}[1-1] = 0$$

$$a_1 = \frac{1}{\sqrt{5}}\left[\frac{1+\sqrt{5}}{2} - \frac{1-\sqrt{5}}{2}\right] = \frac{1}{\sqrt{5}}[\sqrt{5}] = 1. \quad \Box$$

**2. Induktionsschritt** $A(n) \Rightarrow A(n+1)$

**Voraussetzung:** $a_n = \frac{1}{\sqrt{5}}\left[\left(\frac{1+\sqrt{5}}{2}\right)^n - \left(\frac{1-\sqrt{5}}{2}\right)^n\right],$

$$a_{n+1} = \frac{1}{\sqrt{5}}\left[\left(\frac{1+\sqrt{5}}{2}\right)^{n+1} - \left(\frac{1-\sqrt{5}}{2}\right)^{n+1}\right],$$

**zu zeigen:** $\quad a_{n+2} = \frac{1}{\sqrt{5}}\left[\left(\frac{1+\sqrt{5}}{2}\right)^{n+2} - \left(\frac{1-\sqrt{5}}{2}\right)^{n+2}\right]$

**Beweis:**

$$\begin{aligned}
a_{n+2} &= a_n + a_{n+1} \\
&\stackrel{\text{n.V.}}{=} \frac{1}{\sqrt{5}}\left[\left(\frac{1+\sqrt{5}}{2}\right)^n - \left(\frac{1-\sqrt{5}}{2}\right)^n\right] \\
&\quad + \frac{1}{\sqrt{5}}\left[\left(\frac{1+\sqrt{5}}{2}\right)^{n+1} - \left(\frac{1-\sqrt{5}}{2}\right)^{n+1}\right] \\
&= \frac{1}{\sqrt{5}}\left[\left(\frac{1+\sqrt{5}}{2}\right)^n\left(1 + \frac{1+\sqrt{5}}{2}\right) - \left(\frac{1-\sqrt{5}}{2}\right)^n\left(1 + \frac{1-\sqrt{5}}{2}\right)\right] \\
&= \frac{1}{\sqrt{5}}\left[\left(\frac{1+\sqrt{5}}{2}\right)^n\left(\frac{1+\sqrt{5}}{2}\right)^2 - \left(\frac{1-\sqrt{5}}{2}\right)^n\left(\frac{1-\sqrt{5}}{2}\right)^2\right] \\
&= \frac{1}{\sqrt{5}}\left[\left(\frac{1+\sqrt{5}}{2}\right)^{n+2} - \left(\frac{1-\sqrt{5}}{2}\right)^{n+2}\right] \quad \Box
\end{aligned}$$

Dabei wurde benutzt

$$\left(\frac{1\pm\sqrt{5}}{2}\right)^2 = \frac{1 \pm 2\sqrt{5} + 5}{4} = \frac{6 \pm 2\sqrt{5}}{4} = 1 + \frac{1\pm\sqrt{5}}{2}.$$

Man halte sorgfältig auseinander: $A(1)$, $A(n)$ und $A(n+1)$ sind **Aussagen**, die durch Zeichen wie $\Leftrightarrow$ oder $\Rightarrow$ miteinander verbunden sind. Gleichheitszeichen treten zwischen **Termen** wie $a_n$ oder $a_{n+1}$ auf.

## 2.5 Komplexe Zahlen

### 1. Definitionen

Komplexe Zahlen sind Zahlen der Form $z = x + iy$ (oder $z = x + yi$) mit reellen Zahlen $x$ und $y$. Die imaginäre Einheit $i$ genügt der Gleichung $i^2 = -1$. Ist $z = x + iy$, so heißt $x =$ Re $z$ Real- und $y =$ Im $z$ Imaginärteil von $z$.
**Achtung:** der Imaginärteil ist nicht $iy$, sondern die reelle Zahl $y$.

Real-, Imaginärteil Re $z$, Im $z$

Die Gesamtheit der komplexen Zahlen wird mit $\mathbb{C}$ bezeichnet.

$\mathbb{C}$

Darstellung komplexer Zahlen mit Hilfe der komplexen Exponentialfunktion:

$$z = re^{i\varphi} = r(\cos\varphi + i\sin\varphi) \qquad r \in [0,\infty[,\ \varphi \in\ ]-\pi,\pi]$$

Das sind die Eulersche und Polarkoordinaten- oder trigonometrische Form, die Schreibweise $z = a + ib$ heißt Gaußsche oder kartesische Darstellung.

Ein anderer üblicher Bereich für den Winkel $\varphi$ ist das Intervall $[0, 2\pi[$. An der Polarkoordinatendarstellung erkennt man, daß der Winkel nur bis auf ganzzahlige Vielfache von $2\pi$ festlegt. Den Wert des Winkels im Grundintervall bezeichnet man als Hauptwert.

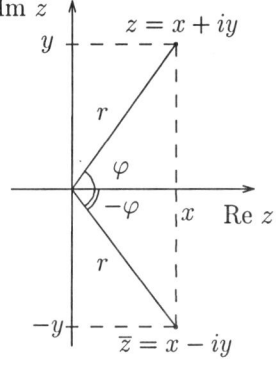

In der Gaußschen Zahlenebene lassen sich die komplexen Zahlen veranschaulichen. Dabei wird $\mathbb{R}$ durch die Identifizierung $x \to x + 0i$ nach $\mathbb{C}$ eingebettet. Das bedeutet, daß der reellen Zahl $x$ die komplexe Zahl $x + 0i$ entspricht.

Gaußsche Zahlenebene

**Bezeichnungen:**
Der Winkel $\varphi \in\ ]-\pi, \pi]$ heißt Argument von $z$: $\varphi = \arg z$.
$r = |z|$ heißt Betrag und ist der Abstand von $z$ vom Nullpunkt. Statt Betrag sagt man auch Absolutbetrag oder Modul.

Argument Betrag

Die konjugiert komplexe Zahl $\overline{z}$ entsteht aus $z$ durch Spiegelung an der reellen Achse. Andere Schreibweise: $z^*$ statt $\overline{z}$.

konjugiert komplexe Zahl $\overline{z}, z^*$

$$\text{Ist } z = x + iy = re^{i\varphi}, \text{ so ist } \overline{z} = x - iy = re^{-i\varphi}.$$

Auf $\mathbb{C}$ ist keine Ordnung definiert. Das bedeutet, daß es Ungleichungen zwischen komplexen Zahlen nicht gibt, wohl aber Ungleichungen zwischen Beträgen oder Argumenten.

Eigenschaften komplexer Funktionen (Holomorphie, harmonische Funktionen) findet man in Kapitel 7.

## 2. Berechnung

### 1. Umrechnung der Darstellungen

Umrechnung der Darstellungen

Eulerformel

$r, \varphi \leftrightarrow a, b$

Der Übergang zwischen Euler- und Polarkoordinatenform geschieht stets durch die Eulerformel:

$$e^{x+iy} = e^x (\cos y + i \sin y).$$

Ist $z = re^{i\varphi} = r(\cos\varphi + i\sin\varphi)$, so ist $z = a + ib$ mit $a = r\cos\varphi$ und $b = r\sin\varphi$.

Ist $z = a + ib$, so ist $r = \sqrt{a^2 + b^2}$. Berechnung des Arguments $\varphi$:

$$\varphi = \begin{cases} \arctan\dfrac{b}{a} & a > 0 & \text{I. und IV. Quadrant} \\ \dfrac{\pi}{2} & a = 0, b > 0 & \text{positive imaginäre Achse} \\ \arctan\dfrac{b}{a} + \pi & a < 0, b \geq 0 & \text{II. Quadrant} \\ -\dfrac{\pi}{2} & a = 0, b < 0 & \text{negative imaginäre Achse} \\ \arctan\dfrac{b}{a} - \pi & a < 0, b < 0 & \text{III. Quadrant} \end{cases}$$

$z = 0$ hat kein (oder jedes) Argument.
Alternativ kann man $\varphi$ aus einer der beiden Gleichungen $\sqrt{a^2+b^2}\cos\varphi = a$, $\sqrt{a^2+b^2}\sin\varphi = b$ bestimmen. Den richtigen Wert des Winkels entnimmt man einer Skizze.

Verwendet man für den Winkel den Bereich von 0 bis $2\pi$, so ist

$$\varphi = \begin{cases} \arctan\dfrac{b}{a} & a > 0, b \geq 0 & \text{I. Quadrant} \\ \dfrac{\pi}{2} & a = 0, b > 0 & \text{positive imaginäre Achse} \\ \arctan\dfrac{b}{a} + \pi & a < 0 & \text{II.und III. Quadrant} \\ \dfrac{3\pi}{2} & a = 0, b < 0 & \text{negative imaginäre Achse} \\ \arctan\dfrac{b}{a} + 2\pi & a > 0, b < 0 & \text{IV. Quadrant} \end{cases}$$

$$e^{2k\pi i} = 1, \qquad e^{(2k+1)\pi i} = -1, \qquad k \in \mathbb{Z}$$

Das sind gleichzeitig alle Möglichkeiten, 1 und $-1$ in Eulerform zu schreiben. Rein imaginäre Zahlen (Zahlen mit Realteil Null) haben die Form $z = re^{(k+1/2)\pi i}$ mit $k \in \mathbb{Z}$.

## 2.5. KOMPLEXE ZAHLEN

**Beispiel 1:** Trigonometrische und Eulerform von $z_1 = \sqrt{3}+i$, $z_2 = -\sqrt{3}+i$, $z_3 = -\sqrt{3}-i$ und $z_4 = \sqrt{3}-i$.

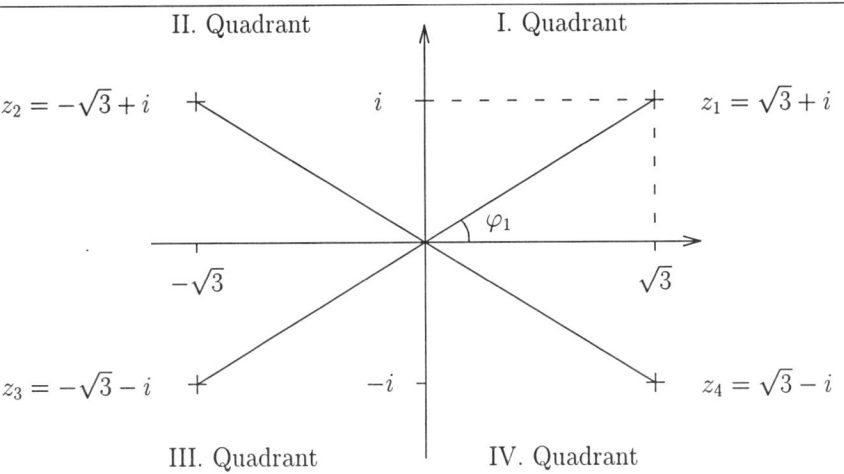

Als erstes wird $z_1 = \sqrt{3} + i$ in der Form $z_1 = r_1 e^{i\varphi_1} = r_1(\cos\varphi_1 + i\sin\varphi_1)$ geschrieben: es ist $r_1 = \sqrt{3+1} = 2$. Der Winkel läßt sich auf mehrere Arten aus der Gleichung $\sqrt{3} + i = 2(\cos\varphi + i\sin\varphi)$ bestimmen:

- Aus der Tabelle: da $z_1$ im ersten Quadranten liegt, ist $\varphi_1 = \arctan\dfrac{1}{\sqrt{3}} = \dfrac{\pi}{6}$.

- Der Vergleich der Realteile ergibt $\sqrt{3} = r\cos\varphi_1 = 2\cos\varphi_1$. Daher ist $\cos\varphi_1 = \dfrac{\sqrt{3}}{2}$ und für $\varphi_1$ kommen die beiden Werte $\pm\dfrac{\pi}{6}$ in Frage. Da $z_1$ im ersten Quadranten liegt, muß $\varphi_1 = \dfrac{\pi}{6}$ sein.

  Das geht mit dem Imaginärteil natürlich analog.

- Man vergleicht außer den Real- auch die Imaginärteile und erhält $\sin\varphi = \dfrac{1}{2}$. Daher kommen hier die Winkel $\dfrac{\pi}{6}$ und $\dfrac{5\pi}{6}$ in Frage. Der einzige gemeinsame Winkel für Real- und Imaginärteil ist $\varphi_1 = \dfrac{\pi}{6}$.

  Das geht immer: Für $z \neq 0$ legen die Gleichungen Re $z = r\cos\varphi$ und Im $z = r\sin\varphi$ den Winkel eindeutig fest.

Damit hat man die Darstellung $z_1 = \sqrt{3} + i = 2(\cos\dfrac{\pi}{6} + i\sin\dfrac{\pi}{6}) = 2e^{i\pi/6}$.

Für die anderen drei Zahlen erhält man genauso $r_2 = r_3 = r_4 = 2$ und

$$\varphi_2 = \arctan\frac{-1}{\sqrt{3}} + \pi = -\frac{\pi}{6} + \pi = \frac{5\pi}{6}$$

$$\varphi_3 = \arctan\frac{1}{\sqrt{3}} - \pi = \frac{\pi}{6} - \pi = -\frac{5\pi}{6}$$

$$\varphi_4 = \arctan\frac{-1}{\sqrt{3}} = -\frac{\pi}{6}$$

Grundrechen-
arten

## 2. Grundrechenarten

Bei den Grundrechenarten wird $i$ wie eine Konstante behandelt. Beim Dividieren wird der Bruch zunächst mit der konjugierten Zahl des Nenners erweitert. Dann ist der Nenner reell, und man kann Real- und Imaginärteil des Zählers einzeln dividieren.

$$(a+ib) + (c+id) = (a+c)+i(b+d), \quad (a+ib) - (c+id) = (a-c)+i(b-d)$$

$$(a+ib) \cdot (c+id) = ac + i(bc+ad) + i^2 bd = (ac-bd) + i(bc+ad)$$

$$\frac{a+ib}{c+id} = \frac{(a+ib)(c-id)}{(c+id)(c-id)} = \frac{(ac+bd)+i(bc-ad)}{c^2+d^2} = \frac{ac+bd}{c^2+d^2} + i\frac{bc-ad}{c^2+d^2}$$

Sind die Zahlen in Eulerform gegeben, lassen sie sich i.allg. nur nach Umwandlung in die kartesische Form addieren oder subtrahieren. Für die Multiplikation und Division verwendet man ganz formal die Rechenregeln für Potenzen:

$$\text{Ist } z = r_1 e^{i\varphi} \text{ und } w = r_2 e^{i\vartheta}, \text{ so ist } zw = r_1 r_2 e^{i(\varphi+\vartheta)}, \quad \frac{z}{w} = \frac{r_1}{r_2} e^{i(\varphi-\vartheta)}.$$

Danach muß man eventuell den Winkel um $\pm 2\pi$ verändern, damit er wieder im Bereich $]-\pi, \pi]$ liegt.

**Beispiel 2:** Für $z = -5 + 10i$ und $w = 1 + 2i$ berechne man $z+w$, $z-w$, $zw$ und $\dfrac{z}{w}$.

$$\begin{aligned} z+w &= (-5+10i) + (1+2i) = -4 + 12i \\ z-w &= (-5+10i) - (1+2i) = -6 + 8i \\ zw &= (-5+10i) \cdot (1+2i) = -5 - 20 + i(-10+10) = -25 + 0i = -25 \\ \frac{z}{w} &= \frac{-5+10i}{1+2i} = \frac{(-5+10i)(1-2i)}{(1+2i)(1-2i)} = \frac{-5+20+i(10+10)}{1+4} = 3 + 4i. \end{aligned}$$

Kontrolle

**Kontrolle:** Wenn beim Dividieren der Nenner nach dem Erweitern mit $\overline{w}$ nicht reell und positiv ist, hat man sich sicher verrechnet.

**Beispiel 3:** Berechnen Sie für $z_1 = \sqrt{3} + i$ und $z_2 = -\sqrt{3} + i$ Produkt und Quotient in der Eulerform.

Nach Beispiel 1 ist $z_1 = 2e^{\frac{\pi}{6}i}$ und $z_2 = 2e^{\frac{5\pi}{6}i}$. Damit ist

$$z_1 z_2 = 2e^{\frac{\pi}{6}i} 2e^{\frac{5\pi}{6}i} = 4e^{\pi i} = -4 \quad \text{und}$$

## 2.5. KOMPLEXE ZAHLEN

$$\frac{z_1}{z_2} = \frac{2\,e^{\frac{\pi}{6}i}}{2\,e^{\frac{5\pi}{6}i}} = e^{-\frac{2\pi}{3}i} = \cos\frac{-2\pi}{3} + i\sin\frac{-2\pi}{3} = -\frac{1}{2} - \frac{\sqrt{3}}{2}i.$$

### 3. Konjugation, Real- und Imaginärteil

Ist $z = a + ib = re^{i\varphi} = r(\cos\varphi + i\sin\varphi)$, so ist

- der Realteil Re $z = a = \dfrac{z + \overline{z}}{2} = r\cos\varphi$,

- der Imaginärteil Im $z = b = \dfrac{z - \overline{z}}{2} = r\sin\varphi$

- die konjugiert komplexe Zahl $\overline{z} = a - ib = re^{-i\varphi} = r(\cos\varphi - i\sin\varphi)$

- der Betrag $|z| = \sqrt{a^2 + b^2} = r$

**Rechenregeln für Betrag und Konjugation**

$|z|$ ist reell und $|z| \geq 0$. Es ist $|z| = 0 \Leftrightarrow z = 0$, $\quad z\overline{z} = |z|^2$.

$$|z| = |\overline{z}|, \quad |z \cdot w| = |z| \cdot |w|, \quad \left|\frac{z}{w}\right| = \frac{|z|}{|w|}, \quad |z^n| = |z|^n$$

$$|z + w| \leq |z| + |w|, \quad \big||z| - |w|\big| \leq |z - w| \quad \text{(Dreiecksungleichungen)}$$

$$\overline{z + w} = \overline{z} + \overline{w}, \quad \overline{z - w} = \overline{z} - \overline{w}, \quad \overline{z \cdot w} = \overline{z} \cdot \overline{w}, \quad \overline{\left(\frac{z}{w}\right)} = \frac{\overline{z}}{\overline{w}}$$

**Beispiel 4:** $z = 1 + 2i$, $\overline{z} = 1 - 2i$, $|z|^2 = z\overline{z} = 1 + 4 = 5$,
$|z| = \sqrt{5}$, $\dfrac{1}{\overline{z}} = \overline{\left(\dfrac{1}{z}\right)} = \dfrac{\overline{1 - 2i}}{5} = \dfrac{1 + 2i}{5}$

### 4. Potenzen und Wurzeln

Die <u>Moivre-Formel</u> ist die Anwendung der Potenzgesetze auf $z = re^{\varphi i}$:

Ist $z = re^{\varphi i} = r(\cos\varphi + i\sin\varphi)$, so ist $z^n = r^n e^{n\varphi i} = r^n(\cos n\varphi + i\sin n\varphi)$.

Daraus ergibt sich eine Methode zur Berechnung von $n$-ten Wurzeln:

> Ist $z = r(\cos\varphi + i\sin\varphi) \neq 0$, so hat $z$ genau $n$ verschiedene $n$-te Wurzeln $w_0$ bis $w_{n-1}$:
> $$w_k = \sqrt[n]{r}\left(\cos\frac{\varphi + 2k\pi}{n} + i\sin\frac{\varphi + 2k\pi}{n}\right), \quad k = 0\ldots n-1.$$

**$n$-te Einheitswurzeln** Die $n$ Lösungen von $z^n = 1$ heißen <u>$n$-te Einheitswurzeln</u> und haben die Form $\xi_k = e^{\frac{2k\pi i}{n}} = \cos\frac{2k\pi}{n} + i\sin\frac{2k\pi}{n}$, $k = 0,\ldots,n-1$.

Die $n$-ten Wurzeln einer komplexen Zahl bilden ein regelmäßiges $n$-Eck mit dem Ursprung als Mittelpunkt. Bei den Einheitswurzeln liegt eine Ecke davon im Punkt $z = 1$.

Die $n$-ten Wurzeln einer Zahl $z$ lassen sich so berechnen, daß man <u>eine</u> $n$-te Wurzel berechnet, und diese mit den $n$ Einheitswurzeln $\xi_0$ bis $\xi_{n-1}$ multipliziert.

> **Beispiel 5:** Die dritten Wurzeln von $z = -2 + 2i$.

Zunächst wird $z = -2 + 2i$ in Euler (oder trigonometrischer) Form geschrieben: es ist $r = \sqrt{4+4} = 2\sqrt{2}$. Einer Skizze entnimmt man, daß $\varphi = \frac{3\pi}{4}$ ist. Jetzt berechnet man

$$w_0 = \sqrt[3]{2\sqrt{2}}\, e^{\frac{1}{3}(\frac{3\pi}{4}+0)i} = \sqrt{2}\, e^{\frac{\pi i}{4}} = \sqrt{2}(\cos\frac{\pi}{4} + i\sin\frac{\pi}{4}) = 1 + i.$$

Genauso erhält man

$$w_1 = \sqrt{2}\exp\left(\frac{1}{3}\left(\frac{3\pi}{4} + 2\pi\right)i\right) = \sqrt{2}\exp\left(\frac{11\pi i}{12}\right) = \sqrt{2}(\cos\frac{11\pi}{12} + i\sin\frac{11\pi}{12})$$

$$w_2 = \sqrt{2}\exp\left(\frac{1}{3}\left(\frac{3\pi}{4} + 4\pi\right)i\right) = \sqrt{2}\exp\left(\frac{19\pi i}{12}\right) = \sqrt{2}(\cos\frac{19\pi}{12} + i\sin\frac{19\pi}{12})$$

Das läßt sich fast nur mit einen Rechner auswerten (wenn man nicht die bekannten Werte von $\sin\frac{\pi}{6}$ und $\cos\frac{\pi}{6}$ und Formeln für $\sin\frac{x}{2}$ und $\cos\frac{x}{2}$ benutzt). Alternativ kann man auch $w_0$ mit den dritten Einheitswurzeln durchmultiplizieren. Dazu berechnet man zunächst

$$\xi_0 = 1, \quad \xi_1 = \cos\frac{2\pi}{3} + i\sin\frac{2\pi}{3} = -\frac{1}{2} + \frac{\sqrt{3}}{2}i, \quad \xi_2 = \cos\frac{4\pi}{3} + i\sin\frac{4\pi}{3} = -\frac{1}{2} - \frac{\sqrt{3}}{2}i$$

Beim Rechnen mit Einheitswurzeln gibt es viele Umformungsmöglichkeiten, die aus $\xi_j^n = 1$ und $|\xi_j| = 1$ entstehen. So läßt sich $\xi_2$ aus $\xi_1$ berechnen:

$$\xi_2 = \xi_1^2 = \frac{\xi_1^3}{\xi_1} = \frac{1}{\xi_1} = \frac{\overline{\xi_1}\xi_1}{\xi_1} = \overline{\xi_1}$$

Dann erhält man

$$w_1 = w_0\xi_1 = (1+i)(-\frac{1}{2} + \frac{\sqrt{3}}{2}i) = \frac{1}{2}(-1 - \sqrt{3} + i(-1 + \sqrt{3}))$$

$$w_2 = w_0\xi_2 = (1+i)(-\frac{1}{2} - \frac{\sqrt{3}}{2}i) = \frac{1}{2}(-1 + \sqrt{3} + i(-1 - \sqrt{3}))$$

## 2.5. KOMPLEXE ZAHLEN

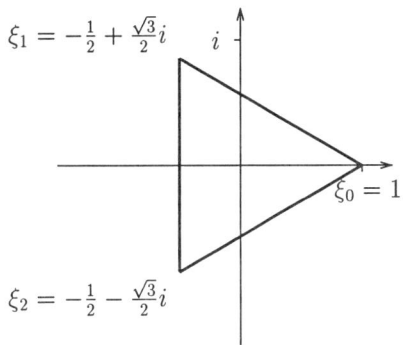

$\xi_1 = -\frac{1}{2} + \frac{\sqrt{3}}{2}i$

$\xi_0 = 1$

$\xi_2 = -\frac{1}{2} - \frac{\sqrt{3}}{2}i$

Die dritten Einheitswurzeln

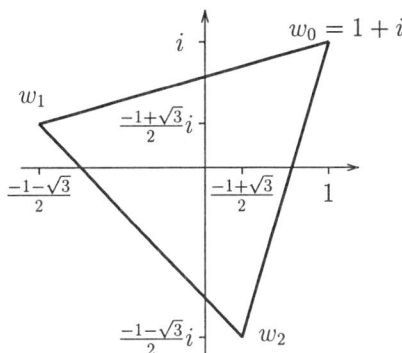

Die Wurzeln von $-2 + 2i$ bilden ein gleichseitiges Dreieck.

### 5. Quadratwurzeln

Quadratwurzeln

Auch für komplexe Quadratwurzeln ist die Schreibweise $\sqrt{z}$ gebräuchlich.

**Achtung**: obwohl dies dasselbe Symbol wie bei der reellen Quadratwurzel ist, bedeutet es etwas Verschiedenes:

- Die Wurzel bei reellen Zahlen ist eine Funktion, die nur für positive Zahlen definiert ist und stets positive Werte annimmt.

- $\sqrt{z} = w$ ist für komplexe Zahlen $z$ und $w$ eine abkürzende Schreibweise für $z = w^2$. $\sqrt{z}$ ist keine Funktion auf $\mathbb{C}$, sondern hat für $z \neq 0$ stets zwei Werte, die $w_1 = -w_2$ erfüllen.

Quadratwurzeln lassen sich auch ohne Moivreformel bestimmen. Für die Wurzel von $z = x + iy$ macht man den Ansatz $x + iy = w^2 = (u + iv)^2$:

① In der Gleichung $z = w^2$ nimmt man auf beiden Seiten den Betrag: $|z| = |w|^2 \Leftrightarrow \sqrt{x^2 + y^2} = u^2 + v^2$.

② $z = w^2$ gibt $x + iy = u^2 - v^2 + 2iuv$, also (A) $x = u^2 - v^2$ und (B) $y = 2uv$.

③ ① und (A) werden einmal addiert und einmal subtrahiert. Damit werden zunächst $u^2$ und $v^2$ bestimmt. Die möglichen Wertekombinationen von $u$ und $v$ werden durch (B) festgelegt.

**Alternative:** Verwendung fertiger Formeln. Mit $\mathrm{s}(y) = \begin{cases} 1 & \text{für } y \geq 0 \\ -1 & \text{für } y < 0 \end{cases}$ ist

$$\sqrt{x + iy} = \pm \left( \sqrt{\frac{1}{2}\left(\sqrt{x^2 + y^2} + x\right)} + i\,\mathrm{s}(y)\sqrt{\frac{1}{2}\left(\sqrt{x^2 + y^2} - x\right)} \right)$$

Die Wurzeln auf der rechten Seite sind reelle (und positive) Wurzeln!

**Beispiel 6:** $\sqrt{-3+4i}$

① Aus dem Ansatz $\sqrt{-3+4i} = u+iv$ erhält man $|-3+4i| = u^2 + v^2$, also $u^2 + v^2 = \sqrt{9+16} = 5$.

② Aus $-3+4i = u^2 - v^2 + 2iuv$ erhält man (A) $u^2 - v^2 = -3$ und (B) $2uv = 4$.

③ Es ist $u^2 = 1$ und $v^2 = 4$. Da wegen (B) $u$ und $v$ dasselbe Vorzeichen haben müssen, sind die beiden Wurzeln $w_1 = 1 + 2i$ und $w_2 = -1 - 2i$.

**Alternative:**

$$\sqrt{-3+4i} = \pm\left(\sqrt{\frac{1}{2}\left(\sqrt{25}-3\right)} + i\sqrt{\frac{1}{2}\left(\sqrt{25}+3\right)}\right) = \pm(1+2i)$$

### 6. Kreise und Geraden

**Kreise und Geraden**

$|z - z_0| = r$ beschreibt einen <u>Kreis</u> mit Mittelpunkt $z_0$ und Radius $r$. Andere Form: mit reellen Zahlen $a \neq 0$ und $b$ und einer komplexen Zahl $w$ schreibt man

**allgemeine Kreisgleichung**

$$\boxed{az\bar{z} + z\bar{w} + \bar{z}w + b = 0 \quad \text{(allgemeine Kreisgleichung)}}$$

$$|z - z_0| = r \Leftrightarrow (z-z_0)\overline{(z-z_0)} = r^2 \Leftrightarrow z\bar{z} - \bar{z}z_0 - z\bar{z_0} + z_0\bar{z_0} - r^2 = 0$$

Man erhält also die allgemeine Form mit $a=1$, $w := -z_0$ und $b = z_0\bar{z_0} - r^2$. Beginnt man mit der allgemeinen Form, so wird zunächst durch $a$ dividiert und die entstandene Gleichung zusammengefaßt.

$$az\bar{z} + z\bar{w} + \bar{z}w + b = 0 \Leftrightarrow z\bar{z} + z\frac{\bar{w}}{a} + \bar{z}\frac{w}{a} + \frac{w\bar{w}}{a\,a} - \frac{w\bar{w}}{a\,a} + \frac{b}{a} = 0$$

Das läßt sich als $|z + \frac{w}{a}| = \sqrt{\frac{w\bar{w}}{a\,a} - \frac{b}{a}}$ lesen. Der Mittelpunkt des Kreises ist also $-\frac{w}{a}$, der Radius ist $\sqrt{\frac{|w|^2}{a^2} - \frac{b}{a}}$.

Wenn der Term unter der Wurzel negativ ist, erfüllt kein Punkt die Gleichung.

**allgemeine Geradengleichung**

$$\boxed{z\bar{w} + \bar{z}w + b = 0, \quad w \in \mathbb{C}, \, b \in \mathbb{R} \quad \text{Allgemeine Geradengleichung}}$$

## 2.5. KOMPLEXE ZAHLEN

> In die Form $z\overline{w} + \overline{z}w + b = 0$ setzt man $z = x + yi$ und $w = a + bi$ ein und erhält eine Geradengleichung in $x$ und $y$.
> Umgekehrt sei eine Gerade in $\mathbb{C}$ gegeben.
>
> ① Betrachte die Gerade als Gerade in $\mathbb{R}^2$ und bringe sie in Normalenform:
> $\begin{pmatrix} x \\ y \end{pmatrix} \begin{pmatrix} a \\ b \end{pmatrix} = c$, (vgl. Kap. 1.3)
>
> ② Mit $w = a + bi$ erhält man durch Einsetzen von $x = \frac{1}{2}(z + \overline{z})$ und $y = \frac{1}{2i}(z - \overline{z})$ die allgemeine Form $z(a - bi) + \overline{z}(a + bi) - 2c = 0 \Leftrightarrow z\overline{w} + \overline{z}w - 2c = 0$.

Geraden in $\mathbb{C}$ lassen sich als Kreise in $\hat{\mathbb{C}}$ (s.u.) durch den Punkt $\infty$ auffassen. Daher ist die allgemeine Kreisgleichung in $\hat{\mathbb{C}}$ die Kreisgleichung ohne die Bedingung $a \neq 0$. Darstellungen dieser Art sind bei der <u>Möbiustransformation</u> von Interesse, vgl. Kap. 7.

### 7. Topologie von $\mathbb{C}$, Konvergenz

Topologie

Da sich die komplexen Zahlen in der Form $x + yi$ als Paare reeller Zahlen auffassen lassen, kann man topologische Begriffe wie offen, abgeschlossen, Rand, Umgebung und Konvergenz vom $\mathbb{R}^2$ her übernehmen, vgl. Kapitel 4.

Insbesondere gilt: eine Folge $z_n = x_n + y_n i$ konvergiert genau dann gegen $z = x + yi$, falls $x_n \to x$ und $y_n \to y$ ist. In trigonometrischer Form bedeutet das:

Konvergenz in $\mathbb{C}$

- $z_n = r_n e^{i\varphi_n} \to 0 \quad \Leftrightarrow \quad r_n \to 0$

- $z_n = r_n e^{i\varphi_n} \to r e^{i\varphi} \quad \Leftrightarrow \quad r_n \to r$ und $\varphi_n \to \varphi \pmod{2\pi}$ für $r \neq 0$.

$\mathbb{C}$ läßt sich durch den Punkt $\infty$ zur <u>Riemannschen Zahlenkugel</u> ergänzen, siehe Kapitel 7.3). Die Bezeichnung dafür ist $\hat{\mathbb{C}}$. Eine Folge $z_n$ konvergiert in $\hat{\mathbb{C}}$ gegen $\infty$, wenn die Folge der Kehrwerte $\frac{1}{z_n}$ gegen Null konvergiert.

**Achtung!** Die reellen Zahlen werden durch <u>zwei</u> Punkte $\pm\infty$ ergänzt und die (uneigentliche) Konvergenz gegen $\infty$ und $-\infty$ ist verschieden. Die komplexen Zahlen werden durch <u>einen</u> Punkt ergänzt, und es ist egal, auf welchem Weg eine Folge nach Unendlich geht.

> <u>Beispiel 7:</u> $z_n = \frac{1}{n} + (\frac{1}{n^2} + 2)i \to 0 + 2i = 2i$, $z_n = i^n$ divergiert.

## 3. Beispiele

**Beispiel 8:** Skizzen der Mengen $M_1 = \{z \mid |z-i| = 4\}$, $M_2 = \{z \mid z-i = 4\}$
und $M_3 = \{z \mid |z-i| = 4i\}$

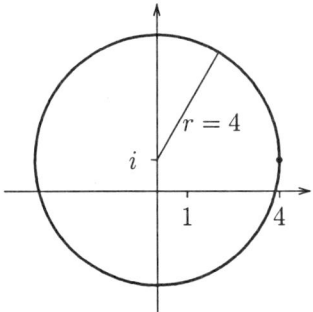

$M_1$ beschreibt einen Kreis um $z_0 = i$ mit Radius $r = 4$.
$M_2$ besteht aus dem einzelnen Punkt $z = 4+i$.
$M_3$ ist leer, da Beträge stets reell sind, also niemals gleich $4i$ sein können.

**Beispiel 9:** Skizze der Menge $M = \{z \mid 1 < |z-(2+2i)| < 2, \; |\arg z - \frac{\pi}{2}| \leq \frac{\pi}{4}\}$
Ist $M$ offen oder abgeschlossen?

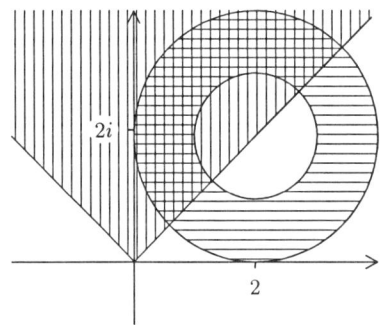

Die Bedingung $1 < |z - (2+2i)| < 2$ beschreibt einen Kreisring mit den Radien 1 und 2 um den Mittelpunkt $2+2i$. Um das einzusehen, liest man den Betrag der Differenz als Abstand. Dann steht da:
Der Abstand von $z$ zu $2+2i$ ist größer als 1 und kleiner als 2 (waagerecht schraffiert).
$|\arg z - \frac{\pi}{2}| \leq \frac{\pi}{4} \;\Leftrightarrow\; \arg z \in [\frac{\pi}{4}, \frac{3\pi}{4}]$.
Diese Menge besteht aus dem senkrecht schraffierten Sektor zwischen den Winkelhalbierenden.

Die gesuchte Menge $M$ ist also der Schnitt dieser beiden Mengen, der in der Skizze doppelt schraffiert ist. Die geraden Teile des halben Kreisrings gehören dazu, da in der Winkelbedingung "$\leq$" steht, wegen "$<$" gehören die Kreisränder nicht dazu.

$M$ ist damit weder offen noch abgeschlossen, da Teile des Randes in der Menge enthalten sind, nicht aber der ganze Rand (vgl. Kap. 4.1).

**Beispiel 10:** $\{z \mid \frac{1}{z} - \frac{1}{\bar{z}} = -i\}$

**Standardansatz** Ein <u>Standardansatz</u> für Probleme dieser Art ist die Aufteilung in Real- und Imaginärteil:

## 2.5. KOMPLEXE ZAHLEN

Mit dem Ansatz $z = a + bi$ erhält man

$$\frac{1}{z} - \frac{1}{\overline{z}} = \frac{1}{a+ib} - \frac{1}{a-ib} = \frac{a-ib}{a^2+b^2} - \frac{a+ib}{a^2+b^2} = \frac{-2ib}{a^2+b^2}.$$

Damit löst man auf und verwendet quadratische Ergänzung:

$$\frac{-2ib}{a^2+b^2} = -i \Leftrightarrow a^2 + b^2 - 2b = 0 \Leftrightarrow a^2 + (b-1)^2 = 1.$$

Diese Menge ist eine Kreislinie, der Mittelpunkt ($a = 0$, $b = 1$) ist $i$, der Radius ist 1. Der Nullpunkt gehört nicht mit dazu, weil dort die Ausgangsgleichung nicht definiert ist.

**Alternative:**

Multipliziert man die Ausgangsgleichung mit $iz\overline{z}$ und bringt alles auf die linke Seite, erhält man unter Beachtung von $i = -\overline{i}$

$$z\overline{z} - z\overline{i} - \overline{z}i = 0$$

und erkennt, daß es sich um einen Kreis um $z_0 = i$ mit dem Radius $\sqrt{|-i|^2} = 1$ handelt (allg. Kreisgleichung, $a = 1$, $w = -i$, $b = 0$.)

**Beispiel 11:** $\{z \mid z = i\overline{z} + 2 - i\}$

Der Standardansatz $z = a + bi$ wird eingesetzt, dann werden Real- und Imaginärteile verglichen:

$$a+ib = i(a-bi)+2-i \Leftrightarrow a+ib = (b+2)+(a-1)i \Leftrightarrow a-b=2 \wedge -a+b=-1.$$

Statt einer komplexen Gleichung für $z$ hat man nun zwei reelle Gleichungen für $a$ und $b$. Wenn man die zweite Gleichung mit $-1$ multipliziert, sieht man, daß es keine Lösung gibt. Die Menge ist also leer.

**Beispiel 12:** Die 4. Wurzeln von $z_0 = 16i$.

**Lösung mit der Moivre-Formel**

Zunächst wird $z_0$ in Eulerform gebracht: $16i = 16e^{i\frac{\pi}{2}}$. Es ist also $r = 16$ und $\varphi = \frac{\pi}{2}$. Damit haben die vier vierten Wurzeln die Gestalt

$$w_0 = 2(\cos\frac{\pi}{8} + i\sin\frac{\pi}{8}), \quad w_1 = 2(\cos\frac{5\pi}{8} + i\sin\frac{5\pi}{8})$$
$$w_2 = 2(\cos\frac{9\pi}{8} + i\sin\frac{9\pi}{8}), \quad w_3 = 2(\cos\frac{13\pi}{8} + i\sin\frac{13\pi}{8})$$

Mit einem Rechner oder einer Tabelle erhält man z.B. $w_0 \approx 1.84776 + 0.76537i$.

### Lösung durch zweimaliges Wurzelziehen

Es wird zunächst nur eine der vierten Wurzeln bestimmt. Eine Quadratwurzel von $z_0$ ist

$$u_1 = \sqrt{\frac{1}{2}\left(\sqrt{16^2}+0\right)} + i\sqrt{\frac{1}{2}\left(\sqrt{16^2}-0\right)} = \sqrt{8} + i\sqrt{8}.$$

Nochmaliges Wurzelziehen ergibt

$$w = \sqrt{\frac{1}{2}\left(\sqrt{8+8}+\sqrt{8}\right)} + i\sqrt{\frac{1}{2}\left(\sqrt{8+8}-\sqrt{8}\right)} = \sqrt{2+\sqrt{2}} + i\sqrt{2-\sqrt{2}}$$

Alle vierten Wurzeln von $z_0$ erhält man nun, indem man $w$ mit den vierten Einheitswurzeln $(1, i, -1, -i)$ durchmultipliziert.

$$w_0 = 1 \cdot w = \sqrt{2+\sqrt{2}} + i\sqrt{2-\sqrt{2}}, \quad w_1 = i \cdot w = -\sqrt{2-\sqrt{2}} + i\sqrt{2+\sqrt{2}}$$
$$w_2 = -1 \cdot w = -\sqrt{2+\sqrt{2}} - i\sqrt{2-\sqrt{2}}, \quad w_3 = -i \cdot w = \sqrt{2-\sqrt{2}} - i\sqrt{2+\sqrt{2}}$$

### Beispiel 13: $(1-i)^{200}$

Auch für Potenzen ist die Eulerform am einfachsten:

$$(1-i)^{200} = \left(\sqrt{2}e^{\frac{-\pi}{4}i}\right)^{200} = 2^{100}e^{-50\pi i} = 2^{100}.$$

### Beispiel 14: $\dfrac{3+4i}{4-3i}$

Beim Dividieren wird als erstes mit dem Konjugierten des Nenners erweitert:

$$\frac{3+4i}{4-3i} = \frac{(3+4i)(4+3i)}{(4-3i)(4+3i)} = \frac{12-12+16i+9i}{16+9} = \frac{25i}{25} = i.$$

### Beispiel 15: $z^2 - (3+4i)z - 1 + 5i = 0$

Quadratische Gleichungen

Quadratische Gleichungen löst man wie im Reellen mit der $p$-$q$-Formel.

$$z_{1,2} = \frac{3+4i}{2} \pm \sqrt{\left(\frac{3+4i}{2}\right)^2 + 1 - 5i} = \frac{3+4i}{2} \pm \sqrt{\frac{-7+24i+4-20i}{4}}$$

$$\Rightarrow \quad z_{1,2} = \frac{3+4i}{2} \pm \sqrt{\frac{-3+4i}{4}}$$

In Beispiel 6 wurden die Wurzeln aus $-3+4i$ bereits berechnet: $\sqrt{-3+4i} = \pm(1+2i)$. Damit wird

$$z_{1,2} = \frac{3+4i}{2} \pm \frac{1+2i}{2}.$$

Die Lösungen sind also

$$z_1 = \frac{4+6i}{2} = 2+3i \quad \text{und} \quad z_2 = \frac{2+2i}{2} = 1+i.$$

## 2.6 Ungleichungen und Betrag

### 1. Definitionen

Ist $x \in \mathbb{R}$, so ist der <u>Betrag</u> von $x$ definiert durch $|x| = \begin{cases} x & x \geq 0 \\ -x & x < 0 \end{cases}$. Dann ist $|x| = \sqrt{x^2}$.

Betrag

Ist $z = x + iy \in \mathbb{C}$, so ist der Betrag von $z$ definiert als $|z| = \sqrt{x^2 + y^2}$. Ist $z = re^{i\phi}$, so ist $|z| = r$.

$|a|$ ist also immer reell und nichtnegativ. Stets gilt: $a = 0 \Leftrightarrow |a| = 0$.

Geometrische Deutung: $|a - b|$ ist der Abstand der (reellen oder komplexen) Zahlen $a$ und $b$. Die Menge $\{z \mid |z - z_0| = a\}$ besteht im reellen Fall aus den beiden Zahlen $z_0 + a$ und $z_0 - a$. In $\mathbb{C}$ ist es eine Kreislinie um $z_0$ mit dem Radius $a$. Entsprechend ist $\{z \mid |z - z_0| < a\}$ das offene Intervall $]z_0 - a, z_0 + a[$ bzw. das Innere des Kreises.

Geometrische Deutung des Betrags

### 2. Berechnung

**Rechenregeln für Beträge**

Für reelle $x$ ist stets $-|x| \leq x \leq |x|$.

Rechenregeln für Beträge

$$\Big||a| - |b|\Big| \leq |a \pm b| \leq |a| + |b|, \quad |ab| = |a||b|, \quad \left|\frac{a}{b}\right| = \frac{|a|}{|b|} \qquad a, b \in \mathbb{R} \text{ oder } \mathbb{C}$$

Die ersten Rechenregeln für Summe und Differenz heißen <u>Dreiecksungleichungen</u>. Für mehrere Summanden gilt die verallgemeinerte Dreiecksungleichung:

Dreiecksungleichungen

$$|a_1 + a_2 + \cdots + a_n| \leq |a_1| + |a_2| + \cdots + |a_n|, \quad \left|\sum_{n=1}^{\infty} a_n\right| \leq \sum_{n=1}^{\infty} |a_n|$$

$$\left|\int_a^b f(x)\, dx\right| \leq \int_a^b |f(x)|\, dx$$

Dabei soll im Integral $a \leq b$ sein. Bei der Reihe folgt insbesondere aus der Konvergenz der Summe der Beträge die Konvergenz der Reihe.

**Rechenregeln für Ungleichungen**

Rechenregeln für Ungleichungen

Ungleichungen gibt es nur zwischen reellen Zahlen.

**Das Ungleichheitszeichen bleibt erhalten, wenn man**

- beide Seiten mit einer positiven Zahl multipliziert
- auf beiden Seiten dasselbe addiert oder subtrahiert
- auf beide Seiten eine streng monoton steigende Funktion anwendet, z.B. die Exponentialfunktion oder die Wurzelfunktion. (Achtung! $\sqrt{x^2} = |x|$!)
- beide Seiten quadriert, **falls** beide Seiten positiv sind.

**Das Ungleichheitszeichen kehrt sich um, wenn man**

- beide Seiten mit einer negativen Zahl multipliziert
- beide Seiten vertauscht
- auf beide Seiten eine streng monoton fallende Funktion anwendet.
- wenn beide Seiten dasselbe Vorzeichen haben und man Kehrwerte bildet.

**Addition:** $\quad a \leq b, c \leq d \Rightarrow a + c \leq b + d$
$\quad\quad\quad\quad\quad\ a < b, c \leq d \Rightarrow a + c < b + d$

**Subtraktion** $\quad a \leq b, c \leq d \Rightarrow a - d \leq b - c$
$\quad\quad\quad\quad\quad\quad\ a < b, c \leq d \Rightarrow a - d < b - c$

**Multiplikation:** $\quad 0 \leq a \leq b, 0 < c \leq d \Rightarrow ac \leq bd$

**Division:** $\quad 0 \leq a \leq b, 0 < c \leq d \Rightarrow \dfrac{a}{d} \leq \dfrac{b}{c}$

**Typische Rechenverfahren**

Typische Rechenverfahren

**1. Faktorisieren**

Faktorisieren

Ungleichungen lassen sich leicht auswerten, wenn auf einer Seite null steht, und die andere Seite ein Produkt ist. Dabei wird die Tatsache benutzt, daß das Produkt einer geraden Anzahl negativer Faktoren positiv ist.

Für $P = A_1 A_2 \cdots A_n$ gilt:
$P = 0 \Leftrightarrow$ mindestens ein $A_k = 0$.
Ist $P = A_1 A_2 \cdots A_n \neq 0$, so ist
$P > 0 \Leftrightarrow$ die Anzahl der $A_k$ mit $A_k < 0$ ist gerade.
$P < 0 \Leftrightarrow$ die Anzahl der $A_k$ mit $A_k < 0$ ist ungerade.
Dabei ist natürlich auch null eine gerade Zahl.

## 2.6. UNGLEICHUNGEN UND BETRAG

**Beispiel 1:** $(x+1)^2(x-2)(x-3)^3 > 0$

Der erste Faktor $(x+1)^2$ ist nur für $x = -1$ gleich null und sonst stets positiv, $x-2$ ist negativ für $x < 2$, null für $x = 2$ und positiv für $x > 2$, und $(x-3)^3$ ist negativ für $x < 3$, null für $x = 3$ und positiv für $x > 3$.

In der Skizze ist die Anzahl der negativen Faktoren und das resultierende Vorzeichen des Produkts eingetragen. Dabei wird z.B. $(x-3)^3$ dreifach gezählt.

$$\begin{array}{cccc} 6 & 4 & 3 & 0 \\ + & + & - & + \end{array}$$

$$\xrightarrow{\phantom{xxx}-1\phantom{xx}2\phantom{xx}3\phantom{xxx}}$$

Für die Lösungsmenge $\mathbb{L}$ ist also $\mathbb{L} = ]-\infty, -1[ \cup ]-1, 2[ \cup ]3, \infty[$. Für die Aufgabe $(x+1)^2(x-2)(x-3)^3 \leq 0$ hätte man die Lösungsmenge $\{-1\} \cup [2, 3]$ erhalten.

### 2. Fallunterscheidung

Fallunterscheidung

Da $|x|$ verschieden definiert ist für verschiedene Vorzeichen von $x$, kann man zur Berechnung die Fälle $x \geq 0$ und $x < 0$ unterscheiden. Dazu teilt man für jeden vorkommenden Betrag die reelle Achse in entsprechende Bereiche auf. Alternativ kann man auch die Fälle $x \leq 0$ und $x \geq 0$ unterscheiden, vgl. Beispiel 5.

---

① Einteilen der reellen Zahlen in geeignete Intervalle $\mathbb{D}_i$.

② In jedem Teilbereich $\mathbb{D}_i$ wird die Ungleichung gelöst und die Lösungsmenge $\mathbb{L}_i$ ermittelt.

③ Die Gesamtlösungsmenge $\mathbb{L}$ ist die Vereinigung der Durchschnitte der einzelnen Lösungsmengen mit ihren Definitionsbereichen:

$$\mathbb{L} = \bigcup_i (\mathbb{D}_i \cap \mathbb{L}_i).$$

---

**Beispiel 2:** $|x| < 1 + 2|x - 3|$

① Die kritischen Punkte der beiden Beträge sind $x = 0$ für den ersten und $x = 3$ für den zweiten Betrag. Einteilung:

$\mathbb{D}_1 \quad \mathbb{D}_2 \quad \mathbb{D}_3$

$\xrightarrow{\phantom{xx}0\phantom{xx}3\phantom{xx}}$

$\mathbb{R} = \mathbb{D}_1 \cup \mathbb{D}_2 \cup \mathbb{D}_3 = ]-\infty, 0[ \cup [0, 3[ \cup [3, \infty[$.

② In $\mathbb{D}_1$ ist $|x| = -x$, $|x-3| = -(x-3) = -x+3$.
Die Ungleichung heißt hier $-x < 1 + 2(3-x) \Leftrightarrow x < 7$.
Damit ist $\mathbb{L}_1 = ]-\infty, 7[$.

In $\mathbb{D}_2$ ist $|x| = x$, $|x-3| = -(x-3) = -x+3$.
Die Ungleichung heißt hier $x < 1 + 2(3-x) \Leftrightarrow 3x < 7 \Leftrightarrow x < \dfrac{7}{3}$.
Damit ist $\mathbb{L}_2 = ]-\infty, \tfrac{7}{3}[$.

In $\mathbb{D}_3$ ist $|x| = x$, $|x-3| = x-3$.
Die Ungleichung heißt hier $x < 1 + 2(x-3) \Leftrightarrow -x < -5 \Leftrightarrow x > 5$.
Damit ist $\mathbb{L}_3 = ]5, \infty[$.

③
$$\begin{aligned}
\mathbb{L} &= (\mathbb{D}_1 \cap \mathbb{L}_1) \cup (\mathbb{D}_2 \cap \mathbb{L}_2) \cup (\mathbb{D}_3 \cap \mathbb{L}_3) \\
&= \big(]-\infty, 0[ \cap ]-\infty, 7[\big) \cup \big([0, 3[ \cap ]-\infty, \tfrac{7}{3}[\big) \cup \big([3, \infty[ \cap ]5, \infty[\big) \\
&= ]-\infty, 0[ \cup [0, \tfrac{7}{3}[ \cup ]5, \infty[ \\
&= ]-\infty, \tfrac{7}{3}[ \cup ]5, \infty[
\end{aligned}$$

---

**Quadratische Ungleichungen:** $ax^2 + bx + c > 0$ mit $a \neq 0$

Quadratische Ungleichung

Dabei kann das "$>$"-Zeichen natürlich auch durch eins der anderen Ungleichheitszeichen ersetzt werden.

---

**Lösung durch Fallunterscheidung**

Lösung durch Fallunterscheidung

① Nach Division durch $a$ (Vorzeichen beachten!) hat die Ungleichung eine der Formen $x^2 + px + q \,\fbox{?}\, 0$, wobei $\fbox{?}$ eines der Ungleichheitszeichen ist: $\fbox{?} \in \{<, \leq, >, \geq\}$.

② Quadratische Ergänzung liefert $\left(x + \dfrac{p}{2}\right)^2 \fbox{?} \left(\dfrac{p}{2}\right)^2 - q$.

③
- Ist die rechte Seite echt kleiner als null, so ist die Lösung in den Fällen "$>$" und "$\geq$" ganz $\mathbb{R}$. In den Fällen "$<$" und "$\leq$" gibt es keine Lösung.

- Ist die rechte Seite größer gleich null, kann man aus der Ungleichung die Wurzel ziehen und erhält

$$\left|x + \dfrac{p}{2}\right| \fbox{?} \sqrt{\left(\dfrac{p}{2}\right)^2 - q}.$$

## 2.6. UNGLEICHUNGEN UND BETRAG

> Dieses Ergebnis läßt sich am besten auswerten, wenn man die Beträge als Abstand liest.
>
> Mit $x_1 = -\frac{p}{2} - \sqrt{\left(\frac{p}{2}\right)^2 - q}$ und $x_2 = -\frac{p}{2} + \sqrt{\left(\frac{p}{2}\right)^2 - q}$ erhält man als Ergebnis die folgende Tabelle:
>
> | Ungleichung | $x_1 < x_2$ | $x_1 = x_2$ |
> |---|---|---|
> | $x^2 + px + q < 0$ | $]x_1, x_2[$ | $\emptyset$ |
> | $x^2 + px + q \leq 0$ | $[x_1, x_2]$ | $\{x_1\}$ |
> | $x^2 + px + q > 0$ | $]-\infty, x_1[ \cup ]x_2, \infty[$ | $\mathbb{R}\setminus\{x_1\}$ |
> | $x^2 + px + q \geq 0$ | $]-\infty, x_1] \cup [x_2, \infty[$ | $\mathbb{R}$ |

|Lösung durch Faktorisierung|

Lösung durch Faktorisierung

> ① Berechnung der Nullstellen $x_1$ und $x_2$ von $ax^2 + bx + c$ ($p$-$q$-Formel).
>
> ②
> - Gibt es keine reellen Nullstellen, so ist der Ausdruck für $a > 0$ stets positiv und für $a < 0$ stets negativ.
> - Im Fall reeller Nullstellen $x_1 \leq x_2$ ist dann
>   $ax^2 + bx + c = a(x - x_1)(x - x_2)$.
>
>   $\begin{array}{ccc} + & - & + \\ \hline & x_1 & x_2 \end{array} \longrightarrow$
>   Vorzeichenverteilung für $a > 0$.
>   Für $x_1 = x_2$ wird das mittlere Intervall zu einem Punkt.
>
> - Aus der Skizze liest man die Lösungsmenge ab. Für "$\leq$" und "$\geq$" gehören die Randpunkte dazu, für "$<$" und "$>$" nicht.

|3. Quadrieren|

Bei Beträgen hat man auch die Möglichkeit, diese durch Quadrieren zu entfernen (wegen $|x|^2 = x^2$). Das ist nur in wenigen Fällen günstig, da dabei der Grad der vorkommenden Polynome schnell ansteigt, vgl. Beispiel 7.

Quadrieren

## 3. Beispiele

**Beispiel 3:** $|x^2 - 3x + 2| < 2$

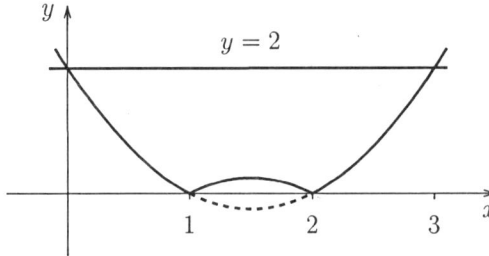

Die Skizze zeigt den Graphen von $f(x) = |x^2 - 3x + 2|$. Aufgabe ist es, diejenigen $x$ zu bestimmen, für die der Graph von $f$ unter der Geraden $y = 2$ liegt.

Zur Fallunterscheidung benutzt man $x^2 - 3x + 2 = (x-1)(x-2)$.

In $\mathbb{D}_1 = \mathbb{R}\setminus ]1,2[ = ]-\infty, 1] \cup [2, \infty[$ wird also der Betrag einfach weggelassen, in $\mathbb{D}_2 = ]1,2[$ kommt ein Minuszeichen dazu.

In $\mathbb{D}_1$ ist $|x^2 - 3x + 2| < 2 \Leftrightarrow x^2 - 3x + 2 < 2 \Leftrightarrow x(x-3) < 0$. Damit ist $\mathbb{L}_1 = ]0, 3[$.

In $\mathbb{D}_2$ ist $|x^2 - 3x + 2| < 2 \Leftrightarrow -(x^2 - 3x + 2) < 2 \Leftrightarrow x^2 - 3x + 4 > 0$. Da $x^2 - 3x + 4$ keine reellen Nullstellen hat, ist $\mathbb{L}_2 = \mathbb{R}$.

Insgesamt ist

$$\begin{aligned}\mathbb{L} &= \big(]-\infty, 1] \cap ]0, 3[\big) \cup \big(]1, 2[ \cap \mathbb{R}\big) \cup \big([2, \infty[ \cap ]0, 3[\big) \\ &= ]0, 1] \cup ]1, 2[ \cup [2, 3[ \\ &= ]0, 3[.\end{aligned}$$

**Beispiel 4:** Gesucht ist $\{z \in \mathbb{C} \mid |z - 1| < |z + i|\}$.

**1. Möglichkeit: Zerlegung in $x + iy$**

$$\begin{aligned}|z-1| < |z+i| &\Leftrightarrow |(x+iy) - 1| < |(x+iy) + i| \\ &\Leftrightarrow \sqrt{(x-1)^2 + y^2} < \sqrt{x^2 + (y+1)^2} \\ &\Leftrightarrow x^2 - 2x + 1 + y^2 < x^2 + y^2 + 2y + 1 \\ &\Leftrightarrow -x < y \Leftrightarrow y > -x.\end{aligned}$$

Es handelt sich also um den Teil der komplexen Ebene, der oberhalb der Geraden $y = -x$ liegt.

## 2.6. UNGLEICHUNGEN UND BETRAG

**2. Möglichkeit: Geometrische Überlegung**

Bei so einfach gebauten Aufgaben läßt sich die Lösung auch geometrisch ermitteln:

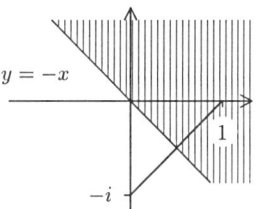

Die Lösungsmenge besteht aus allen $z \in \mathbb{C}$, die näher an $1$ als an $-i$ liegen. Die Punkte, die von beiden denselben Abstand haben, liegen auf der Mittelsenkrechten der Verbindungsstrecke. Der Skizze entnimmt man, daß es sich dabei um die Gerade $y = -x$ handelt. Die gesuchte Menge ist also die Hälfte der Ebene oberhalb dieser Geraden.

**Beispiel 5:** $|x-1| + |x-2| + |x-3| \leq 12$

Die kritischen Punkte sind $x = 1$, $x = 2$ und $x = 3$. Daher wird $\mathbb{R}$ in vier Teile geteilt:

$$\mathbb{D}_1 \quad \mathbb{D}_2 \quad \mathbb{D}_3 \quad \mathbb{D}_4$$

$$0 \quad 1 \quad 2 \quad 3$$

Dabei ist $\mathbb{D}_1 = ]-\infty, 1]$, $\mathbb{D}_2 = [1,2]$, $\mathbb{D}_3 = [2,3]$ und $\mathbb{D}_4 = [3, \infty[$. Die Punkte $x_1 = 1$, $x_2 = 2$ und $x_3 = 3$ sind doppelt definiert. Das macht nichts aus, da der Betrag sich auch als $|x| = \begin{cases} x & x \geq 0 \\ -x & x \leq 0 \end{cases}$ definieren läßt. In der nachfolgenden Rechnung hat man den Vorteil, daß man nicht mehr darauf achtgeben muß, ob die Intervallgrenzen zur Menge gehören oder nicht.

Mit $A(x) := |x-1| + |x-2| + |x-3|$ berechnet man

|  | $|x-1|$ | $|x-2|$ | $|x-3|$ | $A(x)$ | $\mathbb{L}_i$ | $\mathbb{L}_i \cap \mathbb{D}_i$ |
|---|---|---|---|---|---|---|
| $\mathbb{D}_1 = ]-\infty, 1[$ | $-(x-1)$ | $-(x-2)$ | $-(x-3)$ | $-3x+6$ | $x \geq -2$ | $[-2, 1]$ |
| $\mathbb{D}_2 = [1,2]$ | $x-1$ | $-(x-2)$ | $-(x-3)$ | $-x+4$ | $x \geq -8$ | $[1, 2]$ |
| $\mathbb{D}_3 = [2,3]$ | $x-1$ | $x-2$ | $-(x-3)$ | $x$ | $x \leq 12$ | $[2, 3]$ |
| $\mathbb{D}_4 = [3, \infty[$ | $x-1$ | $x-2$ | $x-3$ | $3x-6$ | $x \leq 6$ | $[3, 6]$ |

Die Gesamtlösungsmenge ist die Vereinigung von $\mathbb{L}_1 \cap \mathbb{D}_1$ bis $\mathbb{L}_4 \cap \mathbb{D}_4$: $\mathbb{L} = [-2, 6]$.

**Beispiel 6:** $\{(x,y) \,|\, (x^2 + y^2 - 4)(x-y) \leq 0\}$

Die linke Seite dieser Ungleichung ist das Produkt zweier Faktoren. Ein Punkt $(x,y) \in \mathbb{R}^2$ gehört zur Lösung, wenn genau ein Faktor negativ ist, oder einer der Faktoren Null ist.

Der Faktor $x^2 + y^2 - 4$ wird Null auf einem Kreis mit Radius 2 um den Ursprung und ist negativ im Inneren.

Der Faktor $x - y$ ist Null auf der ersten Winkelhalbierenden und negativ darüber.

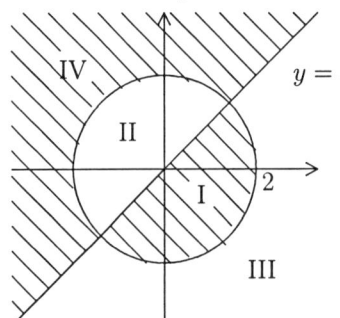

Die Lösungsmenge entnimmt man der Skizze, sie besteht aus den Gebieten I und IV inklusiv Rand.

**Beispiel 7:** $\dfrac{2}{|x|} > \sqrt{4 - x^2}$

Die Ungleichung ist definiert für $x \neq 0$ und $x \in [-2, 2]$. Da beide Seiten positiv sind, darf man Quadrieren:
$$\frac{4}{x^2} > 4 - x^2.$$

Mit $z = x^2 > 0$ rechnet man weiter:
$$4 > 4z - z^2 \quad \Leftrightarrow \quad z^2 - 4z + 4 > 0 \quad \Leftrightarrow \quad (z - 2)^2 > 0.$$

Diese Gleichung ist für $z \neq 2 \quad \Leftrightarrow \quad x \neq \pm\sqrt{2}$ stets erfüllt. Damit ist die Lösungsmenge
$$\mathbb{L} = [-2, 2] \setminus \{-\sqrt{2}, 0, \sqrt{2}\} = [-2, -\sqrt{2}[\cup]-\sqrt{2}, 0[\cup]0, \sqrt{2}[\cup]\sqrt{2}, 2].$$

**Beispiel 8:** Nachzuweisen ist: für $x \geq 0$ ist $e^x \geq 1 + x$

Für $x = 0$ ist $e^x = 1 = 1 + x$. Die Differenz $e^x - (1 + x)$ hat die Ableitung $e^x - 1 \geq 0$ für $x \geq 0$ und steigt daher monoton. Daher ist die Differenz stets positiv, und die Ungleichung ist für $x \geq 0$ erfüllt.

## 2.7 Folgen

### 1. Definitionen

Gibt es zu einer (reellen) Folge $(a_n)$ eine Zahl $a$, so daß sich die Zahlen $a_n$ dieser Zahl immer mehr annähern, so schreibt man $\lim_{n\to\infty} a_n = a$.
$a$ heißt <u>Grenzwert</u> oder <u>Limes</u> der Folge.

Mathematisch exakter ist diese Formulierung: zu jeder positiven (noch so kleinen) Zahl $\epsilon$ findet man ein $n_0$ (das i.allg. von $\epsilon$ abhängt), so daß für alle $n \geq n_0$ stets der Abstand von $a_n$ zu $a$ kleiner als dieses $\epsilon$ ist, oder, was in $\mathbb{R}$ dasselbe ist, daß $a_n$ zwischen $a - \epsilon$ und $a + \epsilon$ liegt. Mit Quantoren aufgeschrieben heißt das

$$\lim_{n\to\infty} a_n = a \quad \Leftrightarrow \quad a_n \to a \quad \Leftrightarrow \quad \forall \epsilon > 0 \; \exists n_0 \in \mathbb{N} \; \forall n \geq n_0 : |a_n - a| < \epsilon$$

Eine reelle Folge $(a_n)$ heißt

- <u>konvergent</u>, wenn $\lim_{n\to\infty} a_n$ existiert,

- <u>divergent</u>, wenn $\lim_{n\to\infty} a_n$ nicht existiert,

- <u>Nullfolge</u>, wenn $\lim_{n\to\infty} a_n = 0$ ist,

- <u>beschränkt</u>, wenn es Zahlen $C_1$ und $C_2$ gibt, so daß stets $C_1 \leq a_n \leq C_2$ ist, oder gleichbedeutend damit: Es gibt eine (positive) Zahl $C$, so daß immer $|a_n| \leq C$ ist. Konvergente Folgen sind stets beschränkt.

- <u>unbeschränkt</u>, falls $(a_n)$ nicht beschränkt ist. Unbeschränkte Folgen sind stets divergent.

- <u>monoton wachsend</u>, wenn stets $a_n \leq a_{n+1}$ ist,

- <u>streng monoton wachsend</u>, wenn stets $a_n < a_{n+1}$ ist,

- <u>monoton fallend</u>, wenn stets $a_n \geq a_{n+1}$ ist,

- <u>streng monoton fallend</u>, wenn stets $a_n > a_{n+1}$ ist,

- <u>monoton</u>, wenn die Folge monoton wachsend oder monoton fallend ist,

- <u>alternierend</u>, wenn die Vorzeichen der Folgenglieder abwechseln.

- <u>bestimmt divergent</u> oder <u>uneigentlich konvergent</u>, wenn $\lim_{n\to\infty} a_n = \infty$ oder $\lim_{n\to\infty} a_n = -\infty$ ist. Dabei bedeutet $\lim_{n\to\infty} a_n = \infty$, daß die Werte der Folge "immer größer" werden, d.h. es gibt zu jeder (noch so großen) reellen Zahl $M$ ein $n_0$, so daß für alle $n \geq n_0$ stets $a_n$ größer als $M$ ist. Mit Quantoren aufgeschrieben:

$$\lim_{n\to\infty} a_n = \infty \quad \Leftrightarrow \quad a_n \to \infty \quad \Leftrightarrow \quad \forall M \in \mathbb{R} \; \exists n_0 \in \mathbb{N} \, \forall n \geq n_0 : a_n \geq M$$

$\lim_{n\to\infty} a_n = -\infty$ ist analog definiert.

*Folgen Sie mir unauffällig!*

*Limes*
*Grenzwert*
*$\epsilon$-$n_0$-Kriterium*

*Eigenschaften von Folgen*

**komplexe Folgen** — Für komplexe Folgen werden die Begriffe konvergent, divergent und Nullfolge genauso erklärt. Eine komplexe Folge ist beschränkt, falls die (reelle) Folge der Beträge beschränkt ist, oder äquivalent dazu, daß die Folge der Realteile und die der Imaginärteile beschränkt ist.

Werden von einer Folge beliebig viele Glieder weggelassen (aber nur so viele, daß noch unendlich viele übrigbleiben), so erhält man eine Teilfolge.

**Häufungspunkt** — $a$ ist Häufungspunkt der Folge $(a_n)$, wenn in jeder Umgebung von $a$ unendlich viele Folgenglieder liegen. Das ist äquivalent damit, daß $a$ Limes einer Teilfolge $(a_{n_k})$ von $(a_n)$ ist.

**Limes superior / Limes inferior** — Ist $(a_n)$ eine beschränkte Folge, so heißt der größte Häufungspunkt Limes superior oder oberer Limes, $\limsup_{n\to\infty} a_n$ oder $\overline{\lim}_{n\to\infty} a_n$. Der kleinste Häufungspunkt ist der Limes inferior oder unterer Limes $\liminf_{n\to\infty} a_n$ oder $\underline{\lim}_{n\to\infty} a_n$.

**Landausche Symbole $O$ und $o$** — Um das Verhalten einer Folge $(a_n)$ durch eine Vergleichsfolge $(b_n)$ zu charakterisieren, benutzt man die Landauschen Symbole $O$ und $o$.

$$a_n = O(b_n) \quad \Leftrightarrow \quad \frac{a_n}{b_n} \text{ ist beschränkt für } n \to \infty$$

$$a_n = o(b_n) \quad \Leftrightarrow \quad \frac{a_n}{b_n} \to 0 \text{ für } n \to \infty$$

(lies: groß-oh bzw. klein-oh). Anschaulich bedeutet das, daß im $O$-Fall $|a_n|$ nicht schneller wächst als $|b_n|$ bzw., falls $b_n$ Nullfolge ist, daß $a_n$ mindestens so schnell gegen null geht wie $b_n$. Z.B. ist $2n^3 + n = O(n^3)$. Im $o$-Fall wächst $|a_n|$ langsamer als $|b_n|$ bzw. geht schneller gegen null.

Insbesondere ist beim Vergleich mit der konstanten Folge $b_n = 1$

$$a_n = O(1) \quad \Leftrightarrow \quad (a_n) \text{ ist beschränkte Folge,}$$
$$a_n = o(1) \quad \Leftrightarrow \quad (a_n) \text{ ist Nullfolge.}$$

Der Vorteil der Landauschen Symbole ist, daß man genausogut mit jeder anderen konstanten Folge $b_n = c$, $c \neq 0$, vergleichen könnte, da es nicht auf den genauen Wert, sondern nur auf die Wachstumsordnung ankommt.

In dieser Schreibweise liest man den Vergleich der Folgen auf Seite 159 als

$$\boxed{1 = o(\ln n), \qquad \ln n = o(n^\alpha), \qquad n^\alpha = o(q^n), \qquad q^n = o(n^n)}$$

## 2. Berechnung

### 1. Rechnen mit Grenzwerten

**Rechenregeln** — Ist $\lim_{n\to\infty} a_n = a$, $\lim_{n\to\infty} b_n = b$, so ist

$$\boxed{\lim_{n\to\infty}(a_n \pm b_n) = a \pm b, \quad \lim_{n\to\infty}(c a_n) = ca, \quad \lim_{n\to\infty}(a_n b_n) = ab, \quad \lim_{n\to\infty}\frac{a_n}{b_n} = \frac{a}{b}.}$$

## 2.7. FOLGEN

Die letzte Gleichung gilt natürlich nur für $b \neq 0$.

Ist $f$ eine Funktion und $a_n \to a$, so gilt $\lim_{n \to \infty} f(a_n) = f(a)$ genau dann, wenn $f$ bei $a$ stetig ist.

**Achtung!** Die Regeln für die Summe und das Produkt von Folgen gelten für eine feste <u>endliche</u> Anzahl von Summanden bzw. Faktoren. Folgende Rechnungen sind falsch!  *Typische Fehler*

$$1 = \underbrace{\frac{1}{n} + \frac{1}{n} + \cdots + \frac{1}{n}}_{n \text{ Summanden}} \to \underbrace{0 + 0 + \cdots + 0}_{n \text{ Summanden}} = 0$$

Der Fehler liegt darin, daß man in einem Grenzwert alle $n$ <u>gleichzeitig</u> gegen unendlich gehen lassen muß.

$$\lim_{n \to \infty}\left(1 + \frac{1}{n}\right)^n = \lim_{n \to \infty}\left(1 + \frac{1}{n}\right) \cdot \lim_{n \to \infty}\left(1 + \frac{1}{n}\right) \cdots \lim_{n \to \infty}\left(1 + \frac{1}{n}\right) = 1 \cdot 1 \cdot 1 \cdots 1 = 1 \quad \text{FALSCH!!}$$

Die hier im ersten Schritt verwendete Regel, eine beliebige (von $n$ abhängende) Anzahl von Limiten auseinanderzuziehen, gibt es nicht. Der richtige Grenzwert ist $e = 2.71\ldots$

---

**Beispiel 1:** $\lim_{n \to \infty}(\frac{1}{n} + 4\cos\frac{1}{n^2})$

---

$$\lim_{n \to \infty}(\frac{1}{n} + 4\cos\frac{1}{n^2}) = \lim_{n \to \infty}\frac{1}{n} + 4\lim_{n \to \infty}\cos\frac{1}{n^2} = 0 + 4\cos\lim_{n \to \infty}\frac{1}{n^2} = 4\cos 0 = 4$$

Dabei wurde benutzt, daß alle einzelnen Limiten existieren, und daß Cosinus bei $0 = \lim_{n \to \infty}\frac{1}{n^2}$ stetig ist. In der Regel wird eine Grenzwertberechnung nicht in so kleine Schritte aufgespalten. Es ist aber wichtig, daß man sich im Zweifelsfall über die verwendeten Methoden im Klaren ist.

---

**Eigenschaften der Summe der Folgen $(a_n)$ und $(b_n)$**

- $(a_n), (b_n)$ konvergent $\Rightarrow (a_n + b_n)$ konvergent.

- $(a_n)$ konvergent, $(b_n)$ divergent $\Rightarrow (a_n + b_n)$ divergent.

- $(a_n)$ beschränkt, $(b_n)$ beschränkt $\Rightarrow (a_n + b_n)$ beschränkt.

- $(a_n)$ beschränkt, $(b_n)$ unbeschränkt $\Rightarrow (a_n + b_n)$ unbeschränkt.

Man beachte dabei, daß konvergente Folgen beschränkt sind. Über andere Summen kann man keine Aussage machen, z.B. kann die Summe zweier unbeschränkter Folgen konvergent (und damit beschränkt) sein.

**Beispiel 2:** Die Summen von $(a_n) = (e^{-n})$, $(b_n) = ((-1)^n)$ und $(c_n) = (e^n)$.

$(a_n)$ ist konvergent und damit beschränkt, $(b_n)$ ist beschränkt und divergent, $(c_n)$ ist unbeschränkt. Damit ist $(a_n + b_n) = (e^{-n} + (-1)^n)$ beschränkt und divergent, $(a_n + c_n) = (e^{-n} + e^n)$ und $(b_n + c_n) = ((-1)^n + e^n)$ sind unbeschränkt.

**Eigenschaften des Produkts der Folgen $(a_n)$ und $(b_n)$**

Produkte von Folgen

- $(a_n)$ Nullfolge, $(b_n)$ beschränkt $\Rightarrow$ $(a_n b_n)$ Nullfolge.
- $(a_n)$ konvergent, $(b_n)$ beschränkt $\Rightarrow$ $(a_n b_n)$ beschränkt.
- $(a_n)$ konvergent, $(b_n)$ konvergent $\Rightarrow$ $(a_n b_n)$ konvergent.
- $(a_n)$ konvergent gegen $a \neq 0$, $(b_n)$ divergent $\Rightarrow$ $(a_n b_n)$ divergent.

Man beachte, daß konvergente Folgen stets beschränkt sind. Über die restlichen Produkte lassen sich keine Aussagen machen, vgl. das folgende Beispiel.

**Beispiel 3:** $a_n = \dfrac{1}{n}$, $b_n = \cos\dfrac{1}{n}$, $c_n = \cos n\pi$.

$(a_n)$ ist Nullfolge, $(b_n)$ hat den Grenzwert 1 und $(c_n)$ ist divergent, aber beschränkt, da die Werte von $c_n = (-1)^n$ sind. Damit sind $(a_n \cdot b_n) = (\frac{1}{n} \cos\frac{1}{n})$ und $(a_n \cdot c_n) = (\frac{(-1)^n}{n})$ Nullfolgen und $(b_n \cdot c_n) = (-1)^n \cos\frac{1}{n}$ divergiert. Das Produkt $(c_n \cdot c_n)$ ist ein Beispiel dafür, daß das Produkt divergenter Folgen auch konvergieren kann: $c_n \cdot c_n = (-1)^{2n} = 1$. $c_n \cdot c_n$ hat also stets den Wert 1, und damit ist auch der Grenzwert 1.

**2. Uneigentliche Grenzwerte**

Uneigentliche Grenzwerte

Für <u>reelle</u> Folgen $(a_n)$ gilt:

$$a_n \to \infty \quad \Leftrightarrow \quad a_n > 0 \text{ für } n \geq n_0 \text{ und } \frac{1}{a_n} \to 0$$

$$a_n \to -\infty \quad \Leftrightarrow \quad a_n < 0 \text{ für } n \geq n_0 \text{ und } \frac{1}{a_n} \to 0$$

Für <u>komplexe</u> Folgen $(z_n)$ gilt:

$$z_n \to \infty \text{ in } \mathbb{C} \quad \Leftrightarrow \quad |z_n| \to \infty \text{ in } \mathbb{R} \quad \Leftrightarrow \quad \frac{1}{z_n} \to 0 \text{ in } \mathbb{C} \quad \Leftrightarrow \quad \frac{1}{|z_n|} \to 0$$

Bei der Addition <u>reeller Folgen</u> mit uneigentlichen Grenzwerten $\pm\infty$ gelten diese Regeln:

## 2.7. FOLGEN

**Eigenschaften der Summe der Folgen $(a_n)$ und $(b_n)$**

- $(a_n)$ beschränkt, $(b_n)$ beschränkt $\Rightarrow (a_n + b_n)$ beschränkt.
- $(a_n)$ beschränkt, $(b_n) \to \infty \Rightarrow (a_n + b_n) \to \infty$.
- $(a_n)$ beschränkt, $(b_n) \to -\infty \Rightarrow (a_n + b_n) \to -\infty$.
- $(a_n) \to \infty$, $(b_n) \to \infty \Rightarrow (a_n + b_n) \to \infty$.
- $(a_n) \to -\infty$, $(b_n) \to -\infty \Rightarrow (a_n + b_n) \to -\infty$.

Für komplexe Folgen kann man über die Summe zweier Folgen mit Grenzwert $\infty$ nichts aussagen. Man kann aber versuchen, die Real- und Imaginärteile getrennt zu untersuchen.

**Beispiel 4:** $a_n = in$, $b_n = -in + \dfrac{1}{n}$, $c_n = -in + i^n$

Alle drei Folgen sind unbeschränkt und in $\mathbb{C}$ gegen $\infty$ uneigentlich konvergent. $(a_n + b_n) = \left(\frac{1}{n}\right)$ konvergiert gegen null, $(a_n + c_n) = i^n$ ist beschränkt und divergent, $(b_n + c_n) = \left(-2in + i^n + \frac{1}{n}\right)$ ist gegen $\infty$ (uneigentlich) konvergent.

### 3. Hilfsmittel

**Bernoullische Ungleichung:** Für $x \geq -1$ und $n \in \mathbb{N}$ ist

$$(1+x)^n \geq 1 + nx.$$

**Vergleich von Folgen**

In der Tabelle gehen weiter rechts stehende Folgen schneller gegen $\infty$:

$$\boxed{\quad 1 \quad \ln n \quad n^\alpha \ (\alpha > 0) \quad q^n \ (q > 1) \quad n! \quad n^n \quad}$$

Das bedeutet, daß z.B. $\lim\limits_{n \to \infty} \dfrac{\ln n}{n^\alpha} = 0$ ist.

**Bekannte Grenzwerte**

$$\left(1 + \frac{1}{n}\right)^n \to e \qquad \left(1 + \frac{a}{n}\right)^n \to e^a \qquad q^n \to 0 \text{ für } |q| < 1$$

$$\sqrt[n]{a} \to 1 \ (a > 0) \qquad \sqrt[n]{n} \to 1 \qquad \sqrt[n]{n!} \to \infty$$

**Stirlingformel** Stirlingformel:

$$n! \approx \sqrt{2\pi n}\left(\frac{n}{e}\right)^n.$$

Das bedeutet, daß der Quotient der beiden Terme gegen eins geht. Die Differenz geht gegen $\infty$. Genauer gilt

$$\left(\frac{n}{e}\right)^n \sqrt{2\pi n} \le n! \le \left(\frac{n}{e}\right)^n \sqrt{2\pi n} \cdot e^{\frac{1}{12n}}$$

### 4. Rekursive Folgen

**Rekursive Folgen** Von einer rekursiv definierten Folge spricht man, wenn sich jedes Folgenglied durch die davorliegenden Glieder berechnen läßt:

$$a_{n+1} = f(a_n, a_{n-1}, \ldots, a_{n-k}, n) \qquad \text{(Rekursionsformel)}$$

In der Regel sind die ersten Glieder vorgegeben. Oft ist es günstig, zunächst nachzuweisen, daß die Folge überhaupt einen Grenzwert besitzt. Häufig läßt sich das Kriterium "$a_n$ monoton und beschränkt" verwenden.

Kommt in der Rekursionsformel kein $n$ vor, so läßt sich der Grenzwert $g$ (bei stetigem f) aus der Fixpunktgleichung

$$g = f(g, g, \ldots, g)$$

berechnen. Natürlich ist es vorteilhaft, mit dieser Gleichung die möglichen Grenzwerte schon vorher zu bestimmen, vgl. Beispiel 14.

### 5. Konvergenzkriterien

**Kriterien**

- $$a_n \to a \quad \Leftrightarrow \quad a_n - a \to 0 \quad \Leftrightarrow \quad |a_n - a| \to 0.$$

  **Beispiel 5:** Die Aussagen $\sqrt[n]{n} \to 1$, $\sqrt[n]{n} - 1 \to 0$ und $|\sqrt[n]{n} - 1| \to 0$ sind gleichwertig.

- Ist $\lim_{n\to\infty} a_n = a$, so ist der Limes $a$ einziger Häufungspunkt der Folge $(a_n)$ und jede Teilfolge konvergiert auch gegen $a$.

  **Beispiel 6:** Wegen $\left(1 + \frac{1}{n}\right)^n \to e$ ist auch $\left(1 + \frac{1}{2n}\right)^{2n} \to e$.

  Die zweite Folge ist diejenige Teilfolge der ersten, die aus den Gliedern mit geradem Index besteht.

## 2.7. FOLGEN

- Hat $(a_n)$ zwei verschiedene Häufungspunkte, so ist die Folge sicher divergent.

**Beispiel 7:** $a_n = (-1)^n \dfrac{n+1}{n}$

Der Term $\dfrac{n+1}{n}$ hat den Grenzwert 1, der Term $(-1)^n$ sorgt für ein wechselndes Vorzeichen:

Die Werte sind $-2, \frac{3}{2}, -\frac{4}{3}, \frac{5}{4}, -\frac{6}{5}, \frac{7}{6}, \ldots$ und haben die Häufungspunkte 1 und $-1$. Für die Teilfolge mit den geraden Indices gilt: $a_{2n} = (-1)^{2n} \frac{2n+1}{2n} = \frac{2n+1}{2n} \to 1$. Genauso erhält man $a_{2n-1} \to -1$. Es gibt also zwei konvergente Teilfolgen mit <u>verschiedenen</u> Grenzwerten. Daher divergiert die Folge.

- Ist $(a_n)$ monoton steigend und nach oben beschränkt, so existiert $\lim\limits_{n\to\infty} a_n$.
  Ist $(a_n)$ monoton fallend und nach unten beschränkt, so existiert $\lim\limits_{n\to\infty} a_n$.

Dieses Kriterium ist oft bei rekursiven Folgen hilfreich (vgl. Beispiel 14.) Einfacher zu merken ist die Formulierung

Monoton und beschränkt gibt konvergent.

- Konvergiert $\sum\limits_{n=0}^{\infty} a_n$, so ist $\lim\limits_{n\to\infty} a_n = 0$.

Dieses Kriterium eignet sich nur für relativ schnell gegen null konvergente Folgen. Es ermöglicht, einige der Konvergenzkriterien für Reihen auch für Folgen zu benutzen. Insbesondere kommen Quotienten-, Wurzel- und Integralkriterium dafür in Betracht.

**Beispiel 8:** $a_n = ne^{-n}$

Mit dem Quotientenkriterium aus dem nächsten Abschnitt erhält man $\left|\dfrac{a_{n+1}}{a_n}\right| = \dfrac{n+1}{n} \dfrac{1}{e} \to \dfrac{1}{e} < 1$. Daher konvergiert die Reihe $\sum\limits_{n=1}^{\infty} a_n = \sum\limits_{n=1}^{\infty} ne^{-n}$ und $a_n = ne^{-n} \to 0$.

- Manchmal läßt sich eine Funktion $f$ "durch die Folge legen":

Gibt es ein $f$ mit $f(n) = a_n$ und $\lim\limits_{x\to\infty} f(x) = a$, so gilt auch $\lim\limits_{n\to\infty} a_n = a$.

Damit kann man möglicherweise die Regel von l'Hospital oder andere Methoden der Differentialrechnung verwenden. Dieser Trick hilft auch bei der Untersuchung auf Monotonie und Beschränktheit.

**Warnung!** Auch wenn $f$ keinen Grenzwert hat, kann $(a_n)$ trotzdem konvergieren.

## Beispiel 9: $a_n = ne^{-n}$

Man nimmt $f(x) = xe^{-x} = \dfrac{x}{e^x}$ und der Grenzwert für $x \to \infty$ ist nach der Regel von l' Hospital $\lim\limits_{x\to\infty} \dfrac{1}{e^x} = 0$. Damit ist auch $a_n \to 0$.

**Einschließungskriterium**

Einschließungskriterium

- Sind $(a_n)$, $(b_n)$ und $(c_n)$ Folgen mit $a_n \leq b_n \leq c_n$ und haben $(a_n)$ und $(c_n)$ den gemeinsamen Grenzwert $a$, so konvergiert auch $(b_n)$ gegen $a$.

## Beispiel 10: $a_n = \sqrt[n]{n + \sin n}$

Wenn $n$ groß wird, wird der Sinusterm keine Rolle mehr spielen und $a_n$ sich wie $\sqrt[n]{n}$ verhalten und damit den Grenzwert eins haben. In der Einschliessung $\sqrt[n]{n-1} \leq a_n \leq \sqrt[n]{n+1}$ hat man die äußeren Terme nicht gut genug im Griff. Da man aber aus Produkten gut die Wurzel ziehen kann, benutzt man, daß für $n \geq 2$ gilt: $\dfrac{n}{2} \leq n-1$ und $n+1 \leq \dfrac{3}{2}n$:

Wegen $|\sin n| \leq 1$ ist für $n \geq 2$

$$n/2 \leq n-1 \leq n + \sin n \leq n+1 \leq 3/2\, n, \quad \text{also} \quad \sqrt[n]{1/2\, n} \leq a_n \leq \sqrt[n]{3/2\, n}.$$

Wegen $\sqrt[n]{1/2\, n} = \sqrt[n]{1/2}\, \sqrt[n]{n} \to 1$ (beide Faktoren gehen gegen 1) und genauso $\sqrt[n]{3/2\, n} \to 1$ geht auch $a_n$ gegen 1.

## 3. Beispiele

## Beispiel 11: Berechnen Sie $\lim\limits_{n\to\infty} \dfrac{n^2 + \ln n}{\sqrt{n^4 - n^3}}$.

Standardverfahren bei Brüchen

Standardverfahren bei Brüchen: durch den am stärksten wachsenden Teil des Nenners kürzen. Hier muß zunächst das $n^4$ aus der Wurzel herausgeholt werden:

$$\frac{n^2 + \ln n}{\sqrt{n^4 - n^3}} = \frac{n^2 + \ln n}{n^2\sqrt{1 - 1/n}} = \frac{1 + \ln n/n^2}{\sqrt{1 - 1/n}} \to \frac{1+0}{\sqrt{1-0}} = 1.$$

## Beispiel 12: Berechnen Sie $\lim\limits_{n\to\infty} \dfrac{\ln n}{n^2}$.

Hier leiht man sich die Methoden der Differentialrechnung aus: für die Funktion $f(x) = \dfrac{\ln x}{x^2}$ ist ja $f(n) = \dfrac{\ln n}{n^2}$. Für $n \to \infty$ haben Zähler und Nenner den Grenzwert

## 2.7. FOLGEN

$\infty$; der Nenner hat für große $x$ keine Nullstellen mehr. Also wendet man die Regel von l'Hospital an:

$$\lim_{x\to\infty} \frac{(\ln x)'}{(x^2)'} = \lim_{x\to\infty} \frac{1/x}{2x} = \lim_{x\to\infty} \frac{1}{2x^2} = 0.$$

Daher ist auch $\lim_{x\to\infty} f(x) = 0$ und damit $\lim_{n\to\infty} f(n) = \lim_{n\to\infty} \frac{\ln n}{n^2} = 0$.

**Beispiel 13:** Berechnen Sie $\lim_{n\to\infty} \left(\sqrt{n^2 + an + 1} - \sqrt{n^2 + 1}\right)$ für festes $a > 0$.

Sowohl $\sqrt{n^2 + an + 1}$ wie auch $\sqrt{n^2 + 1}$ haben den (uneigentlichen) Grenzwert $\infty$. Da sich ein Ausdruck wie $\infty - \infty$ nicht auswerten läßt, wird die Differenz mit Hilfe der dritten binomischen Formel umgeformt:

Standardtrick bei Wurzeln

$$\lim_{n\to\infty} \left(\sqrt{n^2 + an + 1} - \sqrt{n^2 + 1}\right) = \lim_{n\to\infty} \frac{\sqrt{n^2 + an + 1}^2 - \sqrt{n^2 + 1}^2}{\sqrt{n^2 + an + 1} + \sqrt{n^2 + 1}}$$

$$= \lim_{n\to\infty} \frac{n^2 + an + 1 - (n^2 + 1)}{\sqrt{n^2 + an + 1} + \sqrt{n^2 + 1}} = \lim_{n\to\infty} \frac{an}{\sqrt{n^2 + an + 1} + \sqrt{n^2 + 1}}$$

(Im Zähler bleibt $an$ stehen. Daher wird durch $n$ gekürzt. In den Wurzeln wird der Faktor $1/n$ zu $1/n^2$.)

$$= \lim_{n\to\infty} \frac{a}{\sqrt{1 + \frac{a}{n} + \frac{1}{n^2}} + \sqrt{1 + \frac{1}{n^2}}}$$

(Jetzt existieren alle einzelnen Grenzwerte:)

$$= \frac{a}{1 + 1} = \frac{a}{2}$$

**Beispiel 14:** Untersuchen Sie die rekursive Folge $a_1 = 2$, $a_{n+1} = \frac{a_n^2 + 1}{2a_n}$.

Um mögliche Grenzwerte herauszufinden und so einen Anhaltspunkt für weitere Rechnungen zu haben, wird auf beiden Seiten von $a_{n+1} = \frac{a_n^2 + 1}{2a_n}$ der Grenzwert für $n \to \infty$ genommen (<u>ohne</u> zu wissen, ob er überhaupt existiert). Falls $(a_n)$ einen Limes $a$ hat, hat natürlich $(a_{n+1})$ denselben Grenzwert:

rekursive Folge

$$a = \frac{a^2 + 1}{2a} \Leftrightarrow 2a^2 = a^2 + 1 \Leftrightarrow a^2 = 1 \Leftrightarrow a = \pm 1$$

Wegen des Startwerts $a_1 = 2$ folgt direkt aus der Rekursionsformel, daß $a_n \geq 0$ für alle $n$ gilt. Damit kommt als Grenzwert nur noch $a = 1$ in Frage. Jetzt bleibt nachzuweisen, daß $(a_n)$ überhaupt konvergiert. In der Hoffnung, daß $(a_n)$ monoton vom Startwert 2 zum Grenzwert 1 geht, verwenden wir das Kriterium "monoton fallend und nach unten beschränkt $\Rightarrow$ konvergent".

$\boxed{\text{Monotonie:}}$

**Vorüberlegung:** Zu zeigen ist $a_{n+1} \leq a_n$. Dazu bildet man

$$a_{n+1} - a_n = \frac{a_n^2 + 1}{2a_n} - a_n = \frac{a_n^2 + 1 - 2a_n^2}{2a_n} = \frac{-a_n^2 + 1}{2a_n}.$$

Ist $a_n \geq 1$, so ist dieser Ausdruck sicher kleiner oder gleich null (Zähler kleiner gleich und Nenner größer null). Daß das stimmt, rechnet man so nach:

$$a_{n+1} - 1 = \frac{a_n^2 + 1}{2a_n} - 1 = \frac{a_n^2 - 2a_n + 1}{2a_n} = \frac{(a_n - 1)^2}{2a_n} \geq 0.$$

Jetzt wird das mal sauber aufgeschrieben:

**Behauptung 1:** Für alle $n$ gilt $1 \leq a_n$.

**Beweis** über vollständige Induktion.
**1. Induktionsanfang** $n = 1$: klar!
**2. Induktionsschritt:**
**Voraussetzung:** es gelte $1 \leq a_n$.
**zu zeigen:** $1 \leq a_{n+1}$ ($\Leftrightarrow$ $a_{n+1} - 1 \geq 0$).
**Beweis:**

$$a_{n+1} - 1 = \frac{a_n^2 + 1}{2a_n} - 1 = \frac{a_n^2 - 2a_n + 1}{2a_n} = \frac{(a_n - 1)^2}{2a_n} \geq 0,$$

da der Zähler nichtnegativ und der Nenner nach Voraussetzung positiv ist.

**Behauptung 2:** $(a_n)$ fällt monoton, d.h. $a_{n+1} - a_n \leq 0$.

**Beweis:**

$$a_{n+1} - a_n = \frac{a_n^2 + 1}{2a_n} - a_n = \frac{a_n^2 + 1 - 2a_n^2}{2a_n} = \frac{-a_n^2 + 1}{2a_n}.$$

Der letzte Ausdruck ist nach Behauptung 1 nichtpositiv, da $a_n \geq 1$ und damit auch $a_n^2 \geq 1$ ist.

$\boxed{\text{Beschränktheit:}}$ Da $(a_n)$ monoton fällt und positiv ist, ist die Folge nach oben durch $a_1 = 2$ und nach unten durch 0 (bzw. nach Beh. 1 durch 1) beschränkt.

$\boxed{\text{Insgesamt}}$ Die Folge $(a_n)$ ist monoton und beschränkt und hat damit einen Grenzwert $a = \lim_{n \to \infty} a_n = \lim_{n \to \infty} a_{n+1}$. Bildet man in $a_{n+1} = \frac{a_n^2 + 1}{2a_n}$ den Limes, so erhält man für den gesuchten Grenzwert $a$

$$a = \frac{a^2 + 1}{2a} \Leftrightarrow 2a^2 = a^2 + 1 \Leftrightarrow a^2 = 1 \Leftrightarrow a = \pm 1.$$

## 2.7. FOLGEN

Da alle Folgenglieder positiv sind, muß a=1 der Grenzwert sein, also $\lim\limits_{n\to\infty} a_n = 1$.

**Beispiel 15:** Zeigen Sie, daß für $a, b \geq 0$ gilt: $\lim\limits_{n\to\infty} \sqrt[n]{a^n + b^n} = \max\{a, b\}$.

**Vorüberlegung:**

i) Die Rollen von $a$ und $b$ sind vertauschbar. Daher darf man $a \geq b$ annehmen.

ii) Man darf auch $a > 0$ annehmen: ist $a = 0$, so folgt mit $a \geq b$ auch $b = 0$ und dann steht in der Behauptung $\lim\limits_{n\to\infty} \sqrt[n]{0} = 0$, was offensichtlich stimmt.

iii) $a^n$ ist größer als $b^n$. Man versucht also, $a^n$ aus der Wurzel herauszuziehen:

**Jetzt geht's los:**
$$\sqrt[n]{a^n + b^n} = a \sqrt[n]{1 + \left(\frac{b}{a}\right)^n}.$$

Wegen $b \leq a$ ist $0 \leq \frac{b}{a} \leq 1$ und auch $0 \leq \left(\frac{b}{a}\right)^n \leq 1$ und

$$1 = \sqrt[n]{1} \leq \sqrt[n]{1 + \left(\frac{b}{a}\right)^n} \leq \sqrt[n]{2}.$$

Da $\sqrt[n]{2} \to 1$ ist, folgt mit dem Einschließungskriterium $\sqrt[n]{1 + (b/a)^n} \to 1$ und damit $\sqrt[n]{a^n + b^n} \to a = \max\{a, b\}$.

**Beispiel 16:** $\lim\limits_{n\to\infty} \left(1 - \frac{1}{n^2}\right)^n$

**1. Möglichkeit:** Aufspalten in Produkt.

$$\lim_{n\to\infty} \left(1 - \frac{1}{n^2}\right)^n = \lim_{n\to\infty}\left[\left(1+\frac{1}{n}\right)^n \cdot \left(1-\frac{1}{n}\right)^n\right]$$
$$= \lim_{n\to\infty}\left(1+\frac{1}{n}\right)^n \lim_{n\to\infty}\left(1-\frac{1}{n}\right)^n = e \cdot \frac{1}{e} = 1$$

**2. Möglichkeit:** Einschließungskriterium und Bernoullische Ungleichung.

Sicher ist $\left(1 - \frac{1}{n^2}\right)^n \leq 1$. Gesucht ist also eine Abschätzung nach unten, die die Bernoullische Ungleichung liefert:

$$\left(1 - \frac{1}{n^2}\right)^n \geq 1 + n\frac{-1}{n^2} = 1 - \frac{1}{n}.$$

Damit läßt sich das Einschließungskriterium verwenden:

$$1 - \frac{1}{n} \leq \left(1 - \frac{1}{n^2}\right)^n \leq 1 \quad \Rightarrow \quad \left(1 - \frac{1}{n^2}\right)^n \to 1,$$

da in den linken Ungleichungen die äußeren Terme den Grenzwert 1 haben.

> **Beispiel 17:** $\lim\limits_{n\to\infty} n\ln\left(1+\dfrac{x}{n}\right)$, $x \geq 0$

Hier ist es sinnvoll, die beiden $n$ möglichst dicht zusammenzupacken, da dann ein bekannter Term entsteht:

$$n\ln\left(1+\frac{x}{n}\right) = \ln\left(1+\frac{x}{n}\right)^n$$

Bekanntlich hat der Ausdruck $\left(1+\dfrac{x}{n}\right)^n$ den Grenzwert $e^x$. Damit geht der Term im Logarithmus gegen $e^x$. Da das stets größer als null ist und der Logarithmus in $\mathbb{R}^+$ stetig ist, darf man den Grenzwert in den Logarithmus ziehen und erhält

$$\lim_{n\to\infty} n\ln\left(1+\frac{x}{n}\right) = \lim_{n\to\infty}\ln\left(1+\frac{x}{n}\right)^n = \ln\left(\lim_{n\to\infty}\left(1+\frac{x}{n}\right)^n\right) = \ln e^x = x.$$

Man erkennt, daß die Voraussetzung $x \geq 0$ unnötig ist. Für $x < 0$ kann es höchstens sein, daß für kleine Werte von $n$ die Folgenglieder nicht definiert sind.

> **Beispiel 18:** $\lim\limits_{n\to\infty} \dfrac{\sin\ln n}{\ln n}$

Hier wird der Quotient zunächst als Produkt geschrieben:

$$\frac{\sin\ln n}{\ln n} = \sin\ln n \cdot \frac{1}{\ln n}$$

Der erste Faktor ist beschränkt, da Sinus beschränkt ist. Der zweite Faktor ist der Kehrwert der unbeschränkten Folge $\ln n$ und geht daher gegen null. Nach der Regel "beschränkt mal Nullfolge gibt Nullfolge" ist der Grenzwert null.

> **Beispiel 19:** $\lim\limits_{n\to\infty} \dfrac{\sin(in)}{in}$

Hier muß man unbedingt beachten, daß der Sinus als <u>reelle</u> Funktion beschränkt ist, als <u>komplexe</u> Funktion aber nicht. Es gilt

$$\sin iz = i\sinh z = \frac{i}{2}\left(e^z - e^{-z}\right)$$

Daher ist

$$\frac{\sin(in)}{in} = \frac{1}{2n}\left(e^n - e^{-n}\right) = \frac{1}{2}\left(\frac{e^n}{n} - \frac{e^{-n}}{n}\right)$$

In der letzten Klammer geht der erste Term gegen unendlich, was man aus Beispiel 8 und 9 entnehmen kann: der Kehrwert $\dfrac{n}{e^n} = ne^{-n}$ geht gegen null und ist stets positiv. Der zweite Term geht gegen null, da der Zähler gegen null und der Nenner gegen unendlich geht. Daher geht auch die Summe gegen unendlich.

## 2.8 Reihen

### 1. Definitionen

Eine Reihe $\sum_{n=1}^{\infty} a_n$ ist <u>konvergent</u> mit Grenzwert $s$, wenn die Folge der <u>Partial-</u>    konvergent
<u>summen</u> $(S_m)$, $S_m := \sum_{n=1}^{m} a_n$ gegen $s$ konvergiert. Mit dem $\epsilon$-$n_0$-Kriterium heißt das:
für alle $\epsilon > 0$ gibt es ein $n_0$, so daß für $m \geq n_0$ stets $\left|\sum_{n=1}^{m} a_n - s\right| < \epsilon$ ist.

Häufig benutzte (obwohl nicht ganz korrekte) <u>Schreibweise</u>: $\sum_{n=1}^{\infty} a_n < \infty$.

Wenn sogar die Reihe der Absolutbeträge $\sum_{n=1}^{\infty} |a_n|$ konvergiert, heißt die Reihe
<u>absolut konvergent</u>. Andere Sprechweisen: <u>kommutativ konvergent</u>, <u>summierbar</u>.    absolut konvergent

$$\boxed{\text{absolute Konvergenz} \;\substack{\Rightarrow \\ \not\Leftarrow}\; \text{Konvergenz}}$$

### 2. Berechnung

#### 1. Rechenregeln

Für konvergente Reihen gilt:

$$\boxed{\sum_{n=1}^{\infty} a_n = A, \;\; \sum_{n=1}^{\infty} b_n = B \;\Rightarrow\; \sum_{n=1}^{\infty}(\alpha a_n + \beta b_n) = \alpha A + \beta B.}$$

#### 2. Bekannte Reihen

harmonische Reihe, geometrische Reihe

$$\begin{array}{|ll|}
\hline
\sum_{n=1}^{\infty} \frac{1}{n} \text{ divergiert} & \sum_{n=0}^{\infty} q^n = \frac{1}{1-q} \;\; \text{für} \;\; |q| < 1 \\
\text{"harmonische Reihe"} & \text{"geometrische Reihe"} \\
\sum_{n=1}^{\infty} \frac{(-1)^n}{n} = \ln \frac{1}{2} & \sum_{n=1}^{\infty} \frac{1}{n^2} = \frac{\pi^2}{6} \\
\sum_{n=1}^{\infty} \frac{1}{n^\alpha} \text{ konvergiert für } \alpha > 1 & \sum_{n=1}^{\infty} \frac{1}{n^\alpha} \text{ divergiert für } \alpha \leq 1 \\
\sum_{n=1}^{m} n = \frac{m(m+1)}{2} & \sum_{n=0}^{m} q^n = \frac{1-q^{m+1}}{1-q} \\
\hline
\end{array}$$

Weitere Reihen treten als Potenz- und Taylorreihen elementarer Funktionen auf. Beispiele für Funktionenreihen finden sich in Abschnitt 10 bis 12.

## 3. Konvergenzkriterien

Erstes Kriterium ist stets:

> Konvergiert $\sum_{n=1}^{\infty} a_n$, so ist $\lim_{n \to \infty} a_n = 0$.
> Ist also nicht $\lim_{n \to \infty} a_n = 0$, so konvergiert die Reihe sicher nicht.

Zur Orientierung dienen zwei Übersichten:

- Auf der nächsten Seite wird versucht, Beispielreihen so anzuordnen, daß ein geeignetes Kriterium ausgewählt werden kann.

- In der Tabelle auf der übernächsten Seite werden die Konvergenzkriterien in zwei Gruppen eingeteilt: Die Kriterien der ersten Gruppe machen direkt Aussagen über die Konvergenz oder Divergenz einer gegebenen Reihe "direkte Kriterien". In der zweiten Gruppe sind Kriterien der Art: Eine gegebene Reihe konvergiert, falls eine andere (einfachere) Reihe konvergiert "indirekte Kriterien". Diese andere Reihe ist dann entweder bekannt oder muß mit einem Kriterium der ersten Gruppe untersucht werden. In Ausnahmefällen wird auch ein Kriterium der zweiten Gruppe noch einmal angewandt.

Wichtig ist es auf alle Fälle, in einer Reihe die bestimmenden Terme zu finden (das sind in der Regel die am schnellsten wachsenden Teile von Zählern und Nennern) und zu entscheiden, wie schnell (wenn überhaupt) die Glieder der Reihe gegen null gehen.

Wichtigste Unterscheidung:

- Die Glieder gehen polynominal gegen null: $a_n$ verhält sich wie eine Potenz von $n$, z.B. $a_n = \dfrac{n - n^2}{n^3 + n^4} \approx -\dfrac{n^2}{n^4} = -\dfrac{1}{n^2}$ (oder $a_n = O(\frac{1}{n^2})$).

- Die Glieder gehen exponentiell gegen null: mindestens wie $q^n$ mit $|q| < 1$, z.b. auch Kehrwerte von Fakultäten.

Das sind die beiden wichtigsten Möglichkeiten, keineswegs aber alle!

### Übersicht 1

Die Reihen $\sum_{n=1}^{\infty} a_n$ werden danach sortiert, wie schnell die Glieder gegen null gehen. Je schneller die $a_n$ gegen null gehen, desto besser und schneller konvergiert die Reihe.
**Nicht jede Reihe passt in dieses Schema.**

## 2.8. REIHEN

| Wie schnell gehen die $a_n$ gegen Null? | schnelles Fallen | | höchstens wie $1/n$ | langsames Fallen |
|---|---|---|---|---|
| | exponentiell wie $q^n$, $\|q\|<1$ | polynominal wie $n^{-\alpha}$, $\alpha>1$ | | gar nicht |
| Beispiele | $a_n = \dfrac{n^8}{2^n}$, $a_n = (\sqrt[n]{n}-1)^n$, $a_n = \dfrac{1}{n!}$, $a_n = \left(\dfrac{-1}{4}\right)^n$ | $a_n = \dfrac{1}{n^2}$, $a_n = \dfrac{n^3+\sin n}{n^5+1}$, $a_n = \dfrac{1}{n^{100}}$, $a_n = \dfrac{1}{(n+\ln n)^2}$, $\dfrac{20}{n^2-33}$ | $a_n = \dfrac{(-1)^n}{\ln n}$, $a_n = \dfrac{(-1)^n}{n}$ | $a_n = \dfrac{1}{\ln n}$, $a_n = \dfrac{1}{n+\ln n}$, $a_n = \dfrac{1}{n}$ | $a_n = (-1)^n$, $a_n = \sin n$, $a_n = n^2$ |
| passende Konvergenzkriterien | Wurzel- und Quotientenkriterium | Integral- und Verdichtungskriterium | Leibniz-Kriterium | | $a_n \not\to 0$ |
| Vergleichskriterium, Majoranten-, Minorantenkriterien | Vergleich mit $q^n$ | Vergleich mit $n^{-\alpha}$ | **kein Vergleich möglich!** | Vergleich mit $\dfrac{1}{n}$ | |
| Konvergenzverhalten | absolute Konvergenz | | keine absolute Konvergenz | Divergenz | |
| | Konvergenz | | | | |

## Übersicht 2

**1. Gruppe – direkte Kriterien**

| | |
|---|---|
| Quotientenkriterium | Gut in Reihen, die Fakultäten oder Glieder der Form $a^n$ enthalten. Nicht auf Reihen anwendbar, in denen die Glieder nur wie eine Potenz von $n$ fallen. |
| Wurzelkriterium | Gut in Reihen, deren Glieder $n$-te Potenzen sind, zusammen mit der Stirlingformel oft auch bei Fakultäten anwendbar. |
| Leibnizkriterium | Nur möglich in alternierenden Reihen. Die Monotonie der $|a_n|$ ist manchmal schwierig nachzuweisen. Mit dem Leibnizkriterium lassen sich oft konvergente, aber nicht absolut konvergente Reihen untersuchen, u.a. Reihen, in denen die Glieder langsamer als $1/n$ fallen. |
| Integralkriterium | Dieses Kriterium ist nur bei monotonen Reihen anwendbar und schafft eine Verbindung zur Untersuchung uneigentlicher Integrale mit oft einfacheren Rechenverfahren. |

**2. Gruppe – indirekte Kriterien**

| | |
|---|---|
| Vergleichskriterium | Dieses Kriterium ermöglicht es, "Störterme" wegzulassen und statt der gegebenen eine einfachere Reihe zu untersuchen. |
| Verdichtungskriterium | Das Kriterium ist bei monotonen Reihen anwendbar. Die "verdichtete" Reihe konvergiert oft besser als die Ausgangsreihe. Haupteinsatzgebiet sind soeben noch konvergente Reihen mit langsam fallenden Gliedern. |
| Majoranten– und Minorantenkriterium | Ähnlich wie beim Vergleichskriterium wird die Konvergenz der Reihe in Verbindung gebracht mit der einer ähnlichen Reihe, deren Glieder stets kleiner oder größer als die der Ausgangsreihe sind. |

### Aufzählung der Kriterien

In dieser Aufzählung von Konvergenzkriterien steht jeweils ein typisches Beispiel dabei. Man beachte, daß alle Kriterien lediglich untersuchen, **ob** eine Reihe konvergiert, aber **nichts über die Reihensumme** aussagen.

## 2.8. REIHEN

Die meisten Kriterien haben (wie das Quotientenkriterium) einen Bereich, in dem keine Aussage möglich ist. In diesem Fall muß man versuchen, ein schärferes Kriterium (mit in der Regel unangenehmeren Rechnungen) zu verwenden. Zur Auswahl des geeigneten Kriteriums dienen die beiden Übersichten.

Für alle Kriterien gilt, daß sie erst ab einer festen Zahl $n_0$ erfüllt sein müssen. Genauso dürfen die Reihen auch mit einem anderen Index als 1 beginnen.

**Quotientenkriterium – Limesversion**

Sei $\left|\frac{a_{n+1}}{a_n}\right| \to q$. Dann gilt $\begin{cases} q < 1 & \Rightarrow \sum_{n=1}^{\infty} a_n \text{ konvergiert absolut} \\ q = 1 & \text{keine Aussage} \\ q > 1 & \Rightarrow \sum_{n=1}^{\infty} a_n \text{ divergiert} \end{cases}$

Quotienten-
kriterium
Limesversion

Dieses Kriterium ist sehr einfach. Dafür läßt es sich nur bei Reihen verwenden, in denen die Beträge der Glieder monoton und mindestens exponentiell gegen null gehen.

**Beispiel 1:** $\sum_{n=1}^{\infty} \frac{1}{n!}$.

Es ist also $a_n = \frac{1}{n!}$ und $\left|\frac{a_{n+1}}{a_n}\right| = \frac{1/(n+1)!}{1/n!} = \frac{n!}{(n+1)!} = \frac{1}{n+1} \to 0 < 1$. Damit konvergiert die Reihe.

**Quotientenkriterium – allgemeine Version**

Gilt für $n \geq n_0$ stets $\left|\frac{a_{n+1}}{a_n}\right| \leq q$ mit $q < 1$, so konvergiert $\sum_{n=1}^{\infty} a_n$ absolut.
Gilt für $n \geq n_0$ stets $\left|\frac{a_{n+1}}{a_n}\right| \geq 1$, so divergiert $\sum_{n=1}^{\infty} a_n$.

Quotienten-
kriterium
allgemeine
Version

Dabei ist unbedingt zu beachten, daß $q$ <u>von $n$ unabhängig</u> sein muß. $\left|\frac{a_{n+1}}{a_n}\right| < 1$ (wie z.B. in $\sum_{n=1}^{\infty} \frac{1}{n}$) allein reicht **nicht**.
Diese Version des Quotientenkriteriums wird nur selten benötigt. Der Anwendungsbereich ist derselbe wie bei der Limesversion.

**Beispiel 2:**

Gegeben sei $a_1 = 1$, $a_2 = \frac{1}{2}$, $a_3 = \frac{1}{2 \cdot 3}$. $a_3 = \frac{1}{2 \cdot 3 \cdot 2}$, $a_4 = \frac{1}{2 \cdot 3 \cdot 2 \cdot 3} \ldots$, also $a_n = 1/2 \, a_{n-1}$ wenn $n$ gerade und $a_n = 1/3 \, a_{n-1}$ wenn $n$ ungerade ist. Dann konvergiert $\sum_{n=1}^{\infty} a_n$, da $\left|\frac{a_{n+1}}{a_n}\right|$ den Wert $\frac{1}{2}$ oder $\frac{1}{3}$ hat, aber immer kleiner oder gleich $\frac{1}{2} < 1$ ist.

Wurzel-
kriterium
Limesversion

**Wurzelkriterium – Limesversion**

Sei $\sqrt[n]{|a_n|} \to q$. Dann gilt $\begin{cases} q < 1 & \Rightarrow \sum\limits_{n=1}^{\infty} a_n \quad \text{konvergiert absolut} \\ q = 1 & \quad \text{keine Aussage} \\ q > 1 & \Rightarrow \sum\limits_{n=1}^{\infty} a_n \quad \text{divergiert} \end{cases}$

Das Wurzelkriterium ist etwas schärfer als das Quotientenkriterium. Hat man allerdings dort als Limes der Quotienten 1 erhalten, so liefert es auch keinen anderen Wert. Auch hier müssen die $a_n$ mindestens exponentiell gegen Null gehen.

**Beispiel 3:** $\sum\limits_{n=1}^{\infty} \dfrac{n^2}{2^n}$.

Wegen $\sqrt[n]{n^2} \to 1$ ist $\sqrt[n]{|a_n|} = \dfrac{\sqrt[n]{n^2}}{\sqrt[n]{2^n}} \to \dfrac{1}{2} < 1$ und daher konvergiert die Reihe.

Wurzel-
kriterium
allgemeine
Version

**Wurzelkriterium – allgemeine Version**

Gilt für $n \geq n_0$ stets $\sqrt[n]{|a_n|} \leq q$ mit $q < 1$, so konvergiert $\sum\limits_{n=1}^{\infty} a_n$ absolut.

Gilt für $n \geq n_0$ stets $\sqrt[n]{|a_n|} \geq 1$, so divergiert $\sum\limits_{n=1}^{\infty} a_n$.

Dabei ist wie oben zu beachten, daß $q$ <u>von $n$ unabhängig</u> sein muß und daß $\sqrt[n]{|a_n|} < 1$ alleine nicht ausreicht.

**Beispiel 4:** $\sum\limits_{n=0}^{\infty} a_n$ mit $a_n = 2^{-n}$ für $n$ gerade und $a_n = 3^{-n}$ für $n$ ungerade.

Dann ist stets $\sqrt[n]{|a_n|} \leq \frac{1}{2} < 1$ und $\sum\limits_{n=0}^{\infty} a_n$ konvergiert.

Leibniz-
kriterium

**Leibnizkriterium**

i) $(a_n)$ ist alternierende Folge, d.h. die Vorzeichen wechseln jedes Mal

ii) $a_n \to 0$ bzw. $|a_n| \to 0$

iii) $|a_n|$ ist monoton fallend

Dann konvergiert $\sum\limits_{n=1}^{\infty} a_n$, und es ist $\left| \sum\limits_{n=1}^{\infty} a_n - \sum\limits_{n=1}^{k} a_n \right| = \left| \sum\limits_{n=k+1}^{\infty} a_n \right| \leq |a_{k+1}|$.

(Fehlerabschätzung)

## 2.8. REIHEN

Eine andere Formulierung:

> Ist $(a_n)$ eine monotone Nullfolge, so konvergiert $\sum_{n=1}^{\infty}(-1)^n a_n$.

Das Leibnizkriterium ist das einzige der hier aufgeführten, das sich für konvergente, aber nicht absolut konvergente Reihen eignet.

> **Beispiel 5:** $\sum_{n=1}^{\infty} \frac{(-1)^n}{n}$.

Da $\frac{1}{n}$ monoton fallend gegen Null geht, konvergiert die Reihe.

**Integralkriterium**

> Ist $f : \mathbb{R}^+ \to \mathbb{R}$ eine monotone Funktion mit $f(n) = a_n$, so gilt:
> $\sum_{n=1}^{\infty} a_n$ konvergiert $\Leftrightarrow$ das uneigentliche Integral $\int_{c}^{\infty} f(x)\,dx$ $(c > 0$ bel.$)$ ex.

Integralkriterium

Dieses Kriterium hat seine Stärken bei Reihen, die soeben noch absolut konvergieren. Natürlich läßt es sich nur auf Reihen mit monotonen Gliedern anwenden.

> **Beispiel 6:** $\sum_{n=2}^{\infty} \frac{1}{n(\ln n)^2}$.

Wähle $f(x) = \frac{1}{x(\ln x)^2}$ und die untere Integrationsgrenze $c = e$

Dann fällt $f$ monoton, da $f$ Kehrwert eines Produkts monoton steigender positiver Funktionen ist.

$$\int_{e}^{\infty} \frac{1}{x(\ln x)^2}\,dx = \lim_{d\to\infty} \int_{e}^{d} \frac{1}{x(\ln x)^2}\,dx = \lim_{d\to\infty} -\frac{1}{\ln x}\Big|_{e}^{d} = \lim_{d\to\infty}\left(-\frac{1}{\ln d} + \frac{1}{\ln e}\right) = 1.$$

Damit konvergiert die Reihe.

**Vergleichskriterium**

> Hat die Folge $(b_n)$ für $n \geq n_0$ stets dasselbe Vorzeichen, so gilt:
> Ist $\sum_{n=1}^{\infty} b_n$ konvergent und gilt $\lim_{n\to\infty} \frac{a_n}{b_n} = c$ mit $c \neq 0$, so konvergiert $\sum_{n=1}^{\infty} a_n$.
> Ist $\sum_{n=1}^{\infty} b_n$ divergent und gilt $\lim_{n\to\infty} \frac{a_n}{b_n} = c$ mit $c \neq 0$, so divergiert $\sum_{n=1}^{\infty} a_n$.

Vergleichskriterium

Dieses recht effektive Kriterium ist eine Variante des Majoranten-/Minorantenkriteriums und wird in Verbindung mit anderen Kriterien benutzt. Man kann damit oft die Konvergenzuntersuchung auf die einfacherer Reihen zurückführen.

$$\boxed{\text{Beispiel 7:} \sum_{n=1}^{\infty} \frac{n^2 - 4\cos n^3 + \ln n}{n^3 - e^{-n} - 8n^4}.}$$

Dieser scheußliche Bruch enthält als bestimmende (d.h. am schnellsten wachsende) Glieder in Zähler und Nenner $n^2$ und $-8n^4$. Daher wird $a_n$ für große $n$ wie $\frac{n^2}{-8n^4} = -\frac{1}{8n^2}$ aussehen. Mit $b_n = \frac{1}{n^2}$ wird

$$\frac{a_n}{b_n} = \frac{n^2(n^2 - 4\cos n^3 + \ln n)}{n^3 - e^{-n} - 8n^4} = \frac{1 - 4\frac{\cos n^3}{n^2} + \frac{\ln n}{n^2}}{\frac{1}{n} - \frac{e^{-n}}{n^4} - 8} \to \frac{1 - 0 + 0}{0 - 0 - 8} = -\frac{1}{8} \neq 0.$$

Damit konvergiert die gegebene Reihe, da $\sum_{n=1}^{\infty} b_n = \sum_{n=1}^{\infty} \frac{1}{n^2}$ konvergiert und stets $b_n > 0$ ist.

Natürlich hätte man in der Vergleichsreihe $\sum b_n$ auch gleich $b_n = -\frac{1}{8n^2}$ nehmen können.

**Verdichtungskriterium**

Verdichtungs-
kriterium

$$\boxed{\text{Ist } (a_n) \text{ monotone Folge, so gilt:} \quad \sum_{n=1}^{\infty} a_n \text{ konvergiert} \Leftrightarrow \sum_{n=1}^{\infty} 2^n a_{2^n} \text{ konvergiert.}}$$

Der Anwendungsbereich ist ähnlich wie beim Integralkriterium.

$$\boxed{\text{Beispiel 8:} \sum_{n=2}^{\infty} \frac{1}{n \ln n}.}$$

Es ist $a_n = \dfrac{1}{n \ln n}$ monoton fallend und $a_{2^n} = \dfrac{1}{2^n \ln 2^n} = \dfrac{1}{2^n n \ln 2}$.

Die "verdichtete Reihe" ist $\sum_{n=2}^{\infty} 2^n a_{2^n} = \sum_{n=2}^{\infty} 2^n \dfrac{1}{2^n n \ln 2} = \dfrac{1}{\ln 2} \sum_{n=2}^{\infty} \dfrac{1}{n}$. Da diese Reihe divergiert, divergiert auch die Ausgangsreihe.

**Majoranten- und Minorantenkriterium**

Majoranten-
und
Minoranten-
kriterium

$$\boxed{\begin{array}{l} \text{Ist } |a_n| \leq b_n \text{ und } \sum_{n=1}^{\infty} b_n \text{ konvergent, so konvergiert } \sum_{n=1}^{\infty} a_n \text{ absolut.} \\ \text{Ist } a_n \geq b_n \geq 0 \text{ und } \sum_{n=1}^{\infty} b_n \text{ divergent, so divergiert } \sum_{n=1}^{\infty} a_n. \end{array}}$$

## 2.8. REIHEN

Die Reihe $\sum_{n=1}^{\infty} b_n$ heißt <u>konvergente Majorante</u> bzw. <u>divergente Minorante</u>. In vielen Fällen läßt sich einfacher das Vergleichskriterium anwenden.

**Beispiel 9:** $\sum_{n=1}^{\infty} \dfrac{1}{(3n + \sin n)^2}$.

Wegen $3n + \sin n \geq 2n$ ist $\dfrac{1}{(3n + \sin n)^2} \leq \dfrac{1}{(2n)^2} = \dfrac{1}{4n^2}$. Aus der Konvergenz von $\sum_{n=1}^{\infty} \dfrac{1}{4n^2} = \dfrac{1}{4} \sum_{n=1}^{\infty} \dfrac{1}{n^2}$ folgt, daß auch die zu untersuchende Reihe konvergiert.

**Beispiel 10:** $\sum_{n=1}^{\infty} \dfrac{\ln n}{n}$.

Für $n \geq 3$ ist $\ln n > 1$ und damit $\dfrac{\ln n}{n} \geq \dfrac{1}{n}$. Da $\sum_{n=1}^{\infty} \dfrac{1}{n}$ divergiert, divergiert auch $\sum_{n=1}^{\infty} \dfrac{\ln n}{n}$.

### 3. Beispiele

**Beispiel 11:** Untersuchen Sie $\sum_{n=1}^{\infty} \dfrac{2^n n^n}{(n!)^2}$ auf Konvergenz.

Bei Fakultäten bietet sich immer das Quotientenkriterium an:

$$\left|\frac{a_{n+1}}{a_n}\right| = \frac{2^{n+1}(n+1)^{n+1}}{(n+1)!(n+1)!} \frac{n!\,n!}{2^n n^n} = \frac{2(n+1)^n(n+1)}{n^n(n+1)(n+1)}$$

$$= \frac{2}{n+1}\left(\frac{n+1}{n}\right)^n = \underbrace{\frac{2}{n+1}}_{\to 0} \underbrace{\left(1+\frac{1}{n}\right)^n}_{\to e} \to 0.$$

Die Reihe konvergiert also.

**Beispiel 12:** Untersuchen Sie die Konvergenz von $\sum_{n=1}^{\infty} \dfrac{1}{n^2}$ mit Hilfe des Verdichtungskriteriums.

Mit $a_n = \dfrac{1}{n^2}$ ist $a_{2^n} = 2^{-2n}$ und $\sum_{n=1}^{\infty} 2^n a_{2^n} = \sum_{n=1}^{\infty} 2^n 2^{-2n} = \sum_{n=1}^{\infty} 2^{-n}$. Diese Reihe ist Teil der geometrischen Reihe mit $q = 1/2$ und konvergiert. Also konvergiert auch $\sum_{n=1}^{\infty} \dfrac{1}{n^2}$.

**Beispiel 13:** Konvergiert $\sum_{n=1}^{\infty} \dfrac{n^2 - \ln n}{4^n - n^3}$ ?

Da der Nenner den exponentiell wachsenden Teil $4^n$ enthält, kann man es mit dem Quotientenkriterium versuchen:

$$\left|\frac{a_{n+1}}{a_n}\right| = \frac{((n+1)^2 - \ln(n+1))}{(4^{n+1} - (n+1)^3)} \frac{(4^n - n^3)}{(n^2 - \ln n)} = \frac{\left(\frac{(n+1)^2}{n^2} - \frac{\ln(n+1)}{n^2}\right)}{\left(4 - \frac{(n+1)^3}{4^n}\right)} \frac{\left(1 - \frac{n^3}{4^n}\right)}{\left(1 - \frac{\ln n}{n^2}\right)}$$

$$\to \frac{(1-0)(1-0)}{(4-0)(1-0)} = \frac{1}{4} < 1,$$

da $\frac{\ln n}{n^2} \to 0$ und $\frac{n^3}{4^n} \to 0$ ist (vgl. S. 159).

Die Reihe konvergiert also. Der Trick bei dieser Rechnung liegt im geschickten Kürzen des ersten Bruchs durch den am stärksten wachsenden Faktor des Nenners $4^n n^2$.

**alternative Rechnung**

Wenn man die Rechnung zu unübersichtlich findet, kann man sie durch Anwendung des Vergleichskriteriums vereinfachen (natürlich wird sie dadurch auch länger):

Die am stärksten wachsenden Glieder in Zähler und Nenner sind $n^2$ und $4^n$. Die Reihe sollte sich in Bezug auf Konvergenz also so wie $\sum_{n=1}^{\infty} \frac{n^2}{4^n}$ verhalten, und diese Reihe kann man mit Wurzel- oder Quotientenkriterium untersuchen.

Zuerst also das Vergleichskriterium: Mit $a_n = \frac{n^2 - \ln n}{4^n - n^3}$ und $b_n = \frac{n^2}{4^n} > 0$ ist

$$\frac{a_n}{b_n} = \frac{4^n(n^2 - \ln n)}{n^2(4^n - n^3)} = \frac{1 - \frac{\ln n}{n^2}}{1 - \frac{n^3}{4^n}} \to 1.$$

Damit konvergiert $\sum_{n=1}^{\infty} a_n$ genau dann, wenn $\sum_{n=1}^{\infty} b_n$ konvergiert.

Jetzt lassen sich Wurzel- oder Quotientenkriterium anwenden. Quotientenkriterium:

$$\left|\frac{b_{n+1}}{b_n}\right| = \frac{(n+1)^2}{4^{n+1}} \frac{4^n}{n^2} = \frac{1}{4}\left(\frac{n+1}{n}\right)^2 \to \frac{1}{4} < 1,$$

Wurzelkriterium:

$$\sqrt[n]{|b_n|} = \frac{\sqrt[n]{n^2}}{4} \to \frac{1}{4} < 1.$$

Die Reihe $\sum_{n=1}^{\infty} b_n$ konvergiert also und damit auch die Ausgangsreihe.

## 2.8. REIHEN

**Beispiel 14:** Untersuchen Sie $\sum_{n=1}^{\infty}(-1)^n \frac{n^n}{e^n n!}$ auf Konvergenz.

Da die Reihe Fakultäten enthält, bietet sich zunächst das Quotientenkriterium an.

$$\left|\frac{a_{n+1}}{a_n}\right| = \frac{(n+1)^{n+1}}{e^{n+1}(n+1)!} \frac{e^n n!}{n^n} = \frac{(n+1)^n}{en^n} = \frac{1}{e}\left(\frac{n+1}{n}\right)^n$$
$$= \frac{1}{e}\left(1+\frac{1}{n}\right)^n \to \frac{1}{e}e = 1.$$

Damit erhalten wir keine Aussage. Immerhin ist (wegen $\left(1+\frac{1}{n}\right)^n < e$) $\left|\frac{a_{n+1}}{a_n}\right| < 1$, die Folge $|a_n|$ fällt also monoton. Wenn $|a_n|$ jetzt noch gegen null geht, konvergiert die Reihe nach dem Leibnizkriterium. Dazu zieht man am besten die Stirlingformel heran:

$$\left(\frac{n}{e}\right)^n \sqrt{2\pi n} \leq n! \leq \left(\frac{n}{e}\right)^n \sqrt{2\pi n} \cdot e^{\frac{1}{12n}}$$

Dann erhält man $|a_n| = \frac{n^n}{e^n n!} \leq \frac{n^n e^n}{e^n n^n \sqrt{2\pi n}} = \frac{1}{\sqrt{2\pi n}} \to 0$.

Damit konvergiert die Reihe nach dem Leibnizkriterium.

**Bemerkung:** Die Reihe konvergiert nicht absolut, d.h. ohne den Faktor $(-1)^n$ divergiert die Reihe: aus der Stirlingformel erhält man

$$e^{-\frac{1}{12n}} \frac{e^n}{n^n \sqrt{2\pi n}} \frac{n^n}{e^n} \leq |a_n| \leq \frac{e^n}{n^n \sqrt{2\pi n}} \frac{n^n}{e^n}$$

Wegen $e^{-\frac{1}{12n}} \to 1$ ergibt sich aus dem Vergleichskriterium (oder aus Majoranten- und Minorantenkriterium), daß das Konvergenzverhalten dasselbe ist wie bei $\sum_{n=1}^{\infty} \frac{1}{\sqrt{2\pi n}}$, und diese Reihe divergiert, da $\sum_{n=1}^{\infty} n^{-1/2}$ divergiert.

**Beispiel 15:** Untersuchung von $\sum_{n=2}^{\infty} \frac{(-1)^n \ln n}{n^3}$ auf Konvergenz und absolute Konvergenz.

Da die absolute Konvergenz die stärkere Eigenschaft ist, betrachtet man zunächst die Reihe der Absolutbeträge $\sum_{n=2}^{\infty} \frac{\ln n}{n^3}$. Da der Nenner eine Potenz von $n$ ist, gehen die Glieder höchstens polynominal gegen Null. Damit scheiden Quotienten- und Wurzelkriterium von vornherein aus.

Da wir uns zunächst um absolute Konvergenz kümmern, bleibt an direkten Kriterien noch das Integralkriterium. Die sich anbietende Funktion ist $f(x) = \frac{\ln x}{x^3}$. Untersuchung auf Monotonie:

$$f'(x) = \frac{\frac{1}{x}x^3 - \ln x \cdot 3x^2}{x^6} = \frac{1 - 3\ln x}{x^4} < 0 \quad \text{für } x > e^{1/3}.$$

Damit läßt sich das Integralkriterium anwenden und die Konvergenz der Reihe ist äquivalent zur Konvergenz des Integrals $\int_3^\infty \frac{\ln x}{x^3}\,dx$. Partielle Integration (mit $u = \ln x$, $v = x^{-3}$) oder Benutzung einer Integraltafel gibt

$$\int_3^\infty \frac{\ln x}{x^3}\,dx = \left(-\frac{\ln x}{2x^2} - \frac{1}{4x^2}\right)\Big|_3^\infty < \infty,$$

da die Stammfunktion für $x \to \infty$ gegen Null geht. Damit konvergiert die Reihe absolut.

**Alternativen:** Ist man nur an der Konvergenz (und nicht an der absoluten Konvergenz) interessiert, so hätte man auch das Leibniz-Kriterium anwenden können: das monotone Fallen der Reihenglieder ist oben dadurch bewiesen worden, daß man die monoton fallende Funktion $f(x) = \frac{\ln x}{x^3}$ durch die Folge gelegt hat. Nach der zweiten Formulierung des Leibnizkriteriums auf Seite 173 folgt die Konvergenz.

Die absolute Konvergenz läßt sich auch aus dem Majorantenkriterium folgern: da $\frac{\ln n}{n} \to 0$ für $n \to \infty$, ist dieser Ausdruck beschränkt. Damit ist

$$\left|\frac{(-1)^n \ln n}{n^3}\right| \leq \left|\frac{\ln n}{n}\right| \frac{1}{n^2} \leq C\frac{1}{n^2}$$

Aus der Konvergenz von $\sum_{n=1}^\infty \frac{1}{n^2}$ folgt wieder die absolute Konvergenz.

**Beispiel 16:** Die Reihensummen in den Beispielen 1 und 4

In Beispiel 1 wird $\sum_{n=1}^\infty \frac{1}{n!}$ betrachtet. Aus dem Vergleich mit der $e^x$-Reihe $e^x = \sum_{n=0}^\infty \frac{x^n}{n!}$ erkennt man, daß man die gesuchte Reihe erhält, wenn man $x = 1$ setzt und das Glied mit $n = 0$ wegläßt:

$$\sum_{n=1}^\infty \frac{1}{n!} = \sum_{n=0}^\infty \frac{1}{n!} - 1 = e^1 - 1 = e - 1.$$

In Beispiel 4 ist $a_n = \begin{cases} 2^{-n} & n \text{ gerade} \\ 3^{-n} & n \text{ ungerade} \end{cases}$. Nun schreibt man die geraden Zahlen in der Form $n = 2m$ und die ungeraden als $n = 2m+1$. Daher ist

$$\sum_{n=0}^\infty a_n = \sum_{m=0}^\infty a_{2m} + \sum_{n=0}^\infty a_{2m+1} = \sum_{m=0}^\infty 2^{-2m} + \sum_{m=0}^\infty 3^{-2m-1}$$

$$= \sum_{m=0}^\infty \left(\frac{1}{4}\right)^m + \frac{1}{3}\sum_{m=0}^\infty \left(\frac{1}{9}\right)^m = \frac{1}{1-\frac{1}{4}} + \frac{1}{3}\frac{1}{1-\frac{1}{9}} = \frac{41}{24}$$

Dabei wurde $\sum_{m=0}^\infty q^n = \frac{1}{1-q}$ für $|q| < 1$ benutzt.

## 2.9 Stetigkeit und Limes von Funktionen

Die in diesem Abschnitt betrachteten Funktionen sollen stets auf einer geeigneten Menge definiert sein, z.B. läßt sich der Limes einer Funktion an einer Stelle $a$ natürlich nur berechnen, wenn $a$ Häufungspunkt des Definitionsbereichs ist. Wird der Grenzwert von $f$ an der Stelle $a \in \mathbb{R}$ betrachtet, kann man auch fordern, daß $f$ in einer $\delta$-Umgebung von $a$ definiert sein soll, bei einseitigen Grenzwerten etwa, daß das Intervall $]a-\delta, a[$ bzw. $]a, a+\delta[$ zum Definitionsbereich von $f$ gehört.

### 1. Definitionen

#### 1. Grenzwerte von Funktionen

Ist $a \in \mathbb{R}$ und $\delta > 0$, so ist $U_\delta(a) = ]a-\delta, a+\delta[ = \{x \mid |x-a| < \delta\}$ die $\delta$-Umgebung von $a$. Eine punktierte $\delta$-Umgebung erhält man, indem man aus der $\delta$-Umgebung den Punkt $x = a$ wegläßt: $\dot{U}_\delta(a) = \{x \mid 0 < |x-a| < \delta\}$. (punktierte) $\delta$-Umgebung

$\lim_{x \to a} f(x) = b$ bedeutet, daß die Funktion $f$ für $x \to a$ den Grenzwert oder Limes $b$ hat. Anschaulich heißt das, daß sich die Funktionswerte von $f$ immer mehr der Zahl $b$ annähern, wenn $x$ sich dem Punkt $a$ nähert. Mathematisch exakt :

$$\forall_{\epsilon > 0} \exists_{\delta > 0} : 0 < |x-a| < \delta \Rightarrow |f(x) - b| < \epsilon.$$

Andere Schreibweise: $f(x) \to b$ oder deutlicher $f(x) \to b \ (x \to a)$.

Leichter läßt sich oft mit dieser Charakterisierung arbeiten:

für jede Folge $(x_n)$ im Definitionsbereich von $f$, die gegen $a$ konvergiert, aber den Wert $a$ nicht annimmt, konvergiert die Folge $(f(x_n))$ gegen $b$.

#### Einseitige Limiten

Wenn man nur $x$ betrachtet, die sich rechts von der zu untersuchenden Stelle $a$ befinden (also für die $x > a$ gilt), erhält man den Limes von rechts. Schreibweisen:
$\lim_{x \to a+0} f(x)$ oder $\lim_{x \searrow a} f(x)$ oder $\lim_{\substack{x \to a \\ x > a}} f(x)$ oder $f(x+)$ oder $f(x+0)$.

Analog schreibt man den Limes von links als
$\lim_{x \to a-0} f(x)$ oder $\lim_{x \nearrow a} f(x)$ oder $\lim_{\substack{x \to a \\ x < a}} f(x)$ oder $f(x-)$ oder $f(x-0)$.

#### Grenzwerte bei $\pm \infty$

$\lim_{x \to \infty} f(x) = b$ bedeutet, daß sich die Funktionswerte von $f$ der Zahl $b$ immer mehr nähern, wenn das Argument $x$ über alle Grenzen wächst:

$$\lim_{x \to \infty} f(x) = b \quad \Leftrightarrow \quad \forall_{\epsilon > 0} \exists_{C \in \mathbb{R}} : x > C \Rightarrow |f(x) - b| < \epsilon.$$

Analog ist $\lim\limits_{x \to -\infty} f(x) = b$ erklärt. Man muß nur in der obigen Definition $x > C$ durch $x < C$ ersetzen.

### Uneigentliche Grenzwerte

Wachsen die Werte von $f$ bei der Annäherung an die Stelle $a$ über alle Grenzen, so schreibt man $\lim\limits_{x \to a} f(x) = \infty$:

$$\underset{C \in \mathbb{R}}{\forall} \underset{\delta > 0}{\exists} : 0 < |x - a| < \delta \Rightarrow f(x) > C$$

Bei $\lim\limits_{x \to a} f(x) = -\infty$ ersetzt man in der Definition $f(x) > C$ durch $f(x) < C$. Den Fall $\lim\limits_{x \to \infty} f(x) = \infty$ definiert man als

$$\underset{C \in \mathbb{R}}{\forall} \underset{M \in \mathbb{R}}{\exists} : x > M \Rightarrow f(x) > C.$$

Die anderen Fälle von $\lim\limits_{x \to \pm\infty} f(x) = \pm\infty$ werden analog erklärt.

### 2. Stetigkeit

**Stetigkeit**

Die Funktion $f$ ist an der Stelle $a$ <u>stetig</u>, falls $\lim\limits_{x \to a} f(x) = f(a)$. Wenn man $f(a)$ schreibt als $f(\lim\limits_{x \to a} x)$, sieht man, daß Stetigkeit bedeutet, daß man die Bildung des Grenzwerts und die Anwendung der Funktion $f$ in der Reihenfolge vertauschen darf; man darf also den Limes "in die Funktion ziehen". $f$ heißt in einer Menge $M$ <u>stetig</u>, wenn $f$ in jedem Punkt von $M$ stetig ist.

Entsprechen heißt $f$ bei $a$ <u>links-</u> bzw. <u>rechtsseitig stetig</u>, falls $\lim\limits_{x \to a-0} f(x) = f(a)$ bzw. $\lim\limits_{x \to a+0} f(x) = f(a)$ ist.

**Zwischenwertsatz**

Ist $f$ auf $[a, b]$ stetig, so nimmt $f$ jeden Wert zwischen $f(a)$ und $f(b)$ und sein Maximum bzw. sein Minimum an einer Stelle in $[a, b]$ an. Das Bild von $[a, b]$ ist abgeschlossen und beschränkt.

## 2. Berechnung

### 1. Grenzwerte

$$\lim_{x \to a} f(x) = b \quad \Leftrightarrow \quad \lim_{x \to a} (f(x) - b) = 0 \quad \Leftrightarrow \quad \lim_{x \to a} |f(x) - b| = 0$$

Ist $\lim\limits_{x \to a} f(x) = u$ und $\lim\limits_{x \to a} g(x) = v$, so ist

$$\lim_{x \to a}(f(x) \pm g(x)) = u \pm v \qquad \lim_{x \to a}(\alpha f(x)) = \alpha u \quad (\alpha \in \mathbb{R})$$

$$\lim_{x \to a}(f(x) \cdot g(x)) = u \cdot v \qquad \lim_{x \to a} \frac{f(x)}{g(x)} = \frac{u}{v} \quad (v \neq 0)$$

## 2.9. STETIGKEIT UND LIMES VON FUNKTIONEN

Grenzwerte mit $\pm\infty$ lassen sich auf eigentliche Grenzwerte zurückführen:

$$\lim_{x\to\infty} f(x) = \lim_{x\to 0+0} f(\frac{1}{x}) \qquad \lim_{x\to-\infty} f(x) = \lim_{x\to 0-0} f(\frac{1}{x})$$

$$\lim_{x\to a} f(x) = \infty \quad \Leftrightarrow \quad \lim_{x\to a} \frac{1}{f(x)} = 0 \text{ und } f(x) > 0 \text{ bei } a$$

$$\lim_{x\to a} f(x) = -\infty \quad \Leftrightarrow \quad \lim_{x\to a} \frac{1}{f(x)} = 0 \text{ und } f(x) < 0 \text{ bei } a$$

Das <u>Einschließungskriterium</u> gilt auch für Funktionen:     Einschliessungskriterium

Ist $g(x) \leq f(x) \leq h(x)$ und $\lim_{x\to a} g(x) = \lim_{x\to a} h(x) = b$, so ist auch $\lim_{x\to a} f(x) = b$.

**Beispiel 1:** $\lim_{x\to 0} x \sin \frac{1}{x}$

Der Term $\sin \frac{1}{x}$ hat bei null keinen Grenzwert, da $\frac{1}{x}$ nach unendlich wächst und der Sinus daher unendlich oft alle Werte zwischen -1 und 1 annimmt. Die Beschränktheit des Sinus rettet allerdings die Situation: Wegen $-1 \leq \sin 1/x \leq 1$ ist $-x \leq x \sin \frac{1}{x} \leq x$. Da beide äußeren Terme für $x \to 0$ den Grenzwert null haben, hat auch $x \sin \frac{1}{x}$ denselben Grenzwert.

**Summen und Produkte von Funktionen**

Die Zusammenstellungen auf Seite 157, 158 und 159 gelten analog, wenn man überall das Wort "Folge" durch "Funktion" ersetzt. "konvergent" bedeutet dann, daß ein Limes für $x \to a$ existiert. "Beschränkt" heißt jetzt "beschränkt in der Nähe von $a$".

**Beispiel 2:** $\lim_{x\to 0} x \sin \frac{1}{x}$

Der Term $\sin \frac{1}{x}$ ist beschränkt, $x$ geht für $x \to 0$ gegen null. Damit geht das Produkt nach der Aufzählung auf Seite 158 gegen null.

**Regel von de l'Hospital**

Die Regel von de l'Hospital gestattet es, in bestimmten Fällen Limiten von Quotienten auszuwerten, wenn Zähler und Nenner beide den Grenzwert null oder beide den Grenzwert $\infty$ haben.

Regel von de l'Hospital

Sei $a \in \mathbb{R} \cup \{\infty, -\infty\}$. Es gelte

i) $\lim\limits_{x \to a} f(x) = \lim\limits_{x \to a} g(x) = 0$

ii) In der Nähe von $a$ ist $g'(x) \neq 0$.

iii) $\lim\limits_{x \to a} \dfrac{f'(x)}{g'(x)}$ existiert (eventuell uneigentlich)

Dann ist $\lim\limits_{x \to a} \dfrac{f(x)}{g(x)} = \lim\limits_{x \to a} \dfrac{f'(x)}{g'(x)}$.
Dasselbe gilt, wenn der erste Punkt durch $\lim\limits_{x \to a} f(x) = \lim\limits_{x \to a} g(x) = \pm\infty$ ersetzt wird.
Die Regel von de l'Hospital gilt auch für einseitige Grenzwerte.

In ii) bedeutet "in der Nähe von $a$" für reelles $a$, daß es eine punktierte $\delta$-Umgebung von $a$ gibt, in der $g'(x) \neq 0$ ist. Für $a = \infty$ ($a = -\infty$) heißt das, daß es ein reelles $C$ gibt, so daß $g'(x) \neq 0$ für $x > C$ ($x < C$) ist.

Für $a \in \mathbb{R}$ ist die Bedingung ii) automatisch erfüllt, falls $g$ bei $a$ eine analytische Funktion (S. 207) ist.

**Beispiel 3:** $\lim\limits_{x \to 0} \dfrac{e^{x^2} - 1}{x^2}$

Hier hat man den Fall $\frac{0}{0}$ vorliegen. Mit $f(x) = e^{x^2} - 1$ und $g(x) = x^2$ ist Voraussetzung i) erfüllt. Wegen $f'(x) = 2xe^{x^2}$ und $g'(x) = 2x$ gilt auch ii). Die dritte Voraussetzung rechnet man so nach:

$$\lim_{x \to 0} \frac{f'(x)}{g'(x)} = \lim_{x \to 0} \frac{2xe^{x^2}}{2x} = \lim_{x \to 0} e^{x^2} = e^0 = 1.$$

Damit hat auch der Limes von $\frac{f(x)}{g(x)}$ den Wert 1.

Schreibweise

Schreibweise  Hier kann man die ganze Rechnung so aufschreiben:

$$\lim_{x \to 0} \frac{e^{x^2} - 1}{x^2} \stackrel{\text{l'H.}}{=} \lim_{x \to 0} \frac{2xe^{x^2}}{2x} = \lim_{x \to 0} e^{x^2} = e^0 = 1.$$

Das Symbol $\stackrel{\text{l'H.}}{=}$ bedeutet dann, daß die Terme gleich sind, falls der rechte Limes existiert und daß Voraussetzungen i) und ii) überprüft worden ist. Wenn man es noch deutlicher mag, läßt sich auch das kleine "l'H" durch den entsprechenden Quotienten "$\frac{0}{0}$" oder "$\frac{\infty}{\infty}$" ersetzen.

## 2.9. STETIGKEIT UND LIMES VON FUNKTIONEN

**Achtung!** Wenn der Limes von $\frac{f'(x)}{g'(x)}$ nicht existiert, bedeutet das nur, daß man die Regel von de l'Hospital nicht anwenden kann. Der Limes von $\frac{f(x)}{g(x)}$ kann trotzdem existieren, vgl. Beispiel 8.

Manchmal muß man die Regel von de l'Hospital mehrmals nacheinander anwenden, um einen Grenzwert zu bestimmen.

**Beispiel 4:** $\lim_{x \to 0} \frac{\sin x^2}{\sin^2 x}$

Mit $f(x) = \sin x^2$, $f'(x) = 2x \cos x^2$ und $g(x) = \sin^2 x$, $g'(x) = 2 \sin x \cos x$ sind die erste und zweite Voraussetzung erfüllt. Zu untersuchen bleibt, ob der Quotient

$$\frac{f'(x)}{g'(x)} = \frac{2x \cos x^2}{2 \sin x \cos x}$$

einen Grenzwert hat. Dazu untersucht man mit $f_1(x) = f'(x)$ und $g_1(x) = g'(x)$, ob $\lim_{x \to 0} \frac{f_1(x)}{g_1(x)}$ existiert. Mit $f_1' = 2 \cos x^2 - 4x^2 \sin x^2$ und $g_1' = 2(\cos^2 x - \sin^2 x)$ sind die Voraussetzungen i) und ii) erfüllt. Da $f_1$ und $g_1$ bei $x = 0$ stetig sind, ist $\lim_{x \to 0} \frac{f_1'(x)}{g_1'(x)} = \frac{2}{2} = 1$. Damit existiert $\lim_{x \to 0} \frac{f_1(x)}{g_1(x)} = 1$ und danach auch $\lim_{x \to 0} \frac{f(x)}{g(x)} = 1$.

Insgesamt:

$$\lim_{x \to 0} \frac{\sin x^2}{\sin^2 x} \stackrel{\text{l'H.}}{=} \lim_{x \to 0} \frac{2x \cos x^2}{2 \sin x \cos x} \stackrel{\text{l'H.}}{=} \lim_{x \to 0} \frac{2 \cos x^2 - 4x^2 \sin x^2}{2(\cos^2 x - \sin^2 x)} = \frac{2}{2} = 1$$

Noch einfacher wird die Rechnung, wenn man Grenzwerte ungleich null oder unendlich abspaltet und die Regel von de l'Hopital nur auf den Rest anwendet:  *Wichtige Rechentechnik*

$$\lim_{x \to 0} \frac{\sin x^2}{\sin^2 x} \stackrel{\text{l'H.}}{=} \lim_{x \to 0} \frac{2x \cos x^2}{2 \sin x \cos x} = \lim_{x \to 0} \frac{\cos x^2}{\cos x} \cdot \lim_{x \to 0} \frac{x}{\sin x} \stackrel{\text{l'H.}}{=} \frac{1}{1} \cdot \lim_{x \to 0} \frac{1}{\cos x} = 1$$

**Alternative**

Im Fall $a \in \mathbb{R}$ ersetzt man im Bruch $\frac{f(x)}{g(x)}$ die Funktionen $f$ und $g$ durch genügend weit entwickelte Taylorreihen und kürzt dann. Diese Methode ist vor allem dann von Vorteil, wenn für die beteiligten Funktionen Potenzreihenentwicklungen (oder Anfänge davon) im Limespunkt bekannt sind.  *Reihenentwicklung statt de l'Hospital*

**Beispiel 5:** $\lim_{x \to 0} \frac{e^{x^2} - 1}{x^2}$

Die Zählerfunktion wird entwickelt, indem man $x^2$ statt $x$ in die $e^x$-Reihe einsetzt: $e^{x^2} = 1 + x^2 + O(x^4)$. Nun läßt sich $e^{x^2} - 1$ schreiben als $x^2 + O(x^4)$ und der zu untersuchende Bruch wird zu $\frac{e^{x^2} - 1}{x^2} = \frac{x^2 + O(x^4)}{x^2} = 1 + O(x^2) \to 1$.

## 2. Stetigkeit

Charakterisierungen der Stetigkeit von $f$ im Punkt $a$:

- $\lim\limits_{x \to a} f(x) = f(a)$.
  
  Das ist die Definition.

- Wenn man $f(a)$ schreibt als $f(\lim\limits_{x \to a} x)$, sieht man, daß Stetigkeit bedeutet, daß man die Bildung des Grenzwerts und die Anwendung der Funktion $f$ in der Reihenfolge vertauschen darf.
  
  Diese Regel benutzt man oft unbewußt: wenn man $\lim\limits_{n \to \infty} \sin \frac{1}{n} = \sin 0 = 0$ berechnet, hat man dabei im ersten Schritt die Stetigkeit des Sinus bei null benutzt.

- Es ist $\lim\limits_{x \to a-0} f(x) = f(a) = \lim\limits_{x \to a+0} f(x)$.
  
  Die Charakterisierung "linker Grenzwert = Funktionswert = rechter Grenzwert" ist hilfreich bei der Untersuchung von Funktionen, die abschnittweise definiert sind, vgl Beispiel 7.

- Für jede Folge $x_n$ mit $x_n \to a$ ist $f(x_n) \to f(a)$.
  
  Das ist oft passend, um nachzuweisen, daß eine Funktion an einer Stelle <u>nicht</u> stetig ist:
  
  Die Funktion $f$ ist bei $x = a$ unstetig, wenn es auch nur eine Folge von Zahlen $x_n$ mit $x_n \to a$ gibt, für die $f(x_n)$ nicht gegen $f(a)$ konvergiert.

- $$\underset{\epsilon > 0}{\forall} \underset{\delta > 0}{\exists} : |x - a| < \delta \Rightarrow |f(x) - f(a)| < \epsilon$$
  
  Das ist die Definition noch einmal in Quantorenschreibweise.

- Das Urbild jeder $\epsilon$-Umgebung von $f(a)$ mit $\epsilon > 0$ enthält eine $\delta$-Umgebung um $a$ für ein geeignetes (hinreichend kleines) $\delta > 0$.
  
  Das ist im wesentlichen dasselbe wie davor und hat Anwendungen in der Theorie, wenn man Eigenschaften stetiger Funktionen beweisen will.

### Beispiele stetiger Funktionen

Polynome, rationale Funktionen, trigonometrische und Hyperbelfunktionen und ihre Umkehrfunktionen, Exponential- und Logarithmusfunktionen, Betrags- und Wurzelfunktionen und alle daraus durch Grundrechenarten und Komposition zusammengesetzten Funktionen sind in ihrem Definitionsbereich stetig.

Differenzierbare Funktionen sind stetig.

## 2.9. STETIGKEIT UND LIMES VON FUNKTIONEN

**Beispiel 6:** Stetigkeit von $f_1(x) = \dfrac{1}{x}$ und $f_2(x) = \dfrac{\sin(e^x - 4x^2)}{\sqrt{3 + x^4} + 22e^{\cos x}}$

$f_1$ ist als gebrochen rationale Funktion auf ihrem ganzen Definitionsbereich $\mathbb{R}\setminus\{0\}$ stetig.

**Achtung!** 0 ist <u>keine</u> Unstetigkeitsstelle von $f_1$, da $f_1$ bei $x = 0$ nicht definiert ist. Da $\lim\limits_{x\to 0+0} f_1(x) = \infty$ ist, kann man aber $f_1$ nicht stetig nach $x = 0$ fortsetzen.

$f_2$ ist als Zusammensetzung stetiger Funktionen auf ihrem gesamten Definitionsbereich stetig. Man sieht, daß $f_2$ für alle reellen Zahlen definiert ist, da unter der Wurzel stets eine positive Zahl steht und der Nenner ebenso immer positiv und damit ungleich null ist.

### Beispiele unstetiger Funktionen

Die <u>Signumfunktion</u> $\operatorname{sgn} x = \begin{cases} -1 & x < 0 \\ 0 & x = 0 \\ 1 & x > 0 \end{cases}$ und die <u>Heavisidefunktion</u> $H(x) = \begin{cases} 1 & x \geq 0 \\ 0 & x < 0 \end{cases}$ sind Beispiele unstetiger Funktionen (jeweils in $x = 0$).

*Signumfunktion*

*Heavisidefunktion*

Die Signumfunktion ist bei $x = 0$ unstetig, da $\lim\limits_{x\to 0+0} \operatorname{sgn} x = 1$ ist, aber $\operatorname{sgn} 0 = 0$ ist. Alternativ kann man argumentieren, daß der Limes bei null nicht existiert, da der linke Limes den Wert -1 und der rechte den Wert eins hat.

Bei der Heavisidefunktion argumentiert man genauso. Außerhalb von null sind beide Funktionen stetig, da sie dort mit konstanten Funktionen übereinstimmen.

Die <u>Gaußklammerfunktion</u> $[x]$ einer reellen Zahl $x$ ist die größte ganze Zahl, die kleiner oder gleich $x$ ist: $[x] = n \in \mathbb{Z}$ mit $n \leq x < n+1$. $[x]$ hat bei den ganzen Zahlen Unstetigkeitsstellen.

*Gaußklammer $[x]$*

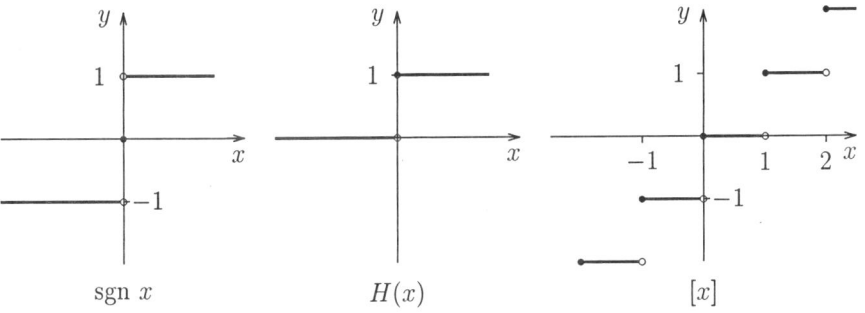

sgn $x$ \qquad $H(x)$ \qquad $[x]$

**Beispiel 7:** Stetigkeit von $f(x) = \begin{cases} x + 1 & x < -2 \\ \sin \pi x & -2 \leq x < 1 \\ -1 & x = 1 \\ x^2 - 1 & x > 1 \end{cases}$

Außerhalb der Punkte $x_1 = -2$ und $x_2 = 1$ ist die Funktion als Zusammensetzung

stetiger Funktionen stetig.
Im Punkt $x = -2$ ist
$\lim_{x \to -2-0} f(x) = \lim_{x \to -2-0} (x+1) = -1$, und
$\lim_{x \to -2+0} f(x) = \lim_{x \to -2+0} \sin \pi x = 0$.
Wegen $f(-2) = 0$ ist $f$ bei $x = -2$ von rechts stetig und von links unstetig.

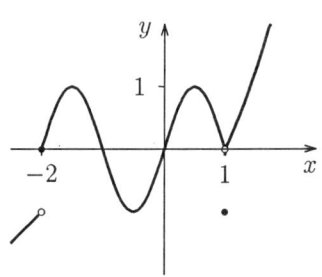

Im Punkt $x = 1$ ist
$\lim_{x \to 1-0} f(x) = \lim_{x \to 1-0} \sin \pi x = 0$, und
$\lim_{x \to 1+0} f(x) = \lim_{x \to 1+0} (x^2 - 1) = 0$.

Wegen $f(1) = -1$ ist $f$ bei $x = 1$ unstetig. Ändert man die Definition so ab, daß man $f(1) = 0$ fordert, ist $f$ dort stetig (hebbare Unstetigkeit).

## 3. Beispiele

**Beispiel 8:** $\lim_{x \to \infty} \dfrac{x}{2x + \sin x}$

Zunächst versucht man natürlich, die Regel von de l'Hospital zu benutzen. Hier liegt der Fall $\frac{\infty}{\infty}$ vor. Der Quotient der Ableitungen hat die Form $\frac{1}{2 + \cos x}$. Damit ist auch Voraussetzung ii) erfüllt. Allerdings existiert der Limes von $\frac{f'(x)}{g'(x)}$ nicht.

Das bedeutet, daß die Regel von de l'Hospital nicht anwendbar ist. Der Limes läßt sich aber leicht nach der Taktik "durch den am stärksten wachsenden Term des Nenners kürzen" berechnen:

$$\lim_{x \to \infty} \frac{x}{2x + \sin x} = \lim_{x \to \infty} \frac{1}{2 + \frac{\sin x}{x}} = \frac{1}{2 + 0} = \frac{1}{2}.$$

**Beispiel 9:** $\lim_{x \to -\infty} \dfrac{7x^4 + 2x - 1}{3x^4 + x^3 - 17}$

Bei gebrochen rationalen Funktionen wird bei Limiten gegen $\pm\infty$ immer durch die höchste Potenz des Nenners gekürzt:

$$\lim_{x \to -\infty} \frac{7x^4 + 2x - 1}{3x^4 + x^3 - 17} = \lim_{x \to -\infty} \frac{7 + \frac{2}{x^3} - \frac{1}{x^4}}{3 + \frac{1}{x} - \frac{17}{x^4}} = \frac{7}{3}$$

**Beispiel 10:** $\lim_{x \to \infty} (\ln(ax) - \ln x)$, $a > 0$

Hier hat man den Fall $\infty - \infty$ vorliegen. Mit etwas Pfiffigkeit faßt man aber zunächst die Terme zusammen:

$$\lim_{x \to \infty} (\ln(ax) - \ln x) = \lim_{x \to \infty} (\ln a + \ln x - \ln x) = \lim_{x \to \infty} \ln a = \ln a$$

## 2.9. STETIGKEIT UND LIMES VON FUNKTIONEN

**Beispiel 11:** $\lim_{x\to\infty} x\sin\dfrac{1}{x}$

Geht $x$ gegen unendlich, so geht der Kehrwert $\frac{1}{x}$ gegen null und damit hat auch $\sin\frac{1}{x}$ den Limes null. Ehe man die Regel von de l'Hospital anwenden kann, muß man den Ausdruck der Form "$0\cdot\infty$" als Quotienten schreiben:

*Umformung in Quotienten $0\cdot\infty$*

$$\lim_{x\to\infty} x\sin\frac{1}{x} = \lim_{x\to\infty}\frac{\sin\frac{1}{x}}{\frac{1}{x}} \stackrel{\text{l'H.}}{=} \lim_{x\to\infty}\frac{\frac{-1}{x^2}\cos\frac{1}{x}}{-\frac{1}{x^2}} = \lim_{x\to\infty}\cos\frac{1}{x} = 1.$$

**Beispiel 12:** $\lim_{x\to 0}\left(\dfrac{\sin x}{x^3} - \dfrac{\cos x}{x^2}\right)$

Hier soll der Limes einer Differenz berechnet werden, worin beide Terme keinen endlichen Grenzwert haben. Daher wird zunächst zusammengefaßt:

*Umformung in Quotienten $\infty - \infty$*

$$\lim_{x\to 0}\left(\frac{\sin x}{x^3} - \frac{\cos x}{x^2}\right) = \lim_{x\to 0}\frac{\sin x - x\cos x}{x^3}$$

Jetzt wird <u>entweder</u> die Regel von de l'Hospital angewandt

$$\lim_{x\to 0}\frac{\sin x - x\cos x}{x^3} \stackrel{\text{l'H.}}{=} \lim_{x\to 0}\frac{\cos x - \cos x + x\sin x}{3x^2}$$
$$= \lim_{x\to 0}\frac{\sin x}{3x} \stackrel{\text{l'H.}}{=} \lim_{x\to 0}\frac{\cos x}{3} = \frac{1}{3}$$

<u>oder</u> der Zähler als Potenzreihenanfang geschrieben

$$\lim_{x\to 0}\frac{\sin x - x\cos x}{x^3} = \lim_{x\to 0}\frac{1}{x^3}\left(x - \frac{x^3}{6} + O(x^5) - x(1 - \frac{x^2}{2} + O(x^4))\right)$$
$$= \lim_{x\to 0}\frac{1}{x^3}\left(-\frac{x^3}{6} + \frac{x^3}{2} + O(x^5)\right) = \lim_{x\to 0}\left(\frac{1}{3} + O(x^2)\right) = \frac{1}{3}.$$

**Beispiel 13:** $\lim_{x\to\infty} x(\ln(x+a) - \ln x),\ a\in\mathbb{R}$

Wenn man den Faktor $\ln(x+a) - \ln x$ in der Form $\ln\dfrac{x+a}{x}$ schreibt, sieht man daß im Grenzwert das Produkt die Form $0\cdot\infty$ hat. Das läßt sich nun auf die Form $\frac{0}{0}$ oder auf $\frac{\infty}{\infty}$ bringen. Da der Logarithmus beim Ableiten einfacher wird, wenn er im Zähler steht (ein $\ln$ im Nenner gibt ja beim Ableiten weitere $\ln$-Terme), wird so umgeformt:

*Umformung in Quotienten $0\cdot\infty$*

$$\lim_{x\to\infty} x(\ln(x+a) - \ln x) = \lim_{x\to\infty}\frac{\ln(x+a) - \ln x}{\frac{1}{x}} \stackrel{\text{l'H.}}{=} \lim_{x\to\infty}\frac{\frac{1}{x+a} - \frac{1}{x}}{-\frac{1}{x^2}}$$
$$= \lim_{x\to\infty}\frac{\frac{x-(x+a)}{x(x+a)}}{-\frac{1}{x^2}} = \lim_{x\to\infty} a\frac{x^2}{x(x+a)} = a$$

**Beispiel 14:** $\lim\limits_{x \to \pm\infty} \dfrac{x^2-4}{x+2}$ und $\lim\limits_{x \to \pm 2} \dfrac{x^2-4}{x+2}$

Zunächst werden die Limiten für $x \to \pm\infty$ berechnet, indem durch $x$, die höchste Potenz des Nenners gekürzt, wird:

$$\lim_{x \to \pm\infty} \frac{x^2-4}{x+2} = \lim_{x \to \pm\infty} \frac{x - \frac{4}{x}}{1 + \frac{2}{x}} = \frac{\pm\infty}{1} = \pm\infty$$

Der Limes für $x \to 2$ läßt sich durch Einsetzen von $x = 2$ in die Funktionsgleichung bestimmen, da diese Stelle zum Definitionsbereich der Funktion gehört und gebrochen rationale Funktionen im Definitionsbereich stetig sind.

$$\lim_{x \to 2} \frac{x^2-4}{x+2} = \frac{2^2-4}{2+2} = \frac{0}{4} = 0.$$

Der Limes für $x \to -2$ ist von der Form $\frac{0}{0}$ und läßt sich mit der Regel von de l'Hospital berechnen:

$$\lim_{x \to -2} \frac{x^2-4}{x+2} \stackrel{\text{l'H.}}{=} \lim_{x \to -2} \frac{2x}{1} = \frac{-4}{1} = -4.$$

Alternativ kann man auch die dritte binomische Formel verwenden, um den Zähler zu faktorisieren und zu kürzen:

$$\frac{x^2-4}{x+2} = \frac{(x+2)(x-2)}{x+2} = x - 2 \quad \text{für } x \neq -2$$

Damit ist $\lim\limits_{x \to -2} \dfrac{x^2-4}{x+2} = \lim\limits_{x \to -2}(x-2) = -2 - 2 = -4.$

**Beispiel 15:** Der Grenzwert von $\dfrac{e^x-1}{e^{x-1}}$ für $x \to 0$ und $x \to \infty$

Für $x = 0$ hat $\dfrac{e^x-1}{e^{x-1}}$ die Form $\dfrac{0}{e^{-1}}$. Da 0 im Definitionsbereich der stetigen Funktion $f$ liegt, erhält man den Grenzwert duch Einsetzen: $\lim\limits_{x \to 0} \dfrac{e^x-1}{e^{x-1}} = \dfrac{1-1}{e^{-1}} = 0.$

Für $x \to \infty$ kann man mit de l'Hospital rechnen:

$$\lim_{x \to \infty} \frac{e^x-1}{e^{x-1}} \stackrel{\text{l'H.}}{=} \lim_{x \to \infty} \frac{e^x}{e^{x-1}} = \lim_{x \to \infty} \frac{1}{e^{-1}} = \frac{1}{e^{-1}} = e.$$

Man kommt aber auch ohne aus:

$$\lim_{x \to \infty} \frac{e^x-1}{e^{x-1}} = \lim_{x \to \infty} \frac{e - e^{1-x}}{1} = \frac{e-0}{1} = e.$$

## 2.10 Differenzierbarkeit

### 1. Definitionen

Differenzierbarkeit erklärt man für eine auf einem offenen Intervall $I$ definierte Funktion $f : I \to \mathbb{R}$ so:

$f$ ist in $a \in I$ differenzierbar mit der Ableitung $f'(a)$, wenn

$$\lim_{x \to a} \frac{f(x) - f(a)}{x - a} =: f'(a) \text{ existiert.}$$

Alternative Definitionen: Es ist

$$f(x) = f(a) + f'(a)(x - a) + r(x) \cdot (x - a) \text{ mit } \lim_{x \to a} r(x) = 0$$

oder $f(x) = f(a) + f'(a)(x - a) + o(|x - a|)$.

Diese beiden Schreibweisen lassen sich gut auf Funktionen von mehreren Variablen übertragen, da sie mehr den Aspekt der linearen Approximierbarkeit betonen. Das lange Wort "differenzierbar" wird beim Schreiben oft als diff'bar abgekürzt.  diff'bar

Die Ableitung der Funktion $f$ an der Stelle $x$ ist die Steigung der Tangente an den Graphen von $f$ im Punkt $(x, f(x))$.

Statt $f'$ schreibt man auch $\dfrac{df}{dx}$ (Differentialquotient).

### Einseitige Differenzierbarkeit

Läßt man in der Definition nur Werte von $x$ mit $x > a$ zu, erhält man die rechtsseitige Ableitung der Funktion $f$ an der Stelle $a$ als $\lim\limits_{x \to a+0} \dfrac{f(x) - f(a)}{x - a}$. Die linksseitige Ableitung erhält man analog als $\lim\limits_{x \to a-0} \dfrac{f(x) - f(a)}{x - a}$.  rechtsseitige, linksseitige Ableitung

### Höhere Ableitungen

Ist $f$ in jedem Punkt des offenen Intervalls $I$ differenzierbar, so nennt man die Funktion, die jeder Stelle $x$ die Zahl $f'(x)$ zuordnet, Ableitungsfunktion oder kurz (erste) Ableitung $f'$. Ist die Funktion $f'$ stetig in $I$, heißt $f$ stetig differenzierbar. Schreibweise: $f \in C^1(I)$.

Die Ableitung der Ableitungsfunktion heißt zweite Ableitung $f''$. Induktiv definiert man dann weitere Ableitungen durch $f^{(n)} = \left(f^{(n-1)}\right)'$. Ist $f$ $n$-mal stetig diff'bar, schreibt man $f \in C^n(I)$. Die Menge der unendlich oft differenzierbaren Funktionen auf $I$ wird mit $C^\infty(I)$, die der stetigen Funktionen mit $C(I)$ bezeichnet.  $C(I), C^n(I), C^\infty(I)$

## Konvexität und Extrema

konvex    Eine Funktion $f$ ist <u>konvex</u>, wenn für alle $a, b \in I$ immer $f(\frac{a+b}{2}) \leq \frac{f(a)+f(b)}{2}$

konkav    ist. $f$ ist <u>konkav</u>, wenn immer $f(\frac{a+b}{2}) \geq \frac{f(a)+f(b)}{2}$ gilt. Anschaulich bedeutet das, daß bei einer konvexen Funktion der Graph immer unter und bei einer konkaven stets über der Sekante liegt. Der Graph konvexer Funktionen ist links-, der konkaver Funktionen rechtsgekrümmt.

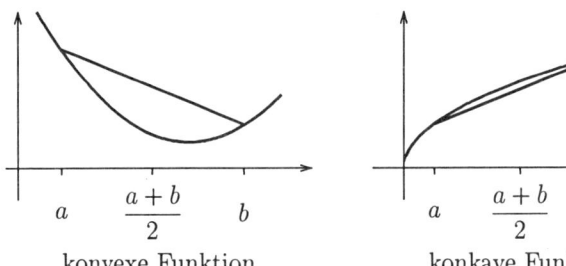

konvexe Funktion          konkave Funktion

Ist $f$ in $]x_0 - \epsilon, x_0]$ konvex und in $[x_0, x_0 + \epsilon[$ konkav (oder umgekehrt), hat $f$

Wendepunkt    in $x_0$ einen <u>Wendepunkt</u>. Einen Wendepunkt mit waagerechter Tangente nennt
Sattelpunkt    man <u>Sattelpunkt</u>.

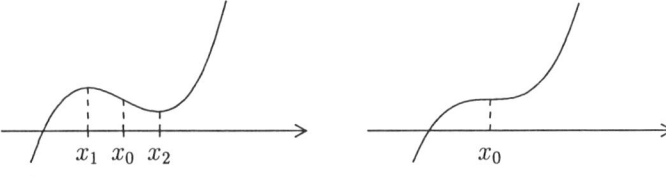

Wendepunkt bei $x_0$          Sattelpunkt bei $x_0$
rel. Maximum bei $x_1$
rel. Minimum bei $x_2$

Eine Funktion $f$ mit Definitionsbereich $D$ hat in $x_0 \in D$ ein <u>relatives Maximum</u>, falls es eine Umgebung $U$ von $x_0$ gibt mit $f(x) \leq f(x_0)$ für alle $x \in U \cap D$. Gilt sogar $f(x) < f(x_0)$ für $x \neq x_0$, spricht man von einem <u>strikten rel. Maximum</u>.

rel. Maximum    Ein (striktes) rel. <u>Minimum</u> erhält man, wenn man in der Definition $\leq$ bzw. $<$
rel. Minimum    durch $\geq$ bzw. $>$ ersetzt.

Ist $f$ eine differenzierbare Funktion, so nennt man jeden Punkt $x_0$ mit $f'(x_0) = 0$

stationärer    einen <u>stationären Punkt</u>.
Punkt

## Wichtige Eigenschaften differenzierbarer Funktionen

Ist $f$ auf dem Intervall $I$ differenzierbar, so gilt: $f$ ist konstant $\Leftrightarrow f'(x) = 0$ in $I$.

Mittelwertsatz    Ist $f$ auf $[a,b]$ stetig und in $]a,b[$ differenzierbar, so gibt es ein $c \in ]a,b[$ mit $f(b) - f(a) = f'(c) \cdot (b - a)$. **(Mittelwertsatz)**

## 2. Berechnung

### Beispiele differenzierbarer und nicht differenzierbarer Funktionen

Polynome, rationale Funktionen, trigonometrische und Hyperbelfunktionen und ihre Umkehrfunktionen, Exponential- und Logarithmusfunktionen und Wurzelfunktionen (auf $\mathbb{R}^+$) sind in offenen Teilmengen ihres Definitionsbereichs unendlich oft differenzierbar. Die Zusammensetzung durch Grundrechenarten und Komposition differenzierbarer Funktionen ist differenzierbar.

Die Betragsfunktion ist im Nullpunkt nicht differenzierbar, aber links- und rechtsseitig differenzierbar mit der Ableitung $-1$ bzw. $1$. Unstetige Funktionen sind nicht differenzierbar. $\sqrt{x}$ ist bei $x = 0$ nicht (einseitig) diff'bar. $\arcsin x$ und $\arccos x$ sind an den Rändern ihres Definitionsbereiches nicht differenzierbar.

**Beispiel 1:** Differenzierbarkeit von $f(x) = \begin{cases} x \sin \frac{1}{x} & x \neq 0 \\ 0 & x = 0 \end{cases}$ im Nullpunkt

$f$ ist im Nullpunkt differenzierbar, wenn der Differenzenquotient $\dfrac{f(x) - f(0)}{x - 0}$ für $x \to 0$ einen Grenzwert hat:

$$\lim_{x \to 0} \frac{f(x) - f(0)}{x - 0} = \lim_{x \to 0} \frac{x \sin \frac{1}{x} - 0}{x - 0} = \lim_{x \to 0} \sin \frac{1}{x}$$

Da dieser Grenzwert nicht existiert, ist $f$ im Nullpunkt nicht differenzierbar.

### Rechenregeln

Rechenregeln

| | |
|---|---|
| Summenregel | $(f + g)' = f' + g'$ |
| Vielfache | $(\alpha f)' = \alpha f'$ |
| Produktregel | $(fg)' = f'g + fg'$ |
| verallgemeinerte Produktregel | $(f_1 f_2 \cdots f_n)' = f_1' f_2 \cdots f_n + f_1 f_2' \cdots f_n + \cdots + f_1 f_2 \cdots f_n'$ |
| Leibniz'sche Regel | $(fg)^{(n)} = \sum_{k=0}^{n} \binom{n}{k} f^{(k)} g^{(n-k)}$ |
| Quotientenregel | $\left(\dfrac{f}{g}\right)' = \dfrac{f'g - fg'}{g^2}$ |
| Kettenregel | $f(g(x))' = f'(g(x)) g'(x)$ |
| Ableitung der Umkehrfunktion | $(f^{-1})'(x) = \dfrac{1}{f'(f^{-1}(x))}$ |

Spezialfälle  Als **Spezialfälle** erhält man daraus diese Regeln:

| $f$ | $\ln f$ | $\dfrac{1}{f}$ | $f^2$ | $f^\alpha$ | $e^f$ | $f(x^2)$ | $f(\alpha x)$ | $f(\alpha x + \beta)$ |
|---|---|---|---|---|---|---|---|---|
| $f'$ | $\dfrac{f'}{f}$ | $-\dfrac{f'}{f^2}$ | $2f'f$ | $\alpha f' f^{\alpha-1}$ | $f' e^f$ | $2x f'(x^2)$ | $\alpha f'(\alpha x)$ | $\alpha f'(\alpha x + \beta)$ |

Ableitungs-  **Ableitungen einiger wichtiger Funktionen**
tabelle

| $f$ | const. | $x^\alpha$ | $\sin x$ | $\cos x$ | $\tan x$ | $\cot x$ | $e^{\alpha x}$ | $\ln x$ |
|---|---|---|---|---|---|---|---|---|
| $f'$ | 0 | $\alpha x^{\alpha-1}$ | $\cos x$ | $-\sin x$ | $1 + \tan^2 x$ | $-1 - \cot^2 x$ | $\alpha e^{\alpha x}$ | $\dfrac{1}{x}$ |

$\alpha$ und $\beta$ sind dabei reelle Zahlen. Eine ausführlichere Tabelle findet man im Formelteil.

**Beispiele**

Summenregel
- $(3x^3 + 4\cos x)' = 9x^2 - 4\sin x$
  (Summenregel und Vielfache)

Produktregel
- $\left(\sin^2 x\right)' = (\sin x \cdot \sin x)' = \cos x \sin x + \sin x \cos x = 2\sin x \cos x$
  (Produktregel mit $f(x) = g(x) = \sin x$)

Kettenregel
- $\left(\sin^2 x\right)' = 2\sin x \cos x$
  (Kettenregel mit $f(x) = x^2$ und $g(x) = \sin x$).

verallg.
Produktregel
- $\left(x \sin x\, e^{2x}\right)' = \sin x\, e^{2x} + x \cos x\, e^{2x} + x \sin x\, 2e^{2x}$
  (verallgemeinerte Produktregel)

Leibniz-Regel
- $(x \sin x)^{(4)}$
  Nach der Leibniz-Regel $(fg)^{(4)} = f^{(4)}g + 4f'''g' + 6f''g'' + 4f'g''' + fg^{(4)}$ ergibt sich mit $f(x) = x$ und $g(x) = \sin x$, daß man wegen $f'(x) = 1$ und $f'' = f''' = f^{(4)} = 0$ nur die letzten Terme der Summe benötigt. Aus $g'''(x) = -\cos x$ und $g^{(4)}(x) = \sin x$ erhält man $(x \sin x)^{(4)} = -4\cos x + x \sin x$.

Quotienten-
regel
- $\left(\dfrac{x^2 + 3}{(x-4)^2}\right)' = \dfrac{2x \cdot (x-4)^2 - (x^2 + 3) \cdot 2(x-4)}{(x-4)^4}$

$= \dfrac{2x \cdot (x-4) - (x^2 + 3) \cdot 2}{(x-4)^3} = \dfrac{2x^2 - 8x - 2x^2 - 6}{(x-4)^3} = \dfrac{-8x - 6}{(x-4)^3}$

## 2.10. DIFFERENZIERBARKEIT

Bei der Anwendung der Quotientenregel auf gebrochen rationale Funktionen läßt man Zähler und Nenner so lange wie möglich in faktorisierter Form stehen, da man immer kürzen kann, wenn ein Faktor in höherer als erster Potenz im Nenner auftritt.

**Alternative:** statt der Quotienten- die Produktregel benutzen: *Produkt- statt Quotientenregel*

$$\left(\frac{x^2+3}{(x-4)^2}\right)' = \left((x^2+3)(x-4)^{-2}\right)' = 2x(x-4)^{-2} + (x^2+3)(-2)(x-4)^{-3}$$

Jetzt wird der Term mit dem kleinsten Exponenten ausgeklammert:

$$= \left(2x(x-4) + (x^2+3)(-2)\right)(x-4)^{-3} = (-8x-6)(x-4)^{-3}$$

- $(\sin x^4)'$ *Kettenregel*

  Mit der äußeren Funktion $f(x) = \sin x$ und der inneren Funktion $g(x) = x^4$ erhält man mit der **Eselsbrücke** "äußere Ableitung mal innere Ableitung" $(\sin x^4)' = \cos x^4 \cdot 4x^3 = 4x^3 \cos x^4$.

- $(\arctan x)'$ *Ableitung der Umkehrfunktion*

  Die Regel über die Ableitung der Umkehrfunktion $f^{-1}$ läßt sich dann gut verwenden, wenn man die Ableitung $f'$ der Funktion $f$ durch $f$ ausdrücken kann. In diesem Beispiel ist $f(x) = \tan x$ und $f'(x) = 1 + \tan^2 x = 1 + (f(x))^2$.

  $$\arctan'(x) = \frac{1}{\tan'(\arctan x)} = \frac{1}{(1+\tan^2)(\arctan x)}$$
  $$= \frac{1}{1 + (\tan(\arctan x))^2} = \frac{1}{1+x^2}.$$

### Monotonie, Konvexität und Extrema

*Monotonie Konvexität Extrema*

$f$ sei eine im offenen Intervall $I$ so oft wie nötig stetig differenzierbare Funktion. Zur Vereinfachung schreiben wir "$f' > 0$" statt "für alle $x \in I$ ist $f'(x) > 0$" usw.

- $f$ hat im Punkt $x_0$ ein relatives Maximum, wenn $f$ in einem Intervall $]x_0 - \epsilon, x_0]$ monoton steigt und in $[x_0, x_0 + \epsilon[$ monoton fällt.

- $f$ hat im Punkt $x_0$ ein relatives Maximum, wenn $f'$ in $x_0$ einen Vorzeichenwechsel von plus nach minus hat.

- $f$ hat im Punkt $x_0$ ein relatives Minimum, wenn $f$ in einem Intervall $]x_0 - \epsilon, x_0]$ monoton fällt und in $[x_0, x_0 + \epsilon[$ monoton steigt.

- $f$ hat im Punkt $x_0$ ein relatives Minimum, wenn $f'$ in $x_0$ einen Vorzeichenwechsel von minus nach plus hat.

| | | |
|---|---|---|
| $f' > 0$ | $\Rightarrow$ | $f$ streng monoton steigend |
| $f' \geq 0$ | $\Leftrightarrow$ | $f$ monoton steigend |
| $f' < 0$ | $\Rightarrow$ | $f$ streng monoton fallend |
| $f' \leq 0$ | $\Leftrightarrow$ | $f$ monoton fallend |
| $f'' \geq 0$ | $\Leftrightarrow$ | $f$ konvex |
| $f'' \leq 0$ | $\Leftrightarrow$ | $f$ konkav |
| $f'(x_0) = 0,\ f''(x_0) > 0$ | $\Rightarrow$ | Minimum bei $x_0$ |
| $f'(x_0) = 0,\ f''(x_0) < 0$ | $\Rightarrow$ | Maximum bei $x_0$ |
| $f''(x_0) = 0,\ f'''(x_0) \neq 0,$ | $\Rightarrow$ | Wendepunkt in $x_0$ |
| $f'(x_0) = 0,\ f''(x_0) = 0,\ f'''(x_0) \neq 0$ | $\Rightarrow$ | Sattelpunkt in $x_0$ |
| Extremum bei $x_0$ | $\Rightarrow$ | $f'(x_0) = 0$ |

Man beachte dabei, daß sich keiner der $\Rightarrow$-Pfeile umkehren läßt.

**Allgemein**: Ist $f'(x_0) = 0$ und $f''(x_0) = \cdots = f^{(k)}(x_0) = 0$, aber $f^{(k+1)}(x_0) \neq 0$, so hat $f$ in $x_0$ einen Sattelpunkt, falls $k$ gerade ist und ein Extremum, falls $k$ ungerade ist. In diesem Fall handelt es sich bei $f^{(k+1)}(x_0) > 0$ um ein Minimum und bei $f^{(k+1)}(x_0) < 0$ um ein Maximum.

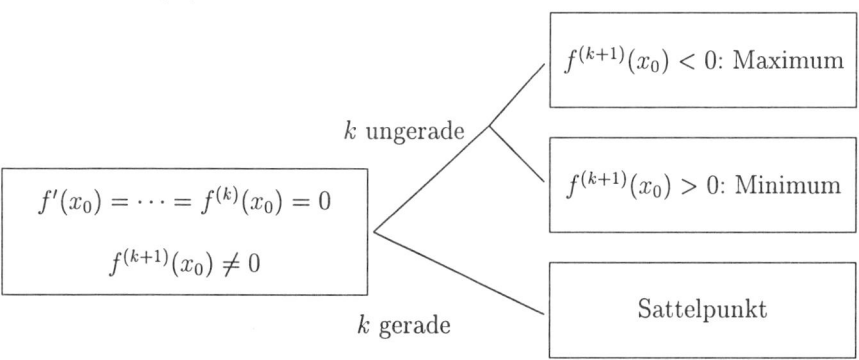

### Differenzierbarkeit abschnittweise definierter Funktionen

Abschnitt-
weise
definierte
Funktionen

Oft hat man folgende Situation: gegeben ist ein Intervall $I$ und $x_0$ ist ein innerer Punkt von $I$. Es ist $f(x) = \begin{cases} g(x) & x \leq x_0 \\ h(x) & x > x_0 \end{cases}$. Dabei sind $g$ und $h$ auf ganz $I$ definierte differenzierbare Funktionen.

## 2.10. DIFFERENZIERBARKEIT

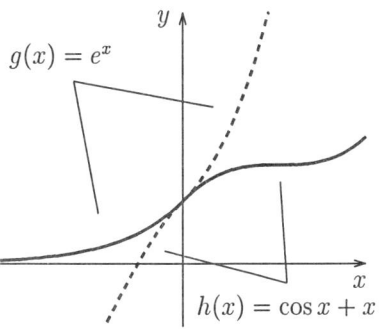

Wenn die beiden **Voraussetzungen** gelten

i) Es ist $g(x_0) = h(x_0)$
(d.h. $f$ ist stetig).

ii) Es ist $g'(x_0) = h'(x_0)$.

so ist die zusammengesetzte Funktion $f$ differenzierbar mit $f'(x_0) = g'(x_0) = h'(x_0)$.

Sind $g$ und $h$ sogar stetig differenzierbar, hat auch $f$ diese Eigenschaft. Gilt ii) <u>nicht</u>, so ist $f$ nicht differenzierbar in $x_0$ (wohl aber rechts- und linksseitig diff'bar).

**Beispiel 2:** Wie oft ist $f(x) = \begin{cases} e^x & x \leq 0 \\ \cos x + x & x > 0 \end{cases}$ differenzierbar?

Außerhalb der Stelle $x_0 = 0$ ist $f$ unendlich oft differenzierbar. Überprüfung der beiden Bedingungen: mit $g(x) = e^x$ und $h(x) = \cos x + x$ ist

i) $g(0) = 1 = h(0)$

ii) $g'(x) = e^x$, $h'(x) = -\sin x + 1$, also $g'(0) = 1 = h'(0)$.

Damit ist $f$ bei $x_0 = 0$ stetig differenzierbar mit $f'(x) = \begin{cases} e^x & x \leq 0 \\ -\sin x + 1 & x > 0 \end{cases}$

Bei der Untersuchung von $f'$ auf Differenzierbarkeit ist $g(x) = e^x$ und $h(x) = -\sin x + 1$. Die erste Bedingung ist wegen der <u>stetigen</u> Diff'barkeit von $f$ schon erfüllt. Bleibt Bedingung ii) zu überprüfen: $g'(x) = e^x$, $g'(0) = 1$, $h'(x) = -\cos x$, $h'(0) = -1$. Damit ist $f$ einmal stetig differenzierbar, aber nicht zweimal.

Diese Tatsache läßt sich auch an den Taylor- bzw. Potenzreihen der beiden Teilfunktionen von $f$ erkennen: Es ist

$$g(x) = e^x = 1 + x + \frac{x^2}{2} + O(x^3), \quad \text{und} \quad h(x) = \cos x + x = 1 + x - \frac{x^2}{2} + O(x^3).$$

Die Übereinstimmung des absoluten Glieds bedeutet die Stetigkeit von $f$ bei $x = 0$, die des $x$-Terms die stetige Differenzierbarkeit. Da die quadratischen Terme verschieden sind, ist $f$ nicht zweimal differenzierbar.

### 3. Beispiele

**Beispiel 3:** Die ersten beiden Ableitungen von $f(x) = e^{\sin x}$

Es ist $f'(x) = e^{\sin x} \cos x$ (5. Spezialfall). Dann geht es mit der Produktregel weiter: $f'' = e^{\sin x}(-\sin x) + e^{\sin x} \cos^2 x = e^{\sin x}(\cos^2 x - \sin x)$.

| **Beispiel 4:** Ableitung der Umkehrfunktion von $f(x) = x^3$ |
|---|

Die Regel besagt $(f^{-1})' = \dfrac{1}{f'(f^{-1}(x))}$. Dazu berechnet man $f'(x) = 3x^2$ und drückt wieder $f'$ durch $f$ aus. Dazu ersetzt man beim Rechnen $f(x)$ durch $y$ und erhält $y = x^3 \Rightarrow x = y^{1/3}$, also $f'(x) = 3x^2 = 3y^{2/3} = 3(f(x))^{2/3}$.

$$(f^{-1})' = \frac{1}{f'(f^{-1}(x))} = \frac{1}{3f^{2/3}(f^{-1}(x))} = \frac{1}{3(f(f^{-1}(x)))^{2/3}} = \frac{1}{3x^{2/3}} = \frac{1}{3}x^{-2/3}.$$

Dasselbe Ergebnis erhält man natürlich auch durch direkte Ableitung der Umkehrfunktion $f^{-1}(x) = x^{1/3}$.

| **Beispiel 5:** Untersuchung der Funktion $f(x) = \dfrac{x^2 - 4}{(x-1)^2}$ |
|---|

- Der Definitionsbereich von $f$ ist $\mathbb{R}\setminus\{1\}$. Da der Nenner dort eine doppelte Nullstelle hat und der Zähler von null verschieden ist, liegt ein doppelter Pol (also ohne Vorzeichenwechsel) vor.

- Die Nullstellen von $f$ sind $\pm 2$.

- Geht man nach der Grundtaktik "durch die höchste Potenz des Nenners kürzen" vor, sieht man sofort, daß $\lim_{x \to \pm\infty} f(x) = 1$ ist. Das bedeutet, daß die Gerade $y = 1$ im Unendlichen Asymptote an den Graphen von $f$ ist.

- $f'$ wird nach der Quotientenregel berechnet:
$$\begin{aligned} f'(x) &= \frac{2x(x-1)^2 - (x^2-4) \cdot 2(x-1)}{(x-1)^4} \\ &= \frac{2x(x-1) - (x^2-4) \cdot 2}{(x-1)^3} = 2\frac{-x+4}{(x-1)^3} \end{aligned}$$

- Da $\dfrac{1}{(x-1)^3}$ für $x > 1$ positiv und für $x < 1$ negativ ist, ist $f'(x) > 0$ für $x \in ]1, 4[$. In diesem Intervall ist $f$ also streng monoton steigend. Im restlichen Definitionsbereich $]-\infty, 1[ \cup ]4, \infty[$ ist $f'(x) < 0$ und $f$ fällt streng monoton. Damit liegt ein relatives Maximum in $(4, f(4)) = (4, \frac{4}{3})$ vor, da $f'$ einen Vorzeichenwechsel von plus nach minus hat.

- Zur Berechnung der zweiten Ableitung nimmt man noch einmal die Quotientenregel:
$$\begin{aligned} f''(x) &= 2\frac{-(x-1)^3 - (-x+4) \cdot 3(x-1)^2}{(x-1)^6} \\ &= 2\frac{-(x-1) - 3(-x+4)}{(x-1)^4} = 2\frac{2x - 11}{(x-1)^4} \end{aligned}$$

## 2.10. DIFFERENZIERBARKEIT

Daß bei $x = 4$ ein Maximum vorliegt, kann man jetzt auch durch $f''(4) = 2\frac{8-11}{3^4} < 0$ nachrechnen.

Die einzige Nullstelle von $f''$ ist $x = \frac{11}{2}$.

- Für $x < \frac{11}{2}$ ist $f''(x) < 0$ und der Graph von $f$ ist rechtsgekrümmt; d.h. $f$ ist konkav.

  Für $x > \frac{11}{2}$ ist $f''(x) > 0$ und der Graph von $f$ ist linksgekrümmt; $f$ ist konvex.

  Daher hat $f$ bei $(\frac{11}{2}, f(\frac{11}{2})) = (\frac{11}{2}, \frac{35}{27})$ einen Wendepunkt. Das läßt sich alternativ durch $f'''(\frac{11}{2}) \neq 0$ nachweisen.

- Daraus ergibt sich diese Skizze des Graphen von $f$.
  Die Asymptoten $y = 1$ und $x = 1$ sind gestrichelt eingezeichnet.
  Der Rechnung und der Skizze entnimmt man weiterhin, daß der Wertebereich von $f$ das Intervall $]-\infty, \frac{4}{3}]$ ist.

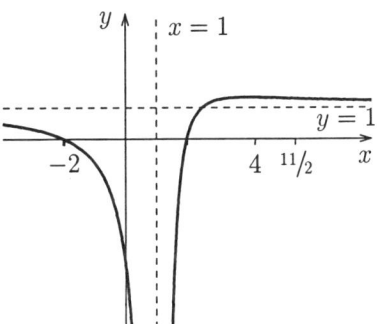

---

**Beispiel 6:** Welche Tangente an den Graphen von $f(x) = x^2$ geht durch den Punkt $(1, -8)$ ?

Die Gleichung einer Tangente im Punkt $(a, f(a))$ an den Graphen der Funktion $f$ lautet

$$y = f(a) + (x - a)f'(a).$$

*allgemeine Tangentengleichung*

Hier müssen also die Koordinaten des Punktes $x = 1$ und $y = -8$ der Tangentengleichung $y = a^2 + (x - a) \cdot 2a$ genügen. Einsetzen:

$$-8 = a^2 + (1 - a) \cdot 2a \quad \Leftrightarrow \quad a^2 - 2a - 8 = 0 \quad \Leftrightarrow \quad a = 4 \vee a = -2$$

Dabei wurde die *p-q*-Formel benutzt. Es gibt also zwei Lösungen:

Die Tangente im Punkt $(4, 16)$ lautet $y = 16 + 8(x - 4)$ oder $y = 8x - 16$.

Die Tangente im Punkt $(-2, 4)$ lautet $y = 4 - 4(x + 2)$ oder $y = -4x - 4$.

---

**Beispiel 7:** Untersuchung von $f(x) = x^4 - 12x^3 + 46x^2 - 60x + 25$

- Da die Summe der Koeffizienten von $f$ Null ergibt, ist $x = 1$ Nullstelle von $f$. Polynomdivision mit dem Hornerschema (vgl. Kapitel 1.1):

|        | 1 | −12 | 46  | −60 | 25  |
|--------|---|-----|-----|-----|-----|
| x=1    | − |  1  | −11 |  35 | −25 |
|        | 1 | −11 |  35 | −25 |  0  |

Die restlichen Nullstellen von $f$ sind die von $x^3 - 11x^2 + 35x - 25$. Wie oben erhält man noch einmal $x = 1$ als Nullstelle. Polynomdivision:

|        | 1 | −11 | 35  | −25 |
|--------|---|-----|-----|-----|
| x=1    | − |  1  | −10 |  25 |
|        | 1 | −10 |  25 |  0  |

Für das Restpolynom gilt $x^2 - 10x + 25 = (x-5)^2$. $f$ hat also zwei jeweils doppelte Nullstellen: $x = 1$ und $x = 5$. Da der Leitkoeffizient 1 ist, gilt $f(x) = (x-1)^2(x-5)^2$.

- $f'(x) = 4x^3 - 36x^2 + 92x - 60 = 4(x^3 - 9x^2 + 23x - 15)$. Diesmal braucht man keine Nullstellen zu raten: Da $x = 1$ und $x = 5$ doppelte Nullstellen von $f$ sind, sind es auch einfache Nullstellen von $f'$ und damit Extremalstellen von $f$. Daß es sich um Minima handelt, liest man direkt aus der Faktorisierung von $f$ ab (oder rechnet es mit der zweiten Ableitung nach).

  Zur Bestimmung der dritten Nullstelle von $f'$ kann man z.B. einmal durch $(x-1)$ durchdividieren: $(x^3 - 9x^2 + 23x - 15) : (x-1) = x^2 - 8x + 15 = (x-5)(x-3)$ Da zwischen zwei Minima ein Maximum liegen muß, hat man bei $x = 3$ ein Maximum. Das kann man auch aus $f''(3) = 12 \cdot 9 - 72 \cdot 3 + 92 = -16 < 0$ erhalten.

- $f''(x) = 12x^2 - 72x + 92$. Die Nullstellen von $f''$ erhält man mit der p-q-Formel als $x = 3 \pm \dfrac{2}{\sqrt{3}}$. Daß es sich um Wendepunkte handelt, folgt daraus, daß die dritte Ableitung nur $x = 3$ als Nullstelle hat:

- $f'''(x) = 24x - 72$.

**Beispiel 8:** Die Ableitung von $f(x) = \arctan x + \arctan \dfrac{1}{x}$, $x \in \mathbb{R}^+$

Aus $(\arctan x)' = \frac{1}{1+x^2}$ folgt mit der Kettenregel

$$f'(x) = \frac{1}{1+x^2} + \frac{1}{1+\frac{1}{x^2}} \cdot \frac{-1}{x^2} = \frac{1}{1+x^2} - \frac{1}{x^2+1} = 0$$

Da $f$ auf ganz $\mathbb{R}^+$ definiert ist, ist $f$ konstant. Den Wert dieser Konstanten erhält man durch Einsetzen eines beliebigen Wertes, etwa $x = 1$: $f(x) = 2 \arctan 1 = 2\frac{\pi}{4} = \frac{\pi}{2}$. Daraus folgt die Rechenregel

$$\arctan \frac{1}{x} = \frac{\pi}{2} - \arctan x, \quad x > 0$$

Für $x < 0$ erhält man analog $\arctan \dfrac{1}{x} = -\dfrac{\pi}{2} - \arctan x$.

## 2.11 Funktionenfolgen und -reihen

Dieser Abschnitt enthält alles grundlegende über Folgen und Reihen von reellen Funktionen. Verwandte Themen: Potenzreihen und Taylorreihen im nächsten und übernächsten Abschnitt, Reihenentwicklungen von komplexen Funktionen in Kapitel 7 und Fourierreihen in Kapitel 8.

### 1. Definitionen

**Funktionenfolgen**

Eine Funktionenfolge $(f_n)$ konvergiert (punktweise) auf dem Definitionsbereich $I$ gegen $f$, wenn für jedes $x \in I$ gilt $f_n(x) \to f(x)$.

$$\forall \epsilon > 0 \; \forall x \in I \; \exists n_0 \in \mathbb{N}: \quad n \geq n_0 \Rightarrow |f(x) - f_n(x)| < \epsilon \qquad (\epsilon\text{-}n_0\text{-Kriterium})$$

*Konvergenzbegriffe bei Folgen*

Die Folge konvergiert **gleichmäßig** auf $I$ gegen $f$, wenn $\sup_{x \in I} |f_n(x) - f(x)| \to 0$ gilt. Das bedeutet, daß das $\epsilon$-$n_0$-Kriterium für alle $x$ mit demselben $n_0$ erfüllbar ist:

$$\forall \epsilon > 0 \; \exists n_0 \in \mathbb{N} \; \forall x \in I: \quad n \geq n_0 \Rightarrow |f(x) - f_n(x)| < \epsilon$$

$$\boxed{\text{gleichmäßige Konvergenz} \; \begin{array}{c}\Rightarrow \\ \not\Leftarrow\end{array} \; \text{(punktweise) Konvergenz}}$$

**Funktionenreihen**

Eine Funktionenreihe $\sum\limits_{n=1}^{\infty} f_n(x)$ heißt

*Konvergenzbegriffe bei Reihen*

- (punktweise) konvergent im Intervall $I$, falls die Reihe für jedes feste $x \in I$ konvergiert, d.h. für jedes feste $x$ konvergiert die Folge der Partialsummen.

- gleichmäßig konvergent im Intervall $I$, wenn die Folge der Partialsummen in $I$ gleichmäßig konvergiert.

- absolut konvergent im Intervall $I$, wenn die Reihe $\sum\limits_{n=1}^{\infty} |f_n(x)|$ (punktweise) konvergiert.

- absolut und gleichmäßig konvergent im Intervall $I$, wenn $\sum\limits_{n=1}^{\infty} |f_n(x)|$ gleichmäßig konvergiert. Kurz: Die Reihe ist absolut gleichmäßig konvergent.

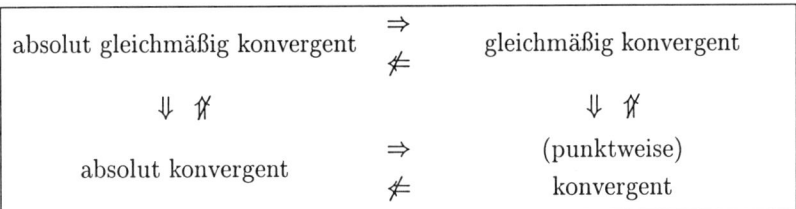

## lokal gleichmäßige Konvergenz, kompakte Konvergenz

**kompakte Konvergenz, lokal gleichmäßige Konvergenz**

Der Begriff der kompakten Konvergenz oder lokal gleichmäßigen Konvergenz ist wichtig bei der Beschreibung der Konvergenz von Potenzreihen.

Eine Teilmenge von $\mathbb{R}$ oder $\mathbb{C}$ ist kompakt, wenn sie beschränkt und abgeschlossen ist. Ein Intervall ist also kompakt, wenn es von der Form $I = [a,b]$ mit endlichen Grenzen $a$ und $b$ ist.

Eine Folge $(f_n)$ konvergiert auf $M$ lokal gleichmäßig oder kompakt gegen eine Funktion $f$, wenn die Folge auf jeder ganz in $M$ enthaltenen kompakten Menge $M'$ gleichmäßig gegen $f$ konvergiert. Lokal gleichmäßige Konvergenz von Reihen ist analog definiert.

### Typische Situation: Potenzreihen

Die Potenzreihe $\sum_{n=0}^{\infty} a_n(x-x_0)^n$ habe den positiven Konvergenzradius $r$. Dann konvergiert die Reihe sicher im offenen Intervall $I := ]x_0 - r, x_0 + r[$. In den Randpunkten kann die Reihe divergieren. Daher ist die Konvergenz i.allg. nicht gleichmäßig in $I$, sondern nur lokal gleichmäßig. Das heißt, daß die Reihe in jedem ganz in I enthaltenen abgeschlossenen Intervall $[a,b] \subset I$ gleichmäßig konvergiert.

### Typische Schlußweise: Stetigkeit von Potenzreihen

Dazu benutzt man, daß der gleichmäßige Grenzwert stetiger Funktionen stetig ist, s.u.

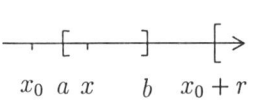

$x_0 \quad a \quad x \quad\; b \quad x_0 + r$

Jeder Punkt $x \in I$ liegt in einem abgeschlossenen ganz in $I$ enthaltenen Intervall $[a,b]$ mit $a < x < b$. Da hier die Konvergenz gleichmäßig ist, ist die Potenzreihe bei $x$ stetig. Da $x$ beliebig war, ist die Reihe in ganz $I$ stetig.

Mit ähnlichen Schlüssen zeigt man die Differenzierbarkeit von Potenzreihen.

Der springende Punkt dabei ist, daß diese Eigenschaften nicht mit einem Schritt für ganz $I$ gezeigt werden können, sondern daß man das offene Intervall $I$ aus unendlich vielen kompakten Intervallen zusammensetzen muß.

## 2.11. FUNKTIONENFOLGEN UND -REIHEN

### 2. Berechnung

**Vergleichskriterium von Weierstraß**

> Ist $|f_n(x) - f(x)| \leq a_n$ (von $x$ unabhängig!) und $a_n \to 0$, so konvergiert die Folge $f_n$ gleichmäßig gegen $f$.

Vergleichskriterium

> Ist $|f_n(x)| \leq b_n$ (von $x$ unabhängig!) und $\sum\limits_{n=1}^{\infty} b_n$ konvergent, so konvergiert $\sum\limits_{n=1}^{\infty} f_n(x)$ absolut und gleichmäßig.

**Beispiel 1:** Konvergenz der Fourierreihe $\sum\limits_{n=1}^{\infty} \dfrac{\sin nx}{n^2}$

Wegen $|\sin x| \leq 1$ läßt sich $b_n = \dfrac{1}{n^2}$ wählen. Da die Reihe $\sum\limits_{n=1}^{\infty} \dfrac{1}{n^2}$ konvergiert, konvergiert die Reihe absolut und gleichmäßig.

**Eigenschaften der Grenzfunktion**

> Konvergiert eine Folge stetiger Funktionen gleichmäßig oder lokal gleichmäßig gegen eine Grenzfunktion $f$, so ist auch $f$ stetig.
> Konvergiert eine Folge beschränkter Funktionen gleichmäßig gegen eine Grenzfunktion $f$, so ist auch $f$ beschränkt.

Eigenschaften der Grenzfunktion

**Beispiel 2:** Konvergenz der Fourierreihe $\sum\limits_{n=1}^{\infty} \dfrac{\sin nx}{n^2}$

Da die Reihe nach Beispiel 1 gleichmäßig konvergiert, ist die Grenzfunktion stetig.

Aus dem obigen Satz erhält man diese Kriterien für nicht–gleichmäßige Konvergenz:

> - Konvergiert eine Folge oder Reihe stetiger Funktionen punktweise gegen eine <u>unstetige</u> Grenzfunktion $f$, so ist die Konvergenz <u>nicht</u> gleichmäßig.
> - Konvergiert eine Folge oder Reihe beschränkter Funktionen punktweise gegen eine <u>unbeschränkte</u> Grenzfunktion $f$, so ist die Konvergenz <u>nicht</u> gleichmäßig.

> Konvergiert eine Folge oder Reihe gleichmäßig auf $I_1$ und auf $I_2$, so konvergiert sie auch gleichmäßig auf $I_1 \cup I_2$.

> **Beispiel 3:** Untersuchen Sie die Folge $(f_n)$ mit $f_n(x) = x^n$ auf den Intervallen $[0, 1/2]$, $[0, 1]$ und $[0, 2]$ auf punktweise und gleichmäßige Konvergenz.

Es ist $x^n \to \begin{cases} 0 & 0 \leq x < 1 \\ 1 & x = 1 \\ \infty & x > 1 \end{cases}$.

Die Folge $(f_n)$ divergiert auf $[0, 2]$, da $x^n$ für $x > 1$ keinen Grenzwert hat.

Auf $[0, 1]$ konvergiert $(f_n)$ punktweise gegen die Funktion $f$ mit
$f(x) = \begin{cases} 0 & 0 \leq x < 1 \\ 1 & x = 1 \end{cases}$. Da alle $f_n$ stetig sind, die Grenzfunktion aber unstetig ist, ist die Konvergenz nicht gleichmäßig.

Auf $[0, 1/2]$ gilt $|f_n(x)| = |x^n| \leq \left(\frac{1}{2}\right)^n \to 0$. Daher konvergiert hier $(f_n)$ gleichmäßig gegen die Grenzfunktion $f(x) \equiv 0$. Alternativ ließe sich das auch aus dem folgenden Satz von Dini folgern.

### Satz von Dini

> Voraussetzungen:
>
> i) $I = [a, b]$ ist ein abgeschlossenes und beschränktes Intervall (d.h. $I$ ist kompakt).
>
> ii) $(f_n)$ ist eine Folge stetiger Funktionen, die (punktweise) gegen die Funktion $f$ konvergiert.
>
> iii) $f$ ist stetig.
>
> iv) Für jedes $x \in I$ ist die Folge $(f_n(x))$ monoton.
>
> Dann konvergiert $(f_n)$ gleichmäßig gegen $f$.

Dieser Satz läßt sich nur sehr selten verwenden, da man in der Regel eher daran interessiert ist, die Stetigkeit der Grenzfunktion aus der gleichmäßigen Konvergenz herzuleiten. Hier muß man sie schon vorher haben.

### Ableiten und Integrieren

Zu einer halbwegs befriedigenden Klärung der Frage, wann man Integration und Grenzwertbildung vertauschen darf, bedarf es der Integrationstheorie, die in diesem Buch nicht besprochen wird. Die nächsten Sätze sind daher nur für stetige Funktionen formuliert, gelten aber für größere Funktionenklassen.

## 2.11. FUNKTIONENFOLGEN UND -REIHEN

Ist $(f_n)$ eine Folge stetiger Funktionen, die auf einem Intervall $[a,b]$ gleichmäßig gegen eine Funktion $f$ konvergiert, so ist

$$\lim_{n\to\infty} \int_a^b f_n(x)\,dx = \int_a^b f(x)\,dx$$

Ist $f(x) = \sum_{n=1}^{\infty} f_n(x)$ mit stetigen $f_n$ und die Reihe gleichmäßig konvergent, so ist

$$\int_a^b \sum_{n=1}^{\infty} f_n(x)\,dx = \sum_{n=1}^{\infty} \int_a^b f_n(x)\,dx$$

Wenn man die erste Aussage mit Ableitungen formuliert, heißt sie

Ist $(f_n)$ eine Funktionenfolge auf $(a,b)$, so daß

i) die Folge der Ableitungen $(f'_n)$ gleichmäßig gegen eine Funktion $g$ konvergiert

ii) die Folge der Funktionswerte an einer Stelle $x_0 \in (a,b)$ konvergiert.

Dann konvergiert $(f_n)$ gegen eine Funktion $f$ und $f$ ist differenzierbar mit Ableitung $f'(x) = g(x)$.

Die Besonderheiten der **Konvergenz von Potenzreihen** sind in Abschnitt 12 beschrieben.

## 3. Beispiele

**Beispiel 4:** Für welche $x \in \mathbb{R}$ konvergiert $\sum_{n=1}^{\infty} \frac{x^n}{(1+x)^n}$?
Berechnen Sie ggf. den Wert der Reihe.

Der Trick besteht hierbei darin, die Reihe als Teil der geometrischen Reihe zu erkennen: $\sum_{n=1}^{\infty} \frac{x^n}{(1+x)^n} = \sum_{n=1}^{\infty} \left(\frac{x}{1+x}\right)^n$. Die Reihe konvergiert also für

*wichtiger Trick*

$$\left|\frac{x}{1+x}\right| < 1 \Leftrightarrow |x| < |1+x| \Leftrightarrow x^2 < 1 + 2x + x^2 \Leftrightarrow x > -\tfrac{1}{2}.$$

Denselben Konvergenzbereich kann man auch mit dem Wurzel- oder Quotientenkriterium erhalten.

Zur Bestimmung des Reihenwerts zieht man die Summenformel der geometrischen Reihe heran: $\sum_{n=0}^{\infty} q^n = \frac{1}{1-q}$. Hier ist $q = \frac{x}{x+1}$. Allerdings beginnt die Reihe mit

$n = 1$. Also muß man das Glied mit $n = 0$ noch ergänzen. Wegen $q^0 = 1$ ist

$$\sum_{n=1}^{\infty} \frac{x^n}{(x+1)^n} = \sum_{n=0}^{\infty} \left(\frac{x}{x+1}\right)^n - 1 = \frac{1}{1 - \frac{x}{x+1}} - 1$$
$$= \frac{x+1}{x+1-x} - 1 = x+1-1 = x \quad \text{für } x > -\frac{1}{2}.$$

Läßt man für $x$ auch komplexe Werte zu, erhält man analog: $\sum_{n=1}^{\infty} \frac{z^n}{(1+z)^n} = z$ für $\operatorname{Re} z > -\frac{1}{2}$.

**Beispiel 5:** $\sum_{n=1}^{\infty} \frac{x^n}{n}$.

Es handelt sich um eine Potenzreihe und einige der hier nachgerechneten Eigenschaften gelten für Potenzreihen allgemein. In diesem Beispiel soll nicht auf die Methoden aus Abschnitt 12 zurückgegriffen werden, sondern es wird alles "zu Fuß" ausgerechnet und nur auf entsprechende Ergebnisse dort verwiesen.

**Bestimmung des Konvergenzbereichs**

Mit $a_n = \dfrac{x^n}{n}$ liefert das Quotientenkriterium für Reihen

$$\left|\frac{a_{n+1}}{a_n}\right| = \left|\frac{\frac{x^{n+1}}{n+1}}{\frac{x^n}{n}}\right| = \left|\frac{x^{n+1} n}{x^n(n+1)}\right| = \frac{n}{n+1}|x| \to |x|.$$

Die Reihe konvergiert also für $|x| < 1$ (sogar absolut) und divergiert für $|x| > 1$.

Die Punkte $x = \pm 1$ müssen gesondert untersucht werden. Man erhält durch Einsetzen der beiden Werte zwei bekannte Reihen: für $x = 1$ hat man die divergente harmonische Reihe, für $x = -1$ die konvergente alternierende harmonische Reihe.

Die Reihe konvergiert also (punktweise) auf $[-1, 1[$.

(Mit den Methoden aus 2.12:) Der Konvergenzradius ist 1 (mit Quotientenkriterium oder dem Satz v. Cauchy-Hadamard).

**Untersuchung auf gleichmäßige Konvergenz**

Auf dem Intervall $[-1, 0]$ kann man die Konvergenz der Reihe auch mit dem Leibniz-Kriterium nachweisen:

- das Vorzeichen von $x^n$ wechselt jedesmal,
- $\left|\dfrac{x^n}{n}\right| \leq \dfrac{1}{n} \to 0$

## 2.11. FUNKTIONENFOLGEN UND -REIHEN

- Die Monotonie von $|a_n|$ folgt aus $\left|\dfrac{a_{n+1}}{a_n}\right| = \left|\dfrac{x^{n+1}n}{(n+1)x^n}\right| = \dfrac{n}{n+1}|x| \leq 1$ wegen $|x| \leq 1$.

Aus der Fehlerabschätzung des Leibnizkriteriums erhält man dann, daß die Differenz zwischen der $n$-ten Teilsumme der Reihe und der Grenzfunktion höchstens so groß ist wie $\left|\dfrac{x^n}{n}\right|$, also kleiner als $\dfrac{1}{n}$. Damit konvergiert die Reihe nach dem Vergleichskriterium vom Weierstraß gleichmäßig auf $[-1, 0]$.

In der positiven Hälfte des Intervalls erhält man gleichmäßige Konvergenz nur in Intervallen $[0, a]$ mit $a < 1$. Dazu schätzt man den Reihenrest direkt ab:

$$\left|\sum_{n=1}^{\infty} \frac{x^n}{n} - \sum_{n=1}^{k} \frac{x^n}{n}\right| = \left|\sum_{n=k+1}^{\infty} \frac{x^n}{n}\right| \leq \sum_{n=k+1}^{\infty} |x|^n = |x|^{k+1} \sum_{n=0}^{\infty} |x|^n$$
$$= \frac{|x|^{k+1}}{1-|x|} \leq \frac{a^{k+1}}{1-a} \to 0 \quad \text{wegen } a < 1.$$

Genauso erhält man die gleichmäßige Konvergenz auf Intervallen der Form $[-a, a]$, nicht aber aus Intervallen, die den Punkt $-1$ enthalten. Der Grund dafür ist, daß man mit der Abschätzung sogar die absolut gleichmäßige Konvergenz erhält, die bei $-1$ nicht gegeben ist.

Daß die Reihe bei $x = 1$ nicht gleichmäßig konvergiert, ist relativ schwer direkt nachzuweisen. Man erhält es aber daraus, daß die Reihe auf dem offenen Intervall $]-1, 1[$ die Funktion $f(x) = -\ln(1-x)$ darstellt und diese Funktion bei $x = 1$ unbeschränkt ist. Da die Reiheglieder beschränkte Funktionen sind, kann die Konvergenz nicht gleichmäßig sein.

Insgesamt hat man gleichmäßige Konvergenz in jedem Intervall der Form $[-1, a]$ mit $a \in [-1, 1[$.

(Mit Methoden aus 2.12:) Die Potenzreihe konvergiert lokal gleichmäßig, also gleichmäßig auf jedem abgeschlossenen Teilintervall von $]-1, 1[$.

Aus dem Abelschen Satz folgt: Da die Reihe bei $x = -1$ konvergiert, konvergiert sie im Intervall $[-1, 0]$ gleichmäßig und stellt eine stetige Funktion da.

### Zusammenfassung des Konvergenzverhaltens

Insgesamt hat man folgendes Konvergenzverhalten:

Mit $-1 < a < b < 1$ konvergiert die Reihe $\sum\limits_{n=1}^{\infty} \dfrac{x^n}{n}$

- in $[-1, 1]$ nicht, da sie für $x = 1$ divergiert
- in $[-1, 1[$ punktweise, aber weder absolut (für $x = -1$ hätte man wie bei $x = 1$ die divergente harmonische Reihe) noch gleichmäßig

- in $[-1, b]$ gleichmäßig, aber nicht absolut
- in $]-1, 1[$ absolut, aber nicht gleichmäßig
- in $[a, b]$ absolut und gleichmäßig

**Bestimmung der dargestellten Funktion**

Die Reihe $\sum_{n=1}^{\infty} \frac{x^n}{n}$ konvergiert sicher für $x = 0$ (gegen null).

Die Form der Reihe legt es nahe, die abgeleitete Reihe zu untersuchen:

$$f'(x) = \sum_{n=1}^{\infty} n \frac{x^{n-1}}{n} = \sum_{n=1}^{\infty} x^{n-1} = \sum_{n=0}^{\infty} x^n = \frac{1}{1-x}.$$

Genau wie oben kann man beweisen, daß diese Reihe auf Intervallen der Form $[-a, a]$ gleichmäßig konvergiert. Da die Reihe zu $f$ für $x = 0$ konvergiert, gilt $f(x) = -\ln|1 - x| + C$, und aus dem Vergleich mit der Reihe bei $x = 0$ folgt $C = 0$ und damit $f(x) = -\ln(1-x)$ auf $]-1, 1[$. Da die Reihe auch bei $x = -1$ noch konvergiert, gilt diese Darstellung auch bei $x = -1$ und man erhält nach Multiplikation mit $-1$

$$1 - \frac{1}{2} + \frac{1}{3} + \frac{1}{4} - \cdots = \ln 2.$$

**Beispiel 6:** Der laufende Buckel: $f_n(x) = \begin{cases} 1 & n-1 \leq x \leq n \\ 0 & \text{sonst} \end{cases}$

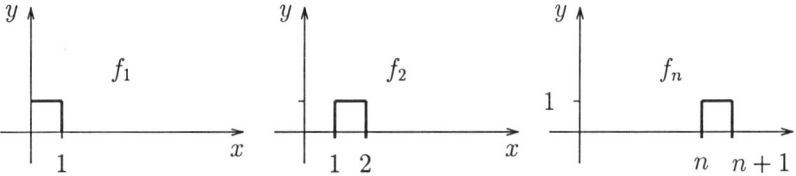

Für jedes $x \in \mathbb{R}$ ist für $n \geq x+1$ stets $f_n(x) = 0$, die Folge konvergiert also punktweise gegen die Nullfunktion $f(x) = 0$. Diese Konvergenz ist nicht gleichmäßig, da immer $\sup_{x \in \mathbb{R}} |f_n(x) - f(x)| = \sup_{x \in \mathbb{R}} |f_n(x)| = 1$ ist.

## 2.12 Potenzreihen

### 1. Definitionen

Der wichtigste Spezialfall von Funktionenreihen sind Potenzreihen.

Eine <u>Potenzreihe</u> mit <u>Entwicklungspunkt</u> $x_0$ ist eine Reihe $\sum_{n=0}^{\infty} a_n(x-x_0)^n$.

*Entwicklungspunkt*

Es gilt: es gibt eine Zahl $r$, der <u>Konvergenzradius</u>, mit $0 \leq r \leq \infty$, so daß für $|x-x_0| < r$ die Reihe konvergiert und für $|x-x_0| > r$ die Reihe divergiert. Das Intervall $]x_0-r, x_0+r[$ heißt <u>Konvergenzintervall</u>, im komplexen Fall heißt der durch $|z-x_0| < r$ beschriebene Kreis um $x_0$ mit Radius $r$ <u>Konvergenzkreis</u>.

*Konvergenzradius*
*Konvergenzintervall*
*Konvergenzkreis*

Auf dem Rand des Konvergenzintervalls muß man für die Zahlen mit $|x-x_0| = r$ besondere Untersuchungen anstellen.

Eine Funktion heißt <u>(reell) analytisch</u> in einem offenen Intervall $I$, falls man sie in jedem Punkt von $I$ in eine konvergente Potenzreihe entwickeln kann.

*(reell) analytisch*

Dazu gehören alle Funktionen, die man aus Polynomen, trigonometrischen, Exponential- und hyperbolischen Funktionen und deren Umkehrfunktionen durch die Grundrechenarten und Einsetzen erzeugen kann (genauer: in offenen Teilintervallen des jeweiligen Definitionsbereichs), z.B. ist $e^{\sin \ln(x^2+1)}$ reell analytisch. Natürlich können nur unendlich oft differenzierbare Funktionen analytisch sein.

In analytischen Funktionen kann man die reelle Variable $x$ durch die komplexe Variable $z$ ersetzen und erhält eine holomorphe Funktion, vgl. Kapitel 7.

Analytische Funktionen lassen sich stets in Taylorreihen entwickeln und werden im Konvergenzbereich der Taylorreihe durch diese dargestellt.

### 2. Berechnung

#### 1. Konvergenz von Potenzreihen

*Konvergenz*

> Potenzreihen konvergieren lokal gleichmäßig im Inneren ihres Konvergenzintervalls, d.h. gleichmäßig auf Intervallen $[x_0-a, x_0+a]$, $a < r$.

Die Konvergenz in den Randpunkten muß gesondert untersucht werden. Im Falle der Konvergenz in einem Randpunkt gilt der **Abelsche Stetigkeitssatz**, der besagt, daß die Konvergenz in einer Intervallhälfte gleichmäßig ist, wenn die Reihe auch im Randpunkt konvergiert:

*Abelscher Stetigkeitssatz*

> Sei $r$ der Konvergenzradius der Reihe $f(x) = \sum_{n=0}^{\infty} a_n(x - x_0)^n$. Konvergiert die Reihe im Randpunkt $x_0 + r$ bzw $x_0 - r$ des Konvergenzintervalls, so gilt:
>
> - Die Reihe konvergiert in $[x_0, x_0 + r]$ bzw. $[x_0 - r, x_0]$ gleichmäßig und
> - $f$ ist in diesem Intervall stetig.

**Quotientenkriterium**

Oft läßt sich der Konvergenzradius mit dem **Quotientenkriterium** berechnen:

> Existiert $r = \lim\limits_{n\to\infty} \left|\dfrac{a_n}{a_{n+1}}\right|$, so ist $r \in [0, \infty]$ der Konvergenzradius.

**Achtung!** Hier steht der Kehrwert des Bruchs, der im Quotientenkriterium für Reihen auftritt.

> **Beispiel 1:** Konvergenz von $\sum_{n=1}^{\infty} \dfrac{x^n}{n 2^n}$.

Mit $a_n = \dfrac{1}{n 2^n}$ berechnet man

$$\left|\frac{a_n}{a_{n+1}}\right| = \frac{(n+1) 2^{n+1}}{n 2^n} = 2 \frac{n+1}{n} \to 2.$$

Damit ist $r = 2$, und die Reihe konvergiert für $|x| < 2$ und divergiert für $|x| > 2$. Für $x = -2$ ist es die alternierende harmonische Reihe, die nach dem Leibniz-Kriterium konvergiert, für $x = 2$ ist es die divergente harmonische Reihe.

**Formel von Cauchy-Hadamard**

Immer läßt sich die **Formel von Cauchy-Hadamard** anwenden:

> Es ist $r = \dfrac{1}{\varlimsup\limits_{n\to\infty} \sqrt[n]{|a_n|}}$. Dabei wird $\dfrac{1}{0} = \infty$ und $\dfrac{1}{\infty} = 0$ gesetzt.

$\varlimsup\limits_{n\to\infty} b_n$ ist dabei der obere Limes oder Limes superior der Folge $(b_n)$, der größte Häufungspunkt. Für konvergente Folgen stimmt der obere Limes mit dem Limes überein.

> **Beispiel 2:** Konvergenzradius von $\sum_{n=0}^{\infty} (2 + (-1)^n)^n x^n$

Mit $a_n = \begin{cases} 3^n & n \text{ gerade} \\ 1 & n \text{ ungerade} \end{cases}$ hat der Quotient $\dfrac{a_n}{a_{n+1}}$ abwechseln die Werte $\dfrac{1}{3^n}$ und $3^n$. Damit ist das Quotientenkriterium nicht anwendbar. $\sqrt[n]{|a_n|}$ hat die Werte 1

## 2.12. POTENZREIHEN

und 3, und somit ist der Limes superior (der größte Häufungswert) 3. Damit ist der Konvergenzradius $r = \frac{1}{3}$.

Dabei gilt die allgemeine Regel:

> An den Rändern des Konvergenzintervalls liefern die Limesversionen von Wurzel- und Quotientenkriterium keine Aussage.

Man kann höchstens mit den allgemeinen Versionen dieser Kriterien auf Divergenz schließen.

> Ist $f$ auf $I$ analytisch, so läßt sich der Konvergenzradius bei der Entwicklung um $x_0 \in I$ auch so bestimmen:
> Man betrachtet $f$ als holomorphe Funktion (vgl. Kapitel 7). Der Konvergenzradius ist die Entfernung von $x_0$ bis zur nächsten Singularität in $\mathbb{C}$.

### 2. Rechnen mit Potenzreihen

> Potenzreihen dürfen gliedweise beliebig oft integriert und differenziert werden. Die integrierten und abgeleiteten Reihen haben denselben Konvergenzradius.
> Potenzreihen mit demselben Entwicklungspunkt werden gliedweise addiert.
> Für das Produkt gilt die Cauchysche Produktformel:
> $$\left(\sum_{n=0}^{\infty} a_n(x-x_0)^n\right)\left(\sum_{n=0}^{\infty} b_n(x-x_0)^n\right) = \sum_{n=0}^{\infty} c_n(x-x_0)^n \text{ mit } c_n = \sum_{k=0}^{n} a_k b_{n-k}.$$
> Das bedeutet, daß die Reihen ausmultipliziert und nach Potenzen sortiert werden. Der Konvergenzradius ist mindestens so groß wie der kleinere Konvergenzradius der beiden Faktoren.
> Potenzreihen darf man ineinander einsetzen.

### 3. Konstruktion von Potenzreihen

Es werden mehrere Möglichkeiten vorgestellt, Potenzreihen zu konstruieren. Ein allgemeines Verfahren dazu gibt es nicht, oft ist es aber durch Kombination der einzelnen Verfahren möglich.

#### 3.1 Potenzreihe als Taylorreihe

Ist die zu entwickelnde Funktion analytisch, so stimmen Potenzreihe und Taylorreihe überein und die Entwicklung kann durch die im nächsten Abschnitt beschriebene Taylorentwicklung vorgenommen werden.

## 3.2 Einsetzen von Reihen

Da man Potenzreihen ineinander einsetzen darf, ist es in einfachen Fällen möglich, dadurch die Reihe einer zusammengesetzten Funktion zu bestimmen.

**Beispiel 3:** $e^{x^2} = \sum_{n=0}^{\infty} \frac{(x^2)^n}{n!} = \sum_{n=0}^{\infty} \frac{x^{2n}}{n!}$

## 3.3 Differentiation und Integration

Hier nutzt man aus, daß man Potenzreihen gliedweise integrieren und differenzieren darf.

① Ermittlung der Reihe zu $f'(x)$.

② Gliedweise Integration des Ergebnisses. Dabei muß (durch Einsetzen von $x = x_0$) das absolute Glied bestimmt werden.

**Beispiel 4:** Reihenentwicklung von $f(x) = \ln(1 - \frac{x}{2})$ um $x_0 = 0$.

① Die Ableitung von $f$ ist eine gebrochen rationale Funktion: $f'(x) = \dfrac{-1/2}{1 - x/2}$.

Jetzt verwendet man die geometrische Summenformel (s.u.) und erhält

$$f'(x) = -\frac{1}{2}\sum_{n=0}^{\infty}\left(\frac{x}{2}\right)^n = -\sum_{n=0}^{\infty}\frac{x^n}{2^{n+1}}$$

② Um die Reihe zu $f$ zu bestimmen, wird gliedweise integriert:

$$\ln(1 - \frac{x}{2}) = f(x) = -\sum_{n=0}^{\infty}\frac{x^{n+1}}{(n+1)2^{n+1}} + C = -\sum_{n=1}^{\infty}\frac{x^n}{n2^n} + C.$$

Um die Konstante zu bestimmen, wird $x = 0$ eingesetzt: Aus $\ln(1-0) = 0$ folgt $C = 0$.

## 3.4 Reihen gebrochen rationaler Funktionen

Wichtigstes Hilfsmittel ist die Summenformel der geometrischen Reihe:

$$\frac{1}{1-q} = \sum_{n=0}^{\infty} q^n \quad \text{für } |q| < 1$$

## 2.12. POTENZREIHEN

Daraus leitet man die für $|x-x_0|<|w-x_0|$ gültigen Formeln her:

$$\frac{1}{x-w}=-\sum_{n=0}^{\infty}\frac{(x-x_0)^n}{(w-x_0)^{n+1}}$$

$$\frac{1}{(x-w)^k}=(-1)^k\sum_{n=0}^{\infty}\binom{n+k-1}{k-1}\frac{1}{(w-x_0)^{n+k}}(x-x_0)^n$$

Der Konvergenzradius ist $r=|w-x_0|$.

$w$ darf dabei auch komplex sein. Das Verfahren geht so vor sich:

① Vollständige komplexe Partialbruchzerlegung der Funktion $f$.

② Der ganzrationale Teil wird in Potenzen von $x-x_0$ umgeschrieben, ev. mit Taylorentwicklung (s.u.) oder Hornerschema, vgl. Kapitel 1.1.

③ Die Partialbrüche werden mit den Formeln oben ersetzt.

④ Zusammenfassen des Ergebnisses.

**Beispiel 5:** Entwicklung von $\dfrac{x^3+4x}{x^2-4}$ um $x_0=1$.

① Es ist $\dfrac{x^3+4x}{x^2-4}=x+\dfrac{4}{x-2}+\dfrac{4}{x+2}$.

② Hier ist es ganz einfach: $x=(x-1)+1$.

③ Im ersten Bruch ist $w=2$. Mit $x_0=1$ ist $w-x_0=1$.

$$\frac{4}{x-2}=-4\sum_{n=0}^{\infty}(x-1)^n$$

Im zweiten Bruch ist $w=-2$ und damit $w-x_0=-3$.

$$\frac{4}{x+2}=-4\sum_{n=0}^{\infty}\left(-\frac{1}{3}\right)^{n+1}(x-1)^n.$$

④ Da im ganzrationalen Teil die Exponenten null und eins vorkommen, werden diese Glieder aus der Reihe herausgenommen:

$$f(x)=1+(x-1)-4\sum_{n=0}^{\infty}(x-1)^n-4\sum_{n=0}^{\infty}\left(-\frac{1}{3}\right)^{n+1}(x-1)^n$$

$$= 1 + (x-1) - 4 - 4(x-1) + \frac{4}{3} - \frac{4}{9}(x-1)$$
$$+ \sum_{n=2}^{\infty} \left(-4 - 4\left(\frac{-1}{3}\right)^{n+1}\right)(x-1)^n$$
$$= -\frac{5}{3} - \frac{31}{9}(x-1) + \sum_{n=2}^{\infty} \left(-4 - 4\left(\frac{-1}{3}\right)^{n+1}\right)(x-1)^n$$

## 3. Beispiele

**Beispiel 6:** Gesucht ist die Entwicklung von $f(x) = \arctan x^2$ um $x_0 = 0$.

Das Problem wird in drei Schritten gelöst: Zuerst wird die Reihe zu $(\arctan x)'$ bestimmt, dann integriert und dann $x$ durch $x^2$ ersetzt.

① Bei der Bestimmung der Reihe des Arcustangens benutzt man natürlich $\arctan' x = \frac{1}{1+x^2}$. Dies läßt sich mit der Summenformel der geometrischen Reihe umschreiben:

$$\frac{1}{1-q} = \sum_{n=0}^{\infty} q^n \text{ für } |q| < 1 \quad \Rightarrow \quad \frac{1}{1+x^2} = \frac{1}{1-(-x^2)} = \sum_{n=0}^{\infty} (-1)^n x^{2n}.$$

② Integration liefert für $x \in ]-1, 1[ \quad \arctan x = \sum_{n=0}^{\infty} \frac{(-1)^n}{2n+1} x^{2n+1}$.

Da die Reihe der Ableitung für $|x| < 1$ konvergiert, ist der Konvergenzradius $r = 1$. Wegen $\arctan 0 = 0$ kommt kein absolutes Glied dazu.

③ Damit ist $\arctan x^2 = \sum_{n=0}^{\infty} \frac{(-1)^n}{2n+1} x^{4n+2} = x^2 - \frac{x^6}{3} + \frac{x^{10}}{5} - \cdots$.

**Beispiel 7:** Bestimmung der Konvergenzradien von $\sum_{n=1}^{\infty} \frac{x^n}{n!}$ und $\sum_{n=1}^{\infty} n! x^n$

Hier läßt sich in beiden Fällen das Quotientenkriterium verwenden: in der ersten Reihe ist mit $a_n = \frac{1}{n!}$ der Konvergenzradius $r = \lim_{n \to \infty} \left|\frac{a_n}{a_{n+1}}\right| = \lim_{n \to \infty} (n+1) = \infty$. Die Reihe konvergiert also für alle reellen (oder komplexen) Zahlen.

Mit $a_n = n!$ ist in der zweiten Reihe $r = \lim_{n \to \infty} \frac{1}{n+1} = 0$. Die Reihe konvergiert nur für $x = 0$.

## 2.12. POTENZREIHEN

**Beispiel 8:** Gesucht ist der Konvergenzradius der Reihenentwicklung von $f(x) = \arctan x$ in $x_0 = 2$.

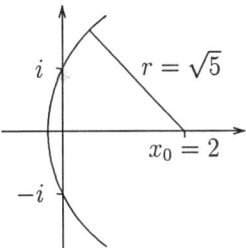

Hier ist der Trick, statt des Arcustangens die Ableitung $f'(x) = \dfrac{1}{1+x^2}$ zu betrachten, die denselben Konvergenzradius hat. $f'$ hat in $\pm i$ Singularitäten, der Abstand zum Entwicklungspunkt $x_0 = 2$ ist $\sqrt{5}$. Daher hat auch der Konvergenzradius der Reihe zu $f'$ in $x_0$ den Wert $\sqrt{5}$, und das ist auch der Konvergenzradius der Reihe zu $f$.

**Beispiel 9:** Reihenentwicklung von $f(x) = \dfrac{1}{x^2 - 5x + 6}$ um $x_0 = 0$.

① 
$$\frac{1}{x^2 - 5x + 6} = \frac{1}{x-3} - \frac{1}{x-2}.$$

② Da kein ganzrationaler Teil auftritt, fällt der Schritt weg.

③ Mit $x_0 = 0$ hat liest man ab
$$\frac{1}{x-3} = -\sum_{n=0}^{\infty} \frac{x^n}{3^{n+1}} \quad \text{und} \quad \frac{1}{x-2} = -\sum_{n=0}^{\infty} \frac{x^n}{2^{n+1}}.$$

Die Reihen konvergieren für $|x| < 3$ und $|x| < 2$. Der gemeinsame Konvergenzbereich ist also das Intervall $]-2, 2[$.

④ 
$$\frac{1}{x^2 - 5x + 6} = \sum_{n=0}^{\infty} \left[\frac{1}{2^{n+1}} - \frac{1}{3^{n+1}}\right] x^n.$$

**Beispiel 10:** Potenzreihe von $\dfrac{e^x}{1-x}$

Hier verwendet man die Cauchysche Produktformel, um die bekannten Reihendarstellungen miteinander zu multiplizieren:
$$e^x = \sum_{n=0}^{\infty} \frac{x^n}{n!}, \quad \frac{1}{1-x} = \sum_{n=0}^{\infty} x^n.$$

Es ist also $a_n = \dfrac{1}{n!}$ und $b_n = 1$ und damit $c_n = \sum_{k=0}^{n} a_k b_{n-k} = \sum_{k=0}^{n} \dfrac{1}{k!}$. Damit wird

$$\begin{aligned}\frac{e^x}{1-x} &= 1 + (1+1)x + (1+1+\frac{1}{2})x^2 + (1+1+\frac{1}{2}+\frac{1}{6})x^3 + \cdots \\ &= \sum_{n=0}^{\infty} \left(\sum_{k=0}^{n} \frac{1}{k!}\right) x^n.\end{aligned}$$

Der Konvergenzradius dieser Reihe ist 1, da die einzige Singularität in $\mathbb{C}$ bei $x = 1$ liegt. Alternativ lässt sich der Konvergenzradius auch direkt berechnen: Da die Koeffizienten der Produktreihe gegen $e$ konvergieren (es sind ja die Abschnitte der $e^x$-Reihe für $x = 1$), folgt $r = \lim\limits_{n\to\infty} \left|\dfrac{a_n}{a_{n+1}}\right| = \dfrac{e}{e} = 1$.

---

**Beispiel 11**: Reihenentwicklung von $\dfrac{1}{(1-x)^2}$

---

Die Reihe wird auf drei Arten bestimmt.

**Die Formel aus 3.4**

Mit $x_0 = 0$, $w = 1$ und $k = 2$ erhält man

$$\frac{1}{(1-x)^2} = \frac{1}{(x-1)^2} = (-1)^2 \sum_{n=0}^{\infty} \binom{n+1}{1} \frac{1}{1^{n+2}} x^n = \sum_{n=0}^{\infty} (n+1)x^n.$$

**Ableiten der geometrischen Reihe**

Ausgangspunkt ist die bekannte Reihe $\dfrac{1}{1-x} = \sum\limits_{n=0}^{\infty} x^n$. Da man Potenzreihen gliedweise ableiten darf, erhält man

$$\frac{1}{(1-x)^2} = \left(\frac{1}{1-x}\right)' = \left(\sum_{n=0}^{\infty} x^n\right)' = \sum_{n=0}^{\infty} nx^{n-1}.$$

Indextransformation — Jetzt nimmt man eine <u>Indextransformation</u> vor: Mit $m := n - 1$ ist $n = m + 1$ und die Summe läuft von -1 bis unendlich.

$$\frac{1}{(1-x)^2} = \sum_{m=-1}^{\infty} (m+1)x^m.$$

Da für $m = -1$ das Glied $(m+1)x^m$ immer Null ist, läßt man die Reihe bei $m = 0$ beginnen. Gleichzeitig wird $m$ in $n$ umbenannt und man erhält wieder

$$\frac{1}{(1-x)^2} = \sum_{n=0}^{\infty} (n+1)x^n.$$

**Produkt zweier geometrischer Reihen**

Aus der Cauchyschen Produktformel erhält man

$$\frac{1}{(1-x)^2} = \frac{1}{1-x} \frac{1}{1-x} = \sum_{n=0}^{\infty} x^n \sum_{n=0}^{\infty} x^n = \sum_{n=0}^{\infty} (n+1)x^n,$$

da in der Formel aus Punkt 2 oben $a_n = b_n = 1$ und damit $c_n = \sum\limits_{k=0}^{n} a_k b_{n-k} = n+1$ ist.

## 2.13 Taylorentwicklung

### 1. Definitionen

#### 1. Taylorentwicklung

Bei der Taylorentwickung wird eine gegebene $n+1$-mal differenzierbare Funktion $f$ als Summe des $n$-ten Taylorpolynoms $T_n f$ und des Restglieds $R_n f$ geschrieben.

Taylor-
polynom
Restglied

$$f(x) = T_n f(x) + R_n(x)$$

Im Spezialfall $x_0 = 0$ ist auch die Bezeichnung Mac Laurinsche Reihe gebräuchlich. Er wird in der rechten Spalte extra mit aufgeführt.

Mac Laurinsche Reihe

Das Taylorpolynom $T_n f$ hat folgende Form:

$$T_n f(x) = \sum_{k=0}^{n} \frac{1}{k!} f^{(k)}(x_0)(x-x_0)^k \quad \Big| \quad T_n f(x) = \sum_{k=0}^{n} \frac{1}{k!} f^{(k)}(0) x^k$$

$$\text{allgemeiner Fall} \quad \Big| \quad \text{Entwicklung um 0}$$

In das Taylorpolynom gehen also die Funktions- und Ableitungswerte von $f$ am Entwicklungspunkt $x_0$ bzw. null ein. Das Restglied beinhaltet die Werte der $n+1$-sten Ableitung im Intervall. Benötigt wird dabei jeweils eine Zwischenstelle $\xi$ bzw. $\vartheta x$, die zwischen dem Entwicklungspunkt $x_0$ und der Stelle $x$ liegt, an der das Taylorpolynom ausgewertet wird. Mit $\xi = x_0 + \vartheta(x-x_0)$ und $\vartheta \in ]0,1[$ gilt:

**Lagrange-Form des Restglieds:**

Restglied
Lagrange-
Form

$$R_n(x) = \frac{1}{(n+1)!} f^{(n+1)}(\xi)\,(x-x_0)^{n+1} \quad \Big| \quad R_n(x) = \frac{1}{(n+1)!} f^{(n+1)}(\vartheta x)\,x^{n+1}$$

**Cauchy-Form des Restglieds**

Restglied
Cauchy-Form

$$R_n(x) = \frac{1}{n!} \int_{x_0}^{x} (x-t)^n f^{(n+1)}(t)\,dt \quad \Big| \quad R_n(x) = \frac{1}{n!} \int_{0}^{x} (x-t)^n f^{(n+1)}(t)\,dt$$

$$= \frac{x-x_0}{n!}(x-\xi)^n f^{(n+1)}(\xi) \quad \Big| \quad = \frac{x^{n+1}}{n!}(1-\vartheta)^n f^{(n+1)}(\vartheta x)$$

Die Cauchy-Form des Restglieds ist oft an den Intervallgrenzen genauer als die Lagrange'sche Form, aber meist schwieriger zu berechnen. Weitere Formen des Restglieds findet man z.B. in [**Str2**].

Nimmt man für eine unendlich oft differenzierbare Funktion unendlich viele Summanden, so erhält man die Taylorreihe der Funktion $f$.

Taylorreihe

$$Tf(x) = \sum_{k=0}^{\infty} \frac{1}{k!} f^{(k)}(x_0)\,(x-x_0)^k \qquad Tf(x) = \sum_{k=0}^{\infty} \frac{1}{k!} f^{(k)}(0)\, x^k$$

allgemeiner Fall $\qquad\qquad$ Entwicklung um 0

**2. Konvergenz von Taylorreihen**

Konvergenz von Taylorreihen

Der Zusammenhang zwischen den verschiedenen Funktionenklassen ist in der Skizze dargestellt:

**Eigenschaft der Funktion** $\qquad\qquad$ **Reihenentwicklung**

| | |
|---|---|
| stetig | Es gibt keine Taylorentwicklung. |
| $n+1$-mal stetig diff'bar | Das $n$-te Taylorpolynom existiert. Das $n$-te Restglied ist mit Hilfe von $f^{(n+1)}$ abschätzbar. |
| unendlich oft diff'bar | Die Taylorreihe existiert. Die Reihe konvergiert möglicherweise nur am Entwicklungspunkt. Selbst im Fall der Konvergenz braucht die Reihe nicht mit der Funktion übereinzustimmen. |
| analytisch | Die Taylorreihe existiert und stellt die Funktion dar. Taylor- und Potenzreihe stimmen überein. |

Analytische Funktionen lassen sich stets in Taylorreihen entwickeln und werden im Konvergenzbereich der Taylorreihe durch diese dargestellt.

I.allg. konvergiert aber weder die Reihe noch stellt die Reihe die Funktion dar. Notwendig ist, daß das Restglied gegen null geht.

## 2.13. TAYLORENTWICKLUNG

Ist die Funktion $f$ unendlich oft differenzierbar und gilt in einem Intervall $]a,b[$ für $n \to \infty$, daß das Restglied gegen null geht ($R_n(x) \to 0$), so gilt:
Um jeden Punkt $x_0 \in ]a,b[$ gibt es ein Intervall, in dem die in $x_0$ berechnete Taylorreihe gegen die Funktion $f$ konvergiert. Der Konvergenzradius der Taylorreihe ist größer als null, d.h. $f$ ist reell analytisch und man darf in der Formel oben $Tf(x)$ durch $f(x)$ ersetzen.

### 2. Berechnung

#### 1. Zusammenhang mit Potenzreihen

$f$ Potenzreihe

Ist $f$ reell analytisch und als Potenzreihe gegeben, so stimmen Taylorreihe und Potenzreihe überein.
Das $n$-te Taylorpolynom ist der entsprechende Abschnitt der Potenzreihe.

#### 2. Allgemeines Verfahren

Allgemeines Verfahren

① Berechnung der nötigen Ableitungen und der Werte am Entwicklungspunkt $x_0$. Dabei muß eventuell die allgemeine Form der Ableitung durch vollständige Induktion bewiesen werden.

② Einsetzen der Werte in die Formel.

Will man eine gegebene Funktion in eine Taylorreihe entwickeln, so muß man die Konvergenz sichern.

③ Bestimmung des Konvergenzradius der entstandenen Reihe.

④ Abschätzung des $n$-ten Restglieds im Konvergenzbereich. Ist $R_n(x) \to 0$, so konvergiert die Reihe gegen die Funktion.

Wenn bekannt ist, daß $f$ in einer Umgebung von $x_0$ analytisch ist (etwa als Zusammensetzung analytischer Funktionen), so gibt es ein $x_0$ enthaltendes offenes Intervall, in dem die Entwicklung konvergiert. Das bedeutet, daß in einer Umgebung des Entwicklungspunkts die Reihe ohne besondere Restgliedabschätzung konvergiert. Den Konvergenzradius kann man bestimmen, wenn man $f$ als holomorphe Funktion betrachtet (vgl. Kapitel 7). Die Reihe konvergiert im größten Kreis um $x_0$ in der komplexen Ebene, der keine Singularität enthält, d.h. im größten Kreis, in dem $f$ holomorph ist.

**Beispiel 1:** Taylorentwicklung von $f(x) = -\ln(1 - \frac{x}{2})$ um $x_0 = 0$.

Es wird nichts über analytische Funktionen benutzt, sondern nur mit Ableitungen gerechnet.

① Zunächst werden alle Ableitungen bestimmt. Dazu berechnet man der Reihe nach

| $\nu$ | 0 | 1 | 2 | 3 | $\cdots$ | $n$ |
|---|---|---|---|---|---|---|
| $f^{(\nu)}(x)$ | $-\ln\left(1 - \frac{x}{2}\right)$ | $\dfrac{1}{2-x}$ | $\dfrac{1}{(2-x)^2}$ | $\dfrac{2!}{(2-x)^3}$ | $\cdots$ | $\dfrac{(n-1)!}{(2-x)^n}$ |
| $f^{(\nu)}(0)$ | 0 | $\dfrac{1}{2}$ | $\dfrac{1}{4}$ | $\dfrac{2}{8}$ | $\cdots$ | $\dfrac{(n-1)!}{2^n}$ |

Den Beweis für die allgemeine Form findet man in Abschnitt 4 als Beispiel zur Induktion.

② Die Taylorreihe lautet damit $Tf(x) = \sum_{n=1}^{\infty} \frac{1}{n!} \frac{(n-1)!}{2^n} x^n = \sum_{n=1}^{\infty} \frac{x^n}{n 2^n}$.

③ Nach Beispiel 1 in Abschnitt 2.12 ist der Konvergenzradius $r = 2$.

*Restglied Lagrange-Form*

④ In der Regel ist die Restgliedabschätzung in der **Lagrange-Form** am einfachsten:

$$R_n(x) = \frac{1}{(n+1)!} \frac{n!}{(2 - \vartheta x)^{n+1}} x^{n+1} = \frac{1}{n+1} \left(\frac{x}{2 - \vartheta x}\right)^{n+1}$$

Dabei ist $\vartheta$ eine <u>von $x$ und $n$</u> abhängende Zahl zwischen null und eins. Man skizziert die Lage der in der Formel vorkommenden Punkte auf der Achse.

```
  ─┬──┬──┬──┬──┬─→        oder    ─┬──┬──┬──┬──┬─→
  -2  x  ϑx  0     2               -2     0  ϑx  x  2
```

Das Restglied konvergiert sicher gegen Null, falls $\left|\dfrac{x}{2 - \vartheta x}\right| \leq q < 1$ ist.

Für $x \in\,]-2, 0]$ ist das immer der Fall, da $\vartheta x$ zwischen Null und $x$ liegt und daher mindestens den Abstand 2 zu 2 hat. Der Bruch läßt sich so abschätzen:

$$\left|\frac{x}{2 - \vartheta x}\right| \leq \left|\frac{x}{2}\right| := q < 1$$

Wichtig dabei ist, daß $q$ unabhängig von $\vartheta$ ist.

Für $x \in [0, 2[$ kann $\vartheta x$ sehr nahe bei $x$ liegen, und daher ist die Konvergenz nur für $x < 1$ klar. Dann ist nämlich $|2 - \vartheta x| > 1$ und mit $q := |x| < 1$ ist

$$\left|\frac{x}{2 - \vartheta x}\right| \leq \left|\frac{x}{1}\right| := q < 1.$$

Mit dem Lagrange-Restglied hat man also Konvergenz in $]-2, 1[$.

## 2.13. TAYLORENTWICKLUNG

Das **Cauchy-Restglied in Integralform** liefert auch im Intervall $[1, 2[$ eine Abschätzung:

Restglied Cauchy-Form (Integral)

$$R_n(x) = \frac{1}{n!} \int_0^x (x-t)^n \frac{n!}{(2-t)^{n+1}} \, dt = \int_0^x \left(\frac{x-t}{2-t}\right)^n \frac{1}{2-t} \, dt$$

Nach der Regel

$$\left| \int_a^b f(x) \, dx \right| \leq |b-a| \max |f(x)|$$

wird das Restgliedintegral abgeschätzt.

Lage der Punkte auf der Achse:

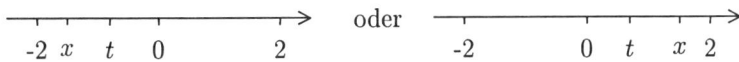

Für negative $x$ ist es wieder nicht so schwierig:

Für $-2 < x \leq 0$ ist sicher $\left|\frac{1}{2-t}\right| \leq \frac{1}{2}$ und $\left|\frac{x-t}{2-t}\right| \leq \left|\frac{x}{2}\right| < 1$ (der Zähler wird für $t = 0$ am größten und der Nenner für $t = 0$ am kleinsten). Damit ist

$$|R_n(x)| \leq |x| \left|\frac{x}{2}\right|^n \frac{1}{2} \to 0 \quad \text{wegen } \left|\frac{x}{2}\right| < 1.$$

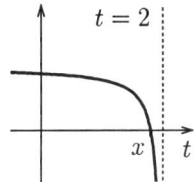

Für $x \geq 0$ muß man auch hier schärfer überlegen: Die Funktion

$$t \to \frac{x-t}{2-t} = 1 + \frac{2-x}{t-2}$$

ist für $t < 2$ monoton fallend und hat eine Nullstelle für $t = x$. Daher liegt der größte Wert im Intervall $[0, x]$ bei $t = 0$ und ist $\frac{x}{2}$.

Es ist also $\left|\frac{x-t}{2-t}\right| < \left|\frac{x}{2}\right| < 1$.

Der Term $\left|\frac{1}{2-t}\right|$ wird im Intervall $[0, x]$ für $t = x$ am größten.

$$|R_n(x)| \leq x \left(\frac{x}{2}\right)^n \frac{1}{2-x} \to 0.$$

Mit Hilfe des Cauchy-Restglieds erhält man also Konvergenz im Intervall $]-2, 2[$.

Die Abschätzung mit Hilfe der **anderen Cauchy-Form** ist analog zu der Rechnung oben.

### 3. Umentwickeln von Polynomen

Mit der Taylorentwicklung ist es möglich, ein gegebenes Polynom $p$ in $x-w$ in ein Polynom in $x-x_0$ umzustellen. Ist das Polynom vom Grad $n$, so ist die $(n+1)$-ste Ableitung von $p$ null und damit auch das $n$-te Restglied. Also sind Polynom und Taylorentwicklung identisch.

**Beispiel 2:** $p(x) = 2(x+2)^3 - 4(x+2) - 1$ soll als Polynom in $x-1$ geschrieben werden.

$p$ wird für $x_0 = 1$ bis zu dritten Ordnung entwickelt:

$$\begin{aligned} p(x) &= 2(x+2)^3 - 4(x+2) - 1 &\Rightarrow\quad p(1) &= 2\cdot 3^3 - 4\cdot 3 - 1 = 41 \\ p'(x) &= 6(x+2)^2 - 4 &\Rightarrow\quad p'(1) &= 6\cdot 3^2 - 4 = 50 \\ p''(x) &= 12(x+2) &\Rightarrow\quad p''(1) &= 36 \\ p'''(x) &= 12 \end{aligned}$$

Damit ist

$$\begin{aligned} p(x) &= \frac{1}{3!}12(x-1)^3 + \frac{1}{2!}\cdot 36(x-1)^2 + 50(x-1) + 41 \\ &= 2(x-1)^3 + 18(x-1)^2 + 50(x-1) + 41. \end{aligned}$$

Alternativ kann man bei Polynomen in $x$ (also mit $w = 0$) das Hornerschema aus Kapitel 1.1 verwenden.

### 4. Taylorpolynome zusammengesetzter Funktionen

Der Einfachheit halber wird nur für $x_0 = 0$ gerechnet.

Berechnet wird im **Spezialfall** $g(0) = 0$ das $n$-te Taylorpolynom von $f(g(x))$, wobei die Taylorreihen (oder zumindest die Taylorpolynome bis zur Ordnung $n$) von $f$ und $g$ bekannt sind.

Die $n$-ten Taylorpolynome von $f$ und $g$ werden ineinander eingesetzt und ausmultipliziert. Dabei werden alle entstehenden Terme mit Exponenten größer als $n$ weggelassen.

**Beispiel 3:** Gesucht ist $T_3$ (Taylorpolynom bis zur dritten Ordnung) für $f(x) = e^{\sin x}$ um null.

Alles bis zur dritten Ordnung entwickeln:

$$\begin{aligned} e^t &= 1 + t + \frac{1}{2}t^2 + \frac{1}{6}t^3 + o(t^3) \\ t &= \sin x = x - \frac{1}{6}x^3 + o(x^3) \end{aligned}$$

## 2.13. TAYLORENTWICKLUNG

$$e^{\sin x} = 1 + (x - \frac{1}{6}x^3 + o(x^3))$$
$$+ \frac{1}{2}(x - \frac{1}{6}x^3 + o(x^3))^2 + \frac{1}{6}(x - \frac{1}{6}x^3 + o(x^3))^3 + o(x^3)$$
$$= 1 + x - \frac{x^3}{6} + \frac{x^2}{2} + \frac{x^3}{6} + o(x^3) = 1 + x + \frac{x^2}{2} + o(x^3).$$

Das Landausche Symbol "$+o(x^3)$" bedeutete dabei jedesmal, daß (hier nicht gesuchte) Terme höherer als dritter Ordnung folgen.

In dieser Rechnung erkennt man, warum man die Bedingung "$g(0) = 0$" braucht: Da die Reihe von $g$ kein absolutes Glied hat, beginnt die Reihe von $t^3 = (g(x))^3 = (g_1 x + g_2 x^2 + \cdots)^3$ mit $cx^3$ (allgemein: Die Reihe von $(g(x))^n$ beginnt mit $cx^n$). Daher ist für $n > 3$ auch $(g(x))^n = o(x^3)$.

### 3. Beispiele

**Beispiel 4:** Taylorreihe zu $f(x) = \dfrac{e^x}{1-x}$

① Zur Berechnung der Ableitungen verwendet man die Leibniz'sche Formel

$$(fg)^{(n)}(x) = \sum_{k=0}^{n} \binom{n}{k} f^{(k)}(x)\, g^{(n-k)}(x)$$

Mit $f(x) = e^x$ ist auch stets $f^{(k)}(x) = e^x$ und damit $f^{(k)}(0) = 1$.

Aus $g(x) = (1-x)^{-1}$ erhält man $g'(x) = 1 \cdot (1-x)^{-2}$, $g''(x) = 2 \cdot (1-x)^{-3}$, $g'''(x) = 3!(1-x)^{-4}$ und allgemein $g^{(n)}(x) = n!(1-x)^{-n-1}$, $g^{(n)}(0) = n!$.
Damit wird

$$\left(\frac{e^x}{1-x}\right)^{(n)}(0) = \sum_{k=0}^{n} \binom{n}{k} 1 \cdot (n-k)! = \sum_{k=0}^{n} \frac{n!}{k!(n-k)!}(n-k)! = n! \sum_{k=0}^{n} \frac{1}{k!}$$

② Die Taylorreihe zu $f$ ist

$$Tf(x) = \sum_{n=0}^{\infty} \frac{1}{n!} f^{(n)}(0) x^n = \sum_{n=0}^{\infty} \frac{1}{n!} n! \left(\sum_{k=0}^{n} \frac{1}{k!}\right) x^n = \sum_{n=0}^{\infty} \left(\sum_{k=0}^{n} \frac{1}{k!}\right) x^n$$

Der Konvergenzradius $r = 1$ wird wie in Beispiel 10 im letzten Abschnitt berechnet. Die direkte Restgliedabschätzung ist etwas schwieriger. Einfacher ist es zu argumentieren, daß es sich um eine analytische Funktion handelt und daß deshalb Taylor- und Potenzreihe auf dem Konvergenzkreis übereinstimmen, d.h. für $|x| < 1$ stimmen Taylorreihe $Tf(x)$ und Funktion $f(x)$ überein.

> **Beispiel 5:** $\sin x$ soll um $x_0 = 1$ in eine Taylorreihe entwickelt werden.

① Es ist $f^{(n)}(x) = \begin{cases} \sin x & n = 0, 4, 8, \dots \\ \cos x & n = 1, 5, 9, \dots \\ -\sin x & n = 2, 6, 10, \dots \\ -\cos x & n = 3, 7, 11, \dots \end{cases}$.

② Damit ist mit $A := \sin 1$ und $B := \cos 1$

$$Tf(x) = A + B(x-1) - A\frac{(x-1)^2}{2!} - B\frac{(x-1)^3}{3!} + A\frac{(x-1)^4}{4!}$$
$$+ B\frac{(x-1)^5}{5!} - A\frac{(x-1)^6}{6!} - \cdots$$

③ Da der Sinus eine in ganz $\mathbb{C}$ holomorphe Funktion ist, weiß man, daß der Konvergenzradius der Reihe unendlich ist. Das läßt sich natürlich auch ausrechnen:

**Berechnung mit dem Quotientenkriterium**

$a_n$ hat einen der Werte $\frac{\pm \sin 1}{n!}$ oder $\frac{\pm \cos 1}{n!}$. Die Zahl $C_n$ in der folgenden Rechnung hat einen der beiden Werte $\frac{\sin 1}{\cos 1}$ oder $\frac{\cos 1}{\sin 1}$.

$$\left|\frac{a_n}{a_{n+1}}\right| = C_n \frac{\frac{1}{n!}}{\frac{1}{(n+1)!}} = C_n(n+1) \to \infty.$$

Damit ist der Konvergenzradius unendlich.

**Berechnung mit der Formel von Cauchy-Hadamard**

Bei der Berechnung von $\sqrt[n]{|a_n|}$ ist sicher $\sqrt[n]{|\sin 1|} \leq 1$ und $\sqrt[n]{|\cos 1|} \leq 1$. Aus $\sqrt[n]{n!} \to \infty$ folgt dann $\sqrt[n]{|a_n|} \to 0$ und damit $r = \infty$.

④ Da alle Ableitungen durch 1 beschränkt sind, ist die Restgliedabschätzung ganz einfach:

$$|R_n(x)| = \frac{1}{(n+1)!}|f^{(n+1)}(\xi)| |x-1|^{n+1} \leq \frac{1}{(n+1)!}|x-1|^{n+1}.$$

Der letzte Ausdruck geht gegen Null, da es sich um die Glieder der konvergenten $e$-Reihe handelt: $e^{|x-1|} = \sum_{n=0}^{\infty} \frac{|x-1|^n}{n!}$.

## 2.13. TAYLORENTWICKLUNG

Damit weiß man, daß die Reihe für jedes $x \in \mathbb{R}$ gegen die Funktion konvergiert. Alternativ kann man auch von den bekannten Reihendarstellungen für $\sin x$ und $\cos x$ ausgehen:

$$\begin{aligned}\sin x &= \sin[(x-1)+1] = \cos 1 \sin(x-1) + \sin 1 \cos(x-1) \\ &= \cos 1 \sum_{n=0}^{\infty}(-1)^n \frac{(x-1)^{2n+1}}{(2n+1)!} + \sin 1 \sum_{n=0}^{\infty}(-1)^n \frac{(x-1)^{2n}}{(2n)!} \\ &= \sum_{n=0}^{\infty} k_n \frac{(x-1)^n}{n!} \quad \text{mit } k_n = \begin{cases} \sin 1 & n = 0,4,8,\ldots \\ \cos 1 & n = 1,5,9,\ldots \\ -\sin 1 & n = 2,6,10,\ldots \\ -\cos 1 & n = 3,7,11,\ldots \end{cases}\end{aligned}$$

Das ist natürlich dieselbe Reihe wie oben.

**Beispiel 6:** Wieweit muß $\sin x$ um $x = 1$ in eine Taylorreihe entwickelt werden, damit der Fehler in $[-1, 3]$ kleiner als $10^{-1}$ ist?

Der Fehler wird durch das Restglied angegeben. In der Lagrangeform erhält man

$$|R_n(x)| = \left|\frac{1}{(n+1)!} f^{(n+1)}(\xi)(x-1)^{n+1}\right| \le \frac{2^{n+1}}{(n+1)!},$$

da alle Ableitungen durch eins beschränkt sind und im Intervall $[-1,3]$ $|x-1| \le 2$ ist. Durch Ausprobieren findet man

$$\frac{2^4}{4!} = \frac{16}{24}, \quad \frac{2^5}{5!} = \frac{32}{120} \quad \text{und} \quad \frac{2^6}{6!} = \frac{64}{720} < \frac{1}{10}.$$

Damit ist $|R_5(x)| \le \frac{1}{10}$ und es reicht eine Taylorentwicklung bis zur fünften Ordnung.

**Beispiel 7:** Zweites Taylorpolynom von $f(x) = \sqrt{1+e^x}$ in $x_0 = 0$

① Aus $f(x) = (1+e^x)^{1/2}$ erhält man

$$\begin{aligned} f'(x) &= \frac{1}{2}(1+e^x)^{-1/2} e^x \\ f''(x) &= -\frac{1}{4}(1+e^x)^{-3/2} e^{2x} + \frac{1}{2}(1+e^x)^{-1/2} e^x. \end{aligned}$$

Damit ist $f(0) = \sqrt{2}$, $f'(0) = \frac{1}{2}\frac{1}{\sqrt{2}} = \frac{\sqrt{2}}{4}$ und

$$f''(0) = -\frac{1}{4}\frac{1}{\sqrt{2}^3} + \frac{1}{2}\frac{1}{\sqrt{2}} = \sqrt{2}\left(-\frac{1}{16} + \frac{1}{4}\right) = \frac{3}{16}\sqrt{2}.$$

② Das zweite Taylorpolynom ist also

$$T_2 f(x) = \sqrt{2}\left(1 + \frac{1}{4}x + \frac{1}{2}\frac{3}{16}x^2\right) = \sqrt{2}\left(1 + \frac{1}{4}x + \frac{3}{32}x^2\right).$$

**Alternative**: Das zweite Taylorpolynom (ohne die Möglichkeit einer Restgliedabschätzung) erhält man durch das Einsetzen des Potenzreihenabschnitts von $e^x = 1 + x + \dfrac{x^2}{2} + o(x^2)$ in die binomische Reihe für $\sqrt{1+t}$ (z.B. aus [**Br**]):

$$\sqrt{1+t} = 1 + \frac{t}{2} - \frac{t^2}{8} + o(t^2).$$

Wie in Beispiel 3 beschrieben, ist es nötig, bei der Berechnung der zusammengesetzten Reihe eine Funktion $g$ mit $g(0) = 0$ einzusetzen. Daher formt man zunächst so um:

$$\sqrt{1+e^x} = \sqrt{2 + (e^x - 1)} = \sqrt{2}\sqrt{1 + \frac{e^x - 1}{2}}$$

Mit $t = g(x) = \dfrac{1}{2}(e^x - 1) = \dfrac{x}{2} + \dfrac{x^2}{4} + o(x^2)$ und $t^2 = \dfrac{x^2}{4} + o(x^2)$ erhält man

$$\begin{aligned}
\sqrt{1+e^x} &= 1 + \frac{t}{2} - \frac{t^2}{8} + o(t^2) \\
&= \sqrt{2}\left(1 + \frac{x}{4} + \frac{x^2}{8} - \frac{x^2}{32} + o(x^2)\right) \\
&= \sqrt{2}\left(1 + \frac{x}{4} + \frac{3}{32}x^2 + o(x^2)\right)
\end{aligned}$$

**Beispiel 8**: Verhalten von $f(x) = \sin x^2 - (\sin x)^2$ bei $x_0 = 0$.

Eine Funktion hat bei $x_0$ dann eine Nullstelle $k$-ter Ordnung, wenn $f(x_0) = f'(x_0) = \cdots = f^{(k-1)}(x_0) = 0$ und $f^{(k)}(x_0) \neq 0$ ist. Alternativ läßt sich sagen, daß eine Nullstelle $k$-ter Ordnung vorliegt, wenn die Reihenentwicklung als erstes nichtverschwindendes Glied $c_k(x - x_0)^k$ hat.

Hier wird $\sin x$ bis zur vierten Potenz entwickelt: $\sin x = x - \dfrac{x^3}{6} + O(x^5)$. Damit wird $(\sin x)^2 = x^2 - \dfrac{x^4}{3} + O(x^5)$ und $\sin x^2 = x^2 - \dfrac{x^6}{6} + \cdots = x^2 + O(x^5)$. Also beginnt die Potenzreihe von $\sin x^2 - (\sin x)^2$ mit $\dfrac{x^4}{3}$ und die Nullstellenordnung ist vier.

Da die Reihenentwicklung mit $\dfrac{x^4}{3}$ beginnt, hat $f$ dasselbe Verhalten wie $\dfrac{x^4}{3}$ bei $x_0 = 0$, nämlich ein Minimum.

# Formeln und Literatur

Hier sind nur die wichtigsten Formeln aufgeführt. Weitere häufig gebrauchte Formeln findet man z.B. in [**Br**].

Eine Übersicht über Koordinatensysteme und Flächen-/Volumenelemente findet sich in Kapitel 5.6.

### Fakultäten und binomischer Lehrsatz

Für $n \in \mathbb{N}$ ist $n! = 1 \cdot 2 \cdot 3 \cdots (n-1) \cdot n$. Man definiert $0! := 1$.

Für $n, k \in \mathbb{N}_0$ ist der Binomialkoeffizient $\binom{n}{k} = \dfrac{n!}{k!(n-k)!} = \dfrac{n \cdot (n-1) \cdots (n-k+1)}{1 \cdot 2 \cdots k}$
(Zähler und Nenner im letzten Term enthalten je $k$ Faktoren.)

Addition von Binomialkoeffizienten: $\binom{n}{k} + \binom{n}{k+1} = \binom{n+1}{k+1}$.

Die Binomialkoeffizienten werden im Pascalschen Dreieck angeordnet:

$k = 1$ - Auf diesen Diagonalen ist $k$ konstant

Auf den Horizontalen ist $n$ konstant

$n = 2$

$$
\begin{array}{c}
\binom{0}{0} \\
\binom{1}{0} \quad \binom{1}{1} \\
\binom{2}{0} \quad \binom{2}{1} \quad \binom{2}{2} \\
\binom{3}{0} \quad \binom{3}{1} \quad \binom{3}{2} \quad \binom{3}{3} \\
\binom{4}{0} \quad \binom{4}{1} \quad \binom{4}{2} \quad \binom{4}{3} \quad \binom{4}{4}
\end{array}
\qquad
\begin{array}{c}
1 \\
1 \quad 1 \\
1 \quad 2 \quad 1 \\
1 \quad 3 \quad 3 \quad 1 \\
1 \quad 4 \quad 6 \quad 4 \quad 1
\end{array}
$$

## Die wichtigsten Ableitungen

| $f$ | $f'$ | $f$ | $f'$ | $f$ | $f'$ | $f$ | $f'$ |
|---|---|---|---|---|---|---|---|
| $x^\alpha$ | $\alpha x^{\alpha-1}$ | $\dfrac{1}{x}$ | $-\dfrac{1}{x^2}$ | $\dfrac{1}{x^\alpha}$ | $\dfrac{-\alpha}{x^{\alpha+1}}$ | $\sqrt{x}$ | $\dfrac{1}{2\sqrt{x}}$ |
| $\sqrt[n]{x}$ | $\dfrac{1}{n\sqrt[n]{x^{n-1}}}$ | $\sqrt{x^2 \pm a^2}$ | $\dfrac{x}{\sqrt{x^2 \pm a^2}}$ | $\sqrt{a^2 - x^2}$ | $\dfrac{-x}{\sqrt{a^2 - x^2}}$ | $e^x$ | $e^x$ |
| $e^{\alpha x}$ | $\alpha e^{\alpha x}$ | $a^x$ | $a^x \ln a$ | $\ln x$ | $\dfrac{1}{x}$ | $\log_a x$ | $\dfrac{1}{x \ln a}$ |
| $\sin x$ | $\cos x$ | $\cos x$ | $-\sin x$ | $\tan x$ | $\dfrac{1}{\cos^2 x}$ | $\cot x$ | $-\dfrac{1}{\sin^2 x}$ |
| $\arcsin x$ | $\dfrac{1}{\sqrt{1-x^2}}$ | $\arccos x$ | $-\dfrac{1}{\sqrt{1-x^2}}$ | $\arctan x$ | $\dfrac{1}{1+x^2}$ | $\text{arccot } x$ | $-\dfrac{1}{1+x^2}$ |
| $\sinh x$ | $\cosh x$ | $\cosh x$ | $\sinh x$ | $\tanh x$ | $\dfrac{1}{\cosh^2 x}$ | $\coth x$ | $-\dfrac{1}{\sinh^2 x}$ |
| $\text{arsinh } x$ | $\dfrac{1}{\sqrt{1+x^2}}$ | $\text{arcosh } x$ | $\dfrac{1}{\sqrt{x^2-1}}$ | $\text{artanh } x$ | $\dfrac{1}{1-x^2}$ | $\text{arcoth } x$ | $\dfrac{1}{1-x^2}$ |

## Einige Reihenentwicklungen

$$\frac{1}{1-x} = \sum_{n=0}^{\infty} x^n = 1 + x + x^2 + x^3 + \cdots \quad |x| < 1$$

$$\ln(1-x) = -\sum_{n=1}^{\infty} \frac{x^n}{n} = -x - \frac{x^2}{2} - \frac{x^3}{3} - \cdots \quad \text{für } |x| < 1$$

$$\arctan x = \sum_{n=0}^{\infty} (-1)^n \frac{x^{2n+1}}{2n+1} = x - \frac{x^3}{3} + \frac{x^5}{5} - \cdots \quad \text{für } |x| < 1$$

$$e^x = \sum_{n=0}^{\infty} \frac{x^n}{n!} = 1 + x + \frac{x^2}{2!} + \cdots \quad \text{für } x \in \mathbb{R} \text{ bzw. } x \in \mathbb{C}$$

$$\sin x = \sum_{n=0}^{\infty} (-1)^n \frac{x^{2n+1}}{(2n+1)!} = x - \frac{x^3}{3!} + \frac{x^5}{5!} - \cdots \quad \text{für } x \in \mathbb{R} \text{ bzw. } x \in \mathbb{C}$$

$$\cos x = \sum_{n=0}^{\infty} (-1)^n \frac{x^{2n}}{(2n)!} = 1 - \frac{x^2}{2!} + \frac{x^4}{4!} - \cdots \quad \text{für } x \in \mathbb{R} \text{ bzw. } x \in \mathbb{C}$$

$$\sinh x = \sum_{n=0}^{\infty} \frac{x^{2n+1}}{(2n+1)!} = x + \frac{x^3}{3!} + \frac{x^5}{5!} + \cdots \quad \text{für } x \in \mathbb{R} \text{ bzw. } x \in \mathbb{C}$$

$$\cosh x = \sum_{n=0}^{\infty} \frac{x^{2n}}{(2n)!} = 1 + \frac{x^2}{2!} + \frac{x^4}{4!} + \cdots \quad \text{für } x \in \mathbb{R} \text{ bzw. } x \in \mathbb{C}$$

## Integraltafeln

Man beachte die Hinweise zur Schreibweise in Kapitel 3!

## Rationale Integranden und Potenzen

| $f$ | $\int f$ | $f$ | $\int f$ | $f$ | $\int f$ |
|---|---|---|---|---|---|
| $x^\alpha$ $(\alpha \neq -1)$ | $\dfrac{1}{\alpha+1}x^{\alpha+1}$ | $\dfrac{1}{a^2-x^2}$ | $\dfrac{1}{2a}\ln\left\|\dfrac{a+x}{a-x}\right\|$ | $\dfrac{1}{x^2+a^2}$ | $\dfrac{1}{a}\arctan\dfrac{x}{a}$ |
| $\dfrac{1}{x}$ | $\ln\|x\|$ | | $=\dfrac{1}{a}\text{artanh}\dfrac{x}{a}$ $\|x\|<a$ | $\dfrac{x}{x^2\pm a^2}$ | $\dfrac{1}{2}\ln\|x^2\pm a^2\|$ |
| $\sqrt{x}$ | $\dfrac{2}{3}\sqrt{x}^3$ | | $=\dfrac{1}{a}\text{arcoth}\dfrac{x}{a}$ $\|x\|>a$ | $\dfrac{x}{a^2-x^2}$ | $-\dfrac{1}{2}\ln\|a^2-x^2\|$ |
| $\dfrac{1}{\sqrt{x}}$ | $2\sqrt{x}$ | | | | |

## Wurzeln aus quadratischen Ausdrücken

Die Typen sind im dritten Kapitel definiert.

| $f$ | $\int f$ | $f$ | $\int f$ |
|---|---|---|---|
| Typ 5 | | Typ 6 | |
| $\sqrt{a^2-x^2}$ | $\dfrac{1}{2}(x\sqrt{a^2-x^2}+a^2\arcsin\dfrac{x}{a})$ | $\sqrt{x^2-a^2}$ | $\dfrac{1}{2}(x\sqrt{x^2-a^2}-a^2\text{arcosh}\dfrac{x}{a})$ |
| $\dfrac{1}{\sqrt{a^2-x^2}}$ | $\arcsin\dfrac{x}{a}$ | $\dfrac{1}{\sqrt{x^2-a^2}}$ | $\text{arcosh}\dfrac{x}{a}$ |
| $x\sqrt{a^2-x^2}$ | $-\dfrac{1}{3}\sqrt{a^2-x^2}^3$ | $x\sqrt{x^2-a^2}$ | $\dfrac{1}{3}\sqrt{x^2-a^2}^3$ |
| $\dfrac{x}{\sqrt{a^2-x^2}}$ | $-\sqrt{a^2-x^2}$ | $\dfrac{x}{\sqrt{x^2-a^2}}$ | $\sqrt{x^2-a^2}$ |
| Typ 7 | | | |
| $\sqrt{a^2+x^2}$ | $\dfrac{1}{2}(x\sqrt{a^2+x^2}+a^2\text{arsinh}\dfrac{x}{a})$ | $\dfrac{1}{\sqrt{a^2+x^2}}$ | $\text{arsinh}\dfrac{x}{a}$ |
| $x\sqrt{a^2+x^2}$ | $\dfrac{1}{3}\sqrt{a^2+x^2}^3$ | $\dfrac{x}{\sqrt{a^2+x^2}}$ | $\sqrt{a^2+x^2}$ |

## Exponentialfunktion und Logarithmus

Hierzu gehören auch Integrale der Hyperbelfunktionen, da sich diese ineinander umrechnen lassen:

$$\sinh x = \frac{e^x - e^{-x}}{2}, \quad \cosh x = \frac{e^x + e^{-x}}{2}, \quad e^x = \sinh x + \cosh x, \quad e^{-x} = \cosh x - \sinh x$$

| $f$ | $\int f$ | $f$ | $\int f$ | $f$ | $\int f$ |
|---|---|---|---|---|---|
| $e^{ax}$ | $\dfrac{1}{a}e^{ax}$ | $xe^{ax}$ | $\left(\dfrac{x}{a} - \dfrac{1}{a^2}\right)e^{ax}$ | $x^2 e^{ax}$ | $\left(\dfrac{x^2}{a} - \dfrac{2x}{a^2} + \dfrac{2}{a^3}\right)e^{ax}$ |
| $\sinh ax$ | $\dfrac{1}{a}\cosh ax$ | $\cosh ax$ | $\dfrac{1}{a}\sinh ax$ | $\ln x$ | $x\ln x - x$ |
| $\dfrac{(\ln x)^n}{x}$ | $\dfrac{1}{n+1}(\ln x)^{n+1}$ | $\dfrac{1}{x\ln x}$ | $\ln|\ln x|$ | $x^n \ln x$ | $x^{n+1}\left(\dfrac{\ln x}{n+1} - \dfrac{1}{(n+1)^2}\right)$ |

### Trigonometrische Funktionen

| $f$ | $\int f$ | $f$ | $\int f$ |
|---|---|---|---|
| $x\sin ax$ | $\dfrac{\sin ax}{a^2} - \dfrac{x\cos ax}{a}$ | $x\cos ax$ | $\dfrac{\cos ax}{a^2} + \dfrac{x\sin ax}{a}$ |
| $\sin^2 ax$ | $\dfrac{x}{2} - \dfrac{\sin ax \cos ax}{2a}$ | $\dfrac{1}{\sin^2 ax}$ | $-\dfrac{1}{a}\cot ax$ |
| $\cos^2 ax$ | $\dfrac{x}{2} + \dfrac{\sin ax \cos ax}{2a}$ | $\dfrac{1}{\cos^2 ax}$ | $\dfrac{1}{a}\tan ax$ |
| $\tan ax$ | $-\dfrac{1}{a}\ln|\cos ax|$ | $\cot ax$ | $\dfrac{1}{a}\ln|\sin ax|$ |
| $\sin ax \cos ax$ | $\dfrac{1}{2a}\sin^2 ax$ | $\sin^2 ax \cos^2 ax$ | $\dfrac{x}{8} - \dfrac{\sin 4ax}{32a}$ |
| $e^{ax}\sin bx$ | $\dfrac{e^{ax}}{a^2+b^2}(a\sin bx - b\cos bx)$ | $e^{ax}\cos bx$ | $\dfrac{e^{ax}}{a^2+b^2}(a\cos bx + b\sin bx)$ |

### Arcus- und Areafunktionen

| $f$ | $\int f$ | $f$ | $\int f$ |
|---|---|---|---|
| $\arcsin\dfrac{x}{a}$ | $x\arcsin\dfrac{x}{a} + \sqrt{a^2 - x^2}$ | $\arccos\dfrac{x}{a}$ | $x\arccos\dfrac{x}{a} - \sqrt{a^2 - x^2}$ |
| $\arctan\dfrac{x}{a}$ | $x\arctan\dfrac{x}{a} - \dfrac{a}{2}\ln(a^2 + x^2)$ | $\operatorname{arccot}\dfrac{x}{a}$ | $x\operatorname{arccot}\dfrac{x}{a} + \dfrac{a}{2}\ln(a^2 + x^2)$ |
| $\operatorname{arsinh}\dfrac{x}{a}$ | $x\operatorname{arsinh}\dfrac{x}{a} - \sqrt{a^2 + x^2}$ | $\operatorname{arcosh}\dfrac{x}{a}$ | $x\operatorname{arcosh}\dfrac{x}{a} - \sqrt{x^2 - a^2}$ |
| $\operatorname{artanh}\dfrac{x}{a}$ | $x\operatorname{artanh}\dfrac{x}{a} + \dfrac{a}{2}\ln(a^2 - x^2)$ | $\operatorname{arcoth}\dfrac{x}{a}$ | $x\operatorname{arcoth}\dfrac{x}{a} + \dfrac{a}{2}\ln(x^2 - a^2)$ |

## Elementare Funktionen

Hier werden die Graphen und wichtigsten Eigenschaften der Grundfunktionen zusammengestellt.

### Trigonometrische und Arcusfunktionen

**Eselsbrücke: Werte des Sinus**

| | 0° | 30° | 45° | 60° | 90° |
|---|---|---|---|---|---|
| | $\frac{\sqrt{0}}{2}$ | $\frac{\sqrt{1}}{2}$ | $\frac{\sqrt{2}}{2}$ | $\frac{\sqrt{3}}{2}$ | $\frac{\sqrt{4}}{2}$ |

Die restlichen Werte lassen sich mit Hilfe der Skizze ermitteln.

| | 0° | 30° | 45° | 60° | 90° | 120° | 135° | 150° | 180° |
|---|---|---|---|---|---|---|---|---|---|
| | 0 | $\frac{\pi}{6}$ | $\frac{\pi}{4}$ | $\frac{\pi}{3}$ | $\frac{\pi}{2}$ | $\frac{2\pi}{3}$ | $\frac{3\pi}{4}$ | $\frac{5\pi}{6}$ | $\pi$ |
| $\sin x$ | 0 | $\frac{1}{2}$ | $\frac{1}{\sqrt{2}}$ | $\frac{\sqrt{3}}{2}$ | 1 | $\frac{\sqrt{3}}{2}$ | $\frac{1}{\sqrt{2}}$ | $\frac{1}{2}$ | 0 |
| $\cos x$ | 1 | $\frac{\sqrt{3}}{2}$ | $\frac{1}{\sqrt{2}}$ | $\frac{1}{2}$ | 0 | $-\frac{1}{2}$ | $-\frac{1}{\sqrt{2}}$ | $-\frac{\sqrt{3}}{2}$ | $-1$ |
| $\tan x$ | 0 | $\frac{1}{\sqrt{3}}$ | 1 | $\sqrt{3}$ | $\pm\infty$ | $-\sqrt{3}$ | $-1$ | $-\frac{1}{\sqrt{3}}$ | 0 |
| $\cot x$ | $\mp\infty$ | $\sqrt{3}$ | 1 | $\frac{1}{\sqrt{3}}$ | 0 | $-\frac{1}{\sqrt{3}}$ | $-1$ | $-\sqrt{3}$ | $\mp\infty$ |

Wichtigste Formel:
$$\sin^2 x + \cos^2 x = 1$$

Die weiteren Werte lassen sich berechnen aus
$\sin(x + \pi) = -\sin x$
$\sin(x + 2\pi) = \sin x$
$\cos(x + \pi) = -\cos x$
$\cos(x + 2\pi) = \cos x$
$\tan(x + \pi) = \tan x$
$\cot(x + \pi) = \cot x$.

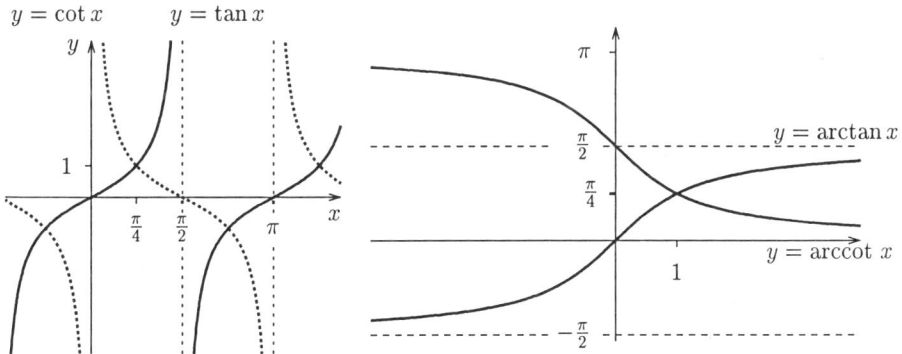

Die Arcusfunktionen sind die Umkehrfunktionen der trigonometrischen Funktionen.

arcsin Arcussinus     arccos Arcuscosinus
arctan Arcustangens   arccot Arcuscotangens

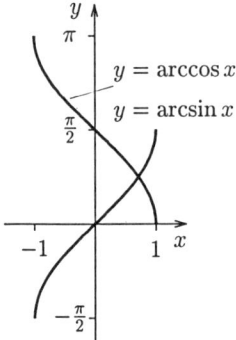

Wegen der Periodizität der trigonometrischen Funktionen sind die Umkehrfunktionen nicht eindeutig. Die hier skizzierten Funktionen sind die sogenannten Hauptwerte.
Der Arcussinus ist die Umkehrung des Sinus auf dem Intervall $[-\pi/2, \pi/2]$, der Arcuscosinus die Umkehrung des Cosinus auf $[0, \pi]$. Bei Arcustangens und Arcuscotangens sind die Intervalle $[-\pi/2, \pi/2]$ und $[0, \pi]$.
Nimmt man andere Intervalle, erhält man andere Umkehrfunktionen.

**Zusammenhang mit der Exponentialfunktion:**

$$e^{ix} = \cos x + i \sin x \quad e^{-ix} = \cos x - i \sin x \quad e^{a+ib} = e^a (\cos b + i \sin b)$$
$$\sin x = \frac{e^{ix} - e^{-ix}}{2i} \qquad \cos x = \frac{e^{ix} + e^{-ix}}{2}$$

**Zusammenhang mit den hyperbolischen Funktionen:**

$$\sin z = -i \sinh iz \quad \sinh z = -i \sin iz$$
$$\cos z = \cosh iz \qquad \cosh z = \cos iz$$

**Rechenregeln**

$$\sin x = \sin(\pi - x) = -\sin(\pi + x)$$
$$\tan x = \frac{\sin x}{\cos x}$$
$$\sin(a \pm b) = \sin a \cos b \pm \cos a \sin b$$
$$\sin a + \sin b = 2 \sin \frac{a+b}{2} \cos \frac{a-b}{2}$$
$$\cos a + \cos b = 2 \cos \frac{a+b}{2} \cos \frac{a-b}{2}$$
$$\sin a \sin b = \tfrac{1}{2}\big(\cos(a-b) - \cos(a+b)\big)$$
$$\cos a \cos b = \tfrac{1}{2}\big(\cos(a-b) + \cos(a+b)\big)$$
$$\cos \frac{a}{2} = \pm \sqrt{\frac{1 + \cos a}{2}}$$
$$\sin 2a = 2 \sin a \cos a$$

$$\cos x = -\cos(\pi - x) = -\cos(\pi + x)$$
$$\cot x = \frac{\cos x}{\sin x} = \frac{1}{\tan x}$$
$$\cos(a \pm b) = \cos a \cos b \mp \sin a \sin b$$
$$\sin a - \sin b = 2 \cos \frac{a+b}{2} \sin \frac{a-b}{2}$$
$$\cos a - \cos b = -2 \sin \frac{a+b}{2} \sin \frac{a-b}{2}$$
$$\sin a \cos b = \tfrac{1}{2}\big(\sin(a-b) + \sin(a+b)\big)$$
$$\sin \frac{a}{2} = \pm \sqrt{\frac{1 - \cos a}{2}}$$
$$\tan \frac{a}{2} = \frac{1 - \cos a}{\sin a}$$
$$\cos 2a = \cos^2 a - \sin^2 a$$

## Exponentialfunktion, Logarithmus, hyperbolische und Areafunktionen

$e$ ist die Eulersche Zahl $e = 2.71\ldots$. $\ln x$ ist der natürliche Logarithmus, d.h. der Logarithmus zur Basis $e$.

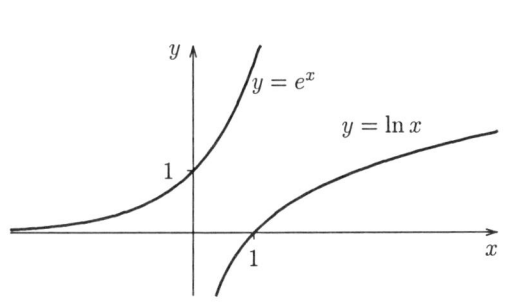

$$a^x = y \quad \Leftrightarrow \quad x = \log_a y$$

$$e^x = y \quad \Leftrightarrow \quad x = \ln y$$

$$e^{a+b} = e^a\, e^b \quad \ln(ab) = \ln a + \ln b$$

$$e^0 = 1 \qquad \ln 1 = 0$$

$$\frac{1}{e^x} = e^{-x} \qquad \ln\frac{1}{x} = -\ln x$$

$$e^{\ln x} = x \qquad \ln e^x = x$$

Für alle $x \in \mathbb{R}$ und $z \in \mathbb{C}$ ist $x^0 := z^0 = 1$ definiert, also auch $0^0 = 1$.

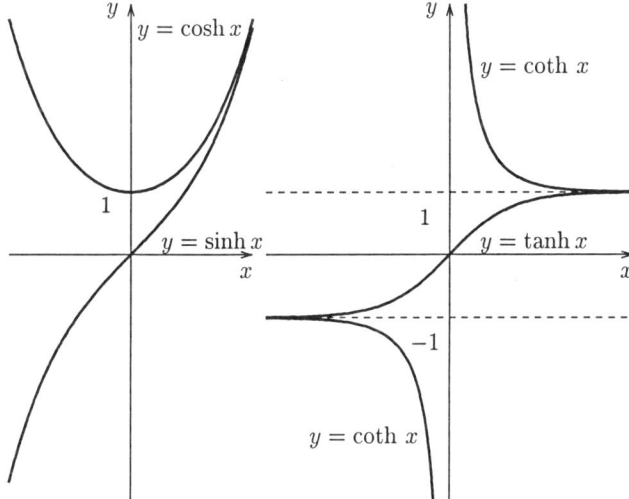

In Analogie zu den trigonometrischen Funktionen $\sin x$, $\cos x$, $\tan x$ und $\cot x$ definiert man die hyperbolischen Funktionen

Sinus hyperbolicus $\sinh x$

Cosinus hyperbolicus $\cosh x$

Tangens hyperbolicus
$$\tanh = \frac{\sinh x}{\cosh x} x$$

Cotangens hyperbolicus
$$\coth x = \frac{1}{\tanh x} = \frac{\cosh x}{\sinh x}$$

Wichtige Rechenregel:
$$\boxed{\cosh^2 x - \sinh^2 x = 1}$$

Die Areafunktionen sind die Umkehrfunktionen der hyperbolischen Funktionen und lassen sich durch Logarithmen definieren. Alternative Schreibweisen: Arsinh, Arcosh, Artanh und Arcoth, manchmal auch arcsinh usw. Die letzte Schreibweise ist sehr ungünstig.

$\operatorname{arsinh} x = \ln(x + \sqrt{x^2 + 1})$ für $x \in \mathbb{R}$   Areasinus hyperbolicus

$\operatorname{arcosh} x = \ln(x + \sqrt{x^2 - 1})$ für $x \geq 1$   Areacosinus hyperbolicus

$\operatorname{artanh} x = \dfrac{1}{2} \ln \dfrac{1+x}{1-x}$ für $|x| < 1$   Areatangens hyperbolicus

$\operatorname{arcoth} x = \dfrac{1}{2} \ln \dfrac{x+1}{x-1}$ für $|x| > 1$   Areacotangens hyperbolicus

## Quadriken im $\mathbb{R}^2$ und $\mathbb{R}^3$

Dieser Teil enthält Bilder der Standardformen der wichtigsten Quadriken. Viele Teilmengen des $\mathbb{R}^2$ und des $\mathbb{R}^3$ werden in Kapitel 5 parametrisiert. Eine Übersicht dazu findet man in Kapitel 5.6.

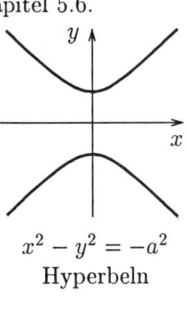

$x^2 - y^2 = -a^2$
Hyperbeln

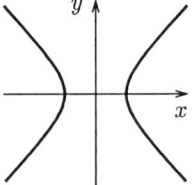

$x^2 - y^2 = a^2$
Hyperbeln

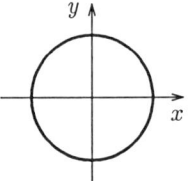

$x^2 + y^2 = a^2$
Kreis/Ellipse

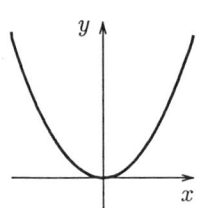

$x^2 - y = 0$
Parabel

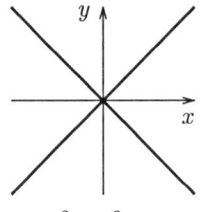

$x^2 - y^2 = 0$
Geradenpaar

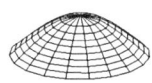

$x^2 + y^2 - z^2 = -a^2$
Zweischaliges
Hyperboloid

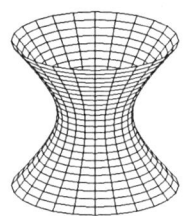

$x^2 + y^2 - z^2 = a^2$
Einschaliges
Hyperboloid

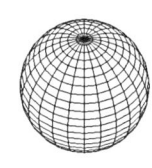

$x^2 + y^2 + z^2 = a^2$
Kugel/Ellipsoid

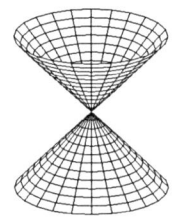

$x^2 + y^2 - z^2 = 0$
Kegel

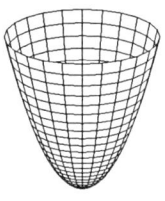

$x^2 + y^2 - z = 0$
Paraboloid

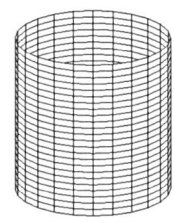

$x^2 + y^2 = a^2$
Zylinder

# Literaturauswahl

[Br] Bronstein-Semendjajev, Taschenbuch der höheren Mathematik

[Be] Berg, Operatorenrechnung 1+2

[Ba] Bartsch, Taschenbuch Mathematischer Formeln

[BHW] Burg/Haf/Wille, Höhere Mathematik für Ingenieure 1-4

[Da] Dallmann/Elster, Einführung in die höhere Mathematik 1-3

[Du] Duschek, Vorlesungen über höhere Mathematik 1-4

[Gün] Günter/Kusmin, Aufgabensammlung zur Höheren Mathematik 1+2

[Ha] Habetha, Höhere Mathematik 1-3

[Hei] Heinhold/Beringer, Einführung in die Höhere Mathematik 1-3

[Hil] Hilbert/Courant, Methoden der mathematischen Physik 1+2

[Ma] Mangold-Knopp, Einführung in die höhere Mathematik 1-3

[Min] Minorski, Aufgabensammlung zur höheren Mathematik

[Mar] Martensen, Analysis für Mathematiker, Physiker, Elektrotechniker 1-3

[Pa] Papula, Mathematik für Ingenieure 1+2

[Pe] Peschl, Funktionentheorie I

[Ro] Rothe, Höhere Mathematik 1-7

[Sm] Smirnov, Lehrgang der höheren Mathematik

[Sok] Sokolnikoff/Redheffer, Mathematics of Physics and modern Engeneering

[Str] Strubecker, Einführung in die Höhere Mathematik 1-4

[Tr] Triebel, Höhere Analysis

# Symbol– und Sachverzeichnis

**Logik**

$a$ oder $b$, 113
$a$ und $b$, 113
$a \Leftrightarrow b$, 113
$a \Rightarrow b$, 113
$a \leftrightarrow b$, 113
$a \to b$, 113
$a \vee b$, 113
$a \wedge b$, 113
$\neg a$, 113
$\forall$, 114
$\exists$, 114
$\bigwedge$, 114
$\bigvee$, 114
$w$, 113
$f$, 113

**Mengen**

$\emptyset$, 117
$A^c$, 117
$\overline{A}$, 117
$\complement A$, 117
$A - B$, 117
$A \backslash B$, 117
$A \cap B$, 117
$A \cup B$, 117
$A \subset B$, 117
$A \subseteq B$, 117
$A \times B$, 117

**Vektoren und Matrizen**

$\mathbb{R}^n$, 23
$\mathbb{C}^n$, 30
$\mathbb{GL}(n, \mathbb{K})$, 49
$\mathbb{K}^{(n,m)}$, 49
$\mathbb{L}(\mathbb{K}^n)$, 49
$\mathbb{L}(\mathbb{K}^n, \mathbb{K}^m)$, 49
$\mathbb{M}(m, n)$, 49
$\mathbb{M}_{m,n}(\mathbb{K})$, 49
$\mathcal{G}l_n$, 49
$\mathcal{L}(\mathbb{K}^n, \mathbb{K}^n)$, 49
$\| \vec{v} \|$, 24
$| \vec{v} |$, 24
$\vec{v}^R$, 27
$(\vec{v}, \vec{w})$, 24, 95
$\vec{u}\,\vec{v}\,\vec{w}$, 30
$<\vec{u}, \vec{v}, \vec{w}>$, 30
$[\vec{u}\,\vec{v}\,\vec{w}]$, 30
$\vec{v} \cdot \vec{w}$, 24, 95
$<\vec{v}, \vec{w}>$, 24, 95
$[\vec{v}, \vec{w}]$, 24, 95
$\vec{v}^* \vec{w}$, 95
$\vec{v}^\top \vec{w}$, 24, 95
$\vec{v} \perp \vec{w}$, 24
$\vec{u} \times \vec{v}$, 27
spann, 82
sp$M$, 82
$A^*$, 50
$A^\top$, 50
$U^\perp$, 95
det $A$, 50
Ad $A$, 58
adj$A$, 58
ker $A$, 64
rank $A$, 83
rg $A$, 83
$| A |$, 50
$\mu(\lambda)$, 101
$o(\lambda)$, 101
$\rho(A)$, 102
$\sigma(A)$, 102
$m \times n$-Matrix, 49
rg $L$, 87
rang $L$, 87
ker $L$, 87
kern $L$, 87
$K(A)$, 64

# SYMBOL- UND SACHVERZEICHNIS

$K(L)$, 87
$N(L)$, 87
$R(L)$, 87

**Zahlen**

$e$, 230
$[a,b]$, 119
$(a,b)$, 119
$]a,b[$, 119
$\mathbb{R}_{>a}$, 119
$\mathbb{R}_{<a}$, 119
$\mathbb{R}^+$, 119
$\mathbb{R}^-$, 119
$\min M$, 119
$\max M$, 119
$\inf M$, 119
$\sup M$, 119
$\dot{U}_\delta(a)$, 179
$\delta$-Umgebung, 119, 179
$\mathbb{W}$, 121
$\mathbb{N}$, 129
$\mathbb{N}_0$, 129
$\mathbb{N}^*$, 129
$\mathbb{L}$, 149
$\mathbb{D}$, 121
$\mathbb{C}$, 135
$U_\delta(a)$, 179
$\widehat{\mathbb{C}}$, 143
$\overline{z}$, 135
$z^*$, 135
$\operatorname{Im} z$, 135
$\operatorname{Re} z$, 135

**Funktionen**

$[x]$, 185
$o$, 156
$O$, 156
$f'$, 189
$f''$, 189
$f^{(n)}$, 189
$C(I)$, 189
$C^\infty(I)$, 189
$C^1(I)$, 189
$C^n(I)$, 189
$f(x+0)$, 179
$f(x+)$, 179
$f(x-0)$, 179

$f(x-)$, 179
$\lim_{x \nearrow a-0}$, 179
$\lim_{x \searrow a-0}$, 179
$\lim_{x \to \infty}$, 179
$\lim_{x \to a+0}$, 179
$\lim_{x \to a-0}$, 179
$\stackrel{\text{l'H.}}{=}$, 182
ln, 230
log, 230
cos, 228
cosh, 230
cot, 228
coth, 230
sin, 228
sinh, 230
tan, 228
tanh, 230
arccos, 228
arccot, 228
arcosh, 230
arcsin, 228
arctan, 228
arsinh, 230
artanh, 230
arcoth, 230
$\operatorname{sgn} x$, 185

Abbildung, 121
Abelscher Stetigkeitssatz, 207
Ableitemethode, 14
Ableitung, 189
Ableitungsfunktion, 189
absolut gleichmäßig konvergent, 199
absolut konvergent, 167
Absolutbetrag, 135
absolutes Glied, 3
Absorbtion, 115
Achsenabschnittsform, 33
Adjungierte $A^*$, 50
Adjunkte, 58
äquivalent, 113
affiner Unterraum, 80
algebraische Vielfachheit, 101
algebraisches Komplement, 58
allgemeine Geradengleichung, 143
allgemeine Kreisgleichung, 142

alternierende Folge, 155
analytisch, 207
Arcuscosinus, 228
Arcuscotangens, 228
Arcussinus, 228
Arcustangens, 228
Areacosinus hyperbolicus, 230
Areacotangens hyperbolicus, 230
Areasinus hyperbolicus, 230
Areatangens hyperbolicus, 230
Argument, 135
Assoziativgesetz, 115, 118
aufgespannter Unterraum, 82
Aussageform, 113
Automorphismus, 87

Basis, 82
Basiswechsel, 91
Bernoullische Ungleichung, 159
beschränkte Folge, 155
beschränkte Menge, 119
bestimmt divergent, 155
Betrag, 24, 135, 147
bijektiv, 122
Bijunktion, 113
Bild einer Abbildung, 87
Bild einer Funktion, 121

Cauchy-Hadamard, Formel von, 208
Cauchy-Schwarz'sche Ungleichung, 96
Cauchysche Produktformel, 209
charakteristisches Polynom, 101
Cosinus, 228
Cosinus hyperbolicus, 230
Cotangens, 228
Cotangens hyperbolicus, 230
Cramersche Regel, 55, 66

de l'Hospital, Regel von , 181
de Morgansche Regeln, 115, 118
definit, 103
Definitheit, 103
Definitionsbereich, 121
Determinante, 50
diagonalisierbar, 102
Diagonalmatrix, 49
diff'bar, 189
Differentialquotient, 189
Differenz, 117

Differenzenquotient, 191
differenzierbar, 189
Differenzmenge, 117
Dimensionsformel, 65
Dini, Satz von, 202
Disjunktion, 113
Distributivgesetz, 115, 118
divergent, 155
divergente Minorante, 175
Drehmatrix, 93
Dreiecksmatrix, 49
Dreiecksungleichungen, 139, 147
3-Punkteform, 34
Durchschnitt, 117

Eigenraum, 101
Eigenvektor, 101
Eigenwert, 101
Einheitsmatrix, 49
Einheitsvektor, 24
Einheitswurzeln, 140
Einschließungskriterium, 162, 181
Einschränkung, 121
Einseitige Differenzierbarkeit, 189
einseitige Limiten, 179
Einsetzmethode, 13
Ellipse, 231
Ellipsoid, 231
Endomorphismus, 87
Entwicklung von Determinanten, 58
Entwicklungspunkt, 207
Entwicklungssatz v. Graßmann, 28
Entwicklungssatz v. Lagrange, 28
Epimorphismus, 87
erweiterte Matrix, 63
Erzeugendensystem, 82
euklidischer Vektorraum, 95
Eulerformel, 136
Eulersche Form, 135
EV, 101
EW, 101

Faktorisierung, 8
Falk-Schema, 52
fallend, 126
falsche Aussage, 113
Fehlerabschätzung, 173
Fibonacci-Zahlen, 133

# SYMBOL- UND SACHVERZEICHNIS

Folge, 155
Folgerung, 113
Formel von Cauchy-Hadamard, 208
Fortsetzung, 121
Funktion, 121
Funktionenfolge, 199

ganzrationale Funktion, 3
Gauß'sches Eliminationsverfahren, 68
Gauß-Algorithmus, 54
Gaußsche Darstellung, 135
Gaußsche Zahlenebene, 135
Gaußklammerfunktion, 185
gebrochen rationale Funktion, 3
geometrische Reihe, 167
geometrische Vielfachheit, 101
geschlossenen Umlaufs, 44
gestaffeltes LGS, 69
gleichmäßige Konvergenz, 199
Gleichungssystem, homogenes, 63
Gleichungssystem, inhomogenes, 63
Graßmann, Entwicklungssatz, 28
Grad, 3
Gram-Schmidtsches Orthogonalisierungsverfahren, 98
Graph, 121
Grenzwert, 155
Grenzwert einer Funktion, 179

Häufungspunkt, 156
harmonische Reihe, 167
Hauptraum, 101
Hauptvektor, 101
Hauptwert, 135, 229
Heavisidefunktion, 185
hebbare Unstetigkeit, 186
hermitesch, 50
hermitesche Bilinearform, 30
Hesse'sche Normalform, 33, 34
hinreichend, 113
Hintereinanderausführung, 122
HNF, 33, 34
homoges Gleichungssystem, 63
Hornerschema, 5
HV, 101
Hyperbel, 231
Hyperboloid, 231
Hyperebene, 32, 80

identische Abbildung, 122
Identität, 122
Imaginärteil, 135
indefinit, 103
Indextransformation, 214
Induktionsanfang, 129
Induktionsschritt, 129
Infimum, 119
inhomoges Gleichungssystem, 63
injektiv, 122
Integralkriterium, 173
Intervall, 118
Inverse, 122
Inverse Matrix, 54
invertierbar, 122
Isomorphismus, 87

kanonische Basis, 83
kartesische Darstellung, 135
Kegel, 231
Kern, 64, 80, 87
Kettenregel, 191
Koeffizient, 81
Koeffizienten, 3
Koeffizientenvergleich, 11
Kofaktor, 58
kollinear, 24, 81
kommutativ konvergent, 167
Kommutativgesetz, 115, 118
kompakt, 200
kompakte Konvergenz, 200
komplanar, 24, 81
Komplement, 117
Komplexe Zahlen, 135
Komposition, 122
konjugiert komplexe Zahl, 135
Konjunktion, 113
konkav, 190
Kontrollspalte, 74
konvergent, 155
konvergente Majorante, 175
konvergente Reihe, 167
Konvergenz, 199
Konvergenz von Funktionenfolgen, 199
Konvergenzintervall, 207
Konvergenzkreis, 207
Konvergenzkriterien, 168
Konvergenzradius, 207

konvex, 190
Koordinaten, 88
Koordinateneinheitsvektor, 24
Kreis, 142, 231
Kreuzprodukt, 27, 117
Kroneckersymbol, 26
Kugel, 231

l.a., 81
l.u., 81
Lagrange, Entwicklungssatz, 28
Landausche Symbole, 156
Laplace'scher Entwicklungssatz, 58
leere Menge, 117
Leibniz'sche Regel, 191
Leibnizkriterium, 172
Leitkoeffizient, 3
LGS, 63
Limes, 155
Limes einer Funktion, 179
Limes inferior, 156
Limes superior, 156
Limes von links, 179
Limes von rechts, 179
linear abhängig, 24, 81
linear unabhängig, 24, 81
lineare Abbildung, 87
lineare Hülle, 82
lineare Selbstabbildung, 87
lineares Gleichungssystem, 63
Linearfaktoren, 3
Linearform, 87
Linearkombination, 24, 81
Linksinverse, 122
linksinvertierbar, 122
linksseitig stetig, 180
linksseitige Ableitung, 189
Logarithmus, 230
lokal gleichmäßige Konvergenz, 200
Lotpunkt, 42

Mac Laurinsche Reihe, 215
Majorantenkriterium, 174
Matrix, 49
Matrixprodukt, 51
Maximum, 119
Mengen, 117
Minimum, 119

Minorantenkriterium, 174
Mittelwertsatz, 190
Modul, 135
Moivre-Formel, 139
Monome, 82
monoton, 155
monoton fallend, 126, 155
monoton steigend, 126
monoton wachsend, 155

nach oben beschränkt, 119
nach unten beschränkt, 119
natürlicher Logarithmus, 230
Negation, 113, 115
negativ definit, 103
negativ semidefinit, 103
nichtfallend, 126
nichtsteigend, 126
Norm, 24, 96
Normalenform, 33, 34
Normalenvektor, 34
Normalform, 33
normiertes Polynoms, 3
notwendig, 113
Nullfolge, 155
Nullmatrix, 49
Nullpunkt, 23
Nullraum, 64, 87
Nullstelle, 3

obere Schranke, 119
ONB, 97
ONS, 97
Ordnung, 101
orthogonal, 24, 61, 95, 102
orthogonale Projektion, 97
orthogonales Komplement, 27, 95
Orthogonalraum, 95
Orthogonalsystem, 97
Orthonormalbasis, 97
Orthonormalsystem, 97
Ortsvektor, 23

Parabel, 231
Paraboloid, 231
parallel, 34
Parameter, 70
Parameterform, 34
Partialbruchzerlegung, 6

# SYMBOL- UND SACHVERZEICHNIS

Partialsumme, 167
partikuläre Lösung, 65
PBZ, 6
Plückerform, 34
Polarformel, 96
Polarkoordinatenform, 135
Polynom, 3
Polynomdivision, 4
positiv definit, 103
positiv semidefinit, 103
Produktregel, 191
Projektion, 88
punktierte $\delta$-Umgebung, 179
Punktrichtungsform, 33, 34
Punktsteigungsform, 33
punktweise Konvergenz, 199

quadratische Form, 102
quadratische Ungleichung, 150
Quadrik, 231
Quotienten-kriterium, 171
Quotientenregel, 191

Rang, 83, 87
Realteil, 135
Rechtsinverse, 122
rechtsinvertierbar, 122
rechtsseitig stetig, 180
rechtsseitige Ableitung, 189
Rechtssystem, 27
reell analytisch, 207
Regel von de l'Hospital, 181
Regeln von de Morgan, 115
regulär, 49
Reihe, 167
rekursiv definierte Folge, 160
relatives Komplement, 117
relatives Maximum, 190
relatives Minimum, 190
Resolvente, 102
Restglied, 215
    Cauchy-Form, 215
    Lagrange-Form, 215
Richtung eines affinen Unterraums, 80
Riemannsche Zahlenkugel, 143

Sarrus-Regel, 57
Sattelpunkt, 190
Satz v. Dini, 202

Schachbrettregel, 58
schiefhermitesch, 50
schiefsymmetrisch, 50
Schmidtsches Orthogonalisierungsverfahren, 98
Schnittwinkel, 34
selbstadjungiert, 50
senkrecht, 24, 95
Signumfunktion, 185
singulär, 49
Sinus, 228
Sinus hyperbolicus, 230
Skalar, 23, 79
Skalarmatrix, 49
Skalarprodukt, 24, 30, 95
Skalarprodukt im $\mathbb{C}^n$, 30
Skalarprodukt im $\mathbb{R}^n$, 26
Spaltenrang, 83
Spann, 82
Spatprodukt, 29
Spektrum, 102
Spiegelpunkt, 94
Spiegelungsmatrix, 93
Spur, 104
Standardbasis, 83
stationärer Punkt, 190
steigend, 126
stetig, 180
Stirlingformel, 160
streng monoton fallend, 126, 155
streng monoton steigend, 126
streng monoton wachsend, 155
Subjunktion, 113
Subtraktionsmethode, 15
summierbar, 167
Supremum, 119
surjektiv, 122
symmetrisch, 50
Systemmatrix, 63

Tangens, 228
Tangens hyperbolicus, 230
Tangentengleichung, 197
Taylorpolynom, 215
Taylorreihe, 216
Teilfolge, 156
Teilmenge, 117
Teilraum, 80

Transponierte $A^\mathsf{T}$, 50
trigonometrische Form, 135
trivialer Unterraum, 80

Umkehrfunktion, 122
uneigentlich konvergent, 155
Ungleichung, 148
unitär, 61, 102
Untermatrix, 83
Unterraum, 80
Untervektorraum, 80
Urbild, 121
Urbildbereich, 121
Ursprung, 23

Vektor, 79
Vektorprodukt, 27
Vektorraum, Axiome, 79
Verdichtungskriterium, 174
Vereinigung, 117
Vergleichskriterium, 173
Vergleichskriterium von Weierstraß, 201
Verkettung, 122
Verknüpfung, 122
Verneinung, 113
Vielfachheit, 101
vollständige Induktion, 129
VR, 79

wachsend, 126
wahre Aussage, 113
Wendepunkt, 190
Wert, 121
Wertebereich, 121
Wertevorrat, 121
Widerspruchsbeweis, 114
windschief, 34
Winkel, 24
Wurzel, 141
Wurzelkriterium, 172

Zeilenrang, 83
Zeilenstufenform, 63
Zuhaltemethode, 14
Zweipunkteform, 33
Zwischenwertsatz, 180
Zylinder, 231

*Für Notizen*

*Für Notizen*